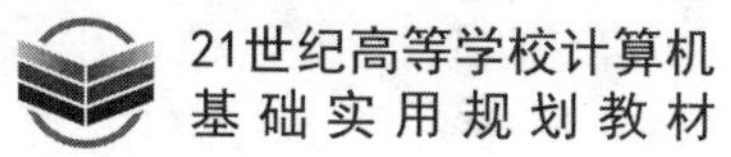

21世纪高等学校计算机
基础实用规划教材

Java Web开发基础教程

◎ 李俊 胡众义 叶晓丰 张笑钦 编著

清華大学出版社
北京

内容简介

本书从Web开发初学者的角度出发，揭示了Java Web开发的内涵。全书共14章，详细讲解从Java Web基础知识到HTML、CSS、JavaScript和jQuery等前端技术，从HTTP协议到Servlet、JSP技术，以及Session、Cookie、过滤器和监听器、Ajax等Java Web开发所涉及的各方面知识和技巧。本书深入浅出，用通俗易懂的语言阐述所涉及的概念和原理，并结合典型的Web应用案例以及分析案例代码，帮助初学者真正明白Web应用开发的全过程。

本书为Java Web开发的基础教材，让初学者达到能够灵活运用Java语言开发Web应用程序的程度。为了让初学者易于学习，本书针对书中的每个知识点，都精心设计了典型案例，让初学者能够真正理解这些知识点，并懂得在实际工作中应用。

本书适合作为高等院校计算机、大数据相关专业程序设计或Web应用开发的教材，是一本适合广大计算机编程爱好者的优秀读物。

图书在版编目（CIP）数据

Java Web开发基础教程/李俊等编著.—北京：清华大学出版社，2021.3（2022.7重印）
21世纪高等学校计算机基础实用规划教材
ISBN 978-7-302-57638-9

Ⅰ.①J… Ⅱ.①李… Ⅲ.①JAVA语言－程序设计－高等学校－教材 Ⅳ.①TP312.8

中国版本图书馆CIP数据核字(2021)第037430号

责任编辑：王　芳
封面设计：刘　键
责任校对：胡伟民
责任印制：丛怀宇

出版发行：清华大学出版社
网　　址：http://www.tup.com.cn，http://www.wqbook.com
地　　址：北京清华大学学研大厦A座　　**邮　　编**：100084
社 总 机：010-83470000　　**邮　　购**：010-62786544
投稿与读者服务：010-62776969，c-service@tup.tsinghua.edu.cn
质量反馈：010-62772015，zhiliang@tup.tsinghua.edu.cn
课件下载：http://www.tup.com.cn，010-83470236
印 装 者：三河市龙大印装有限公司
经　　销：全国新华书店
开　　本：185mm×260mm　　**印　　张**：15.25　　**字　　数**：380千字
版　　次：2021年5月第1版　　**印　　次**：2022年7月第3次印刷
印　　数：2301～3500
定　　价：59.00元

产品编号：090507-01

前　言

作为一种技术的基础教程，最重要且最困难的就是要将一些复杂的、难以理解的问题简单化，让初学者能够轻松理解并快速掌握这一技术。另外，也需要紧跟时代步伐，重点突出对当前主流技术有帮助的知识，弱化一些陈旧的基础知识。本书对 Web 开发中最常用的、最重要的知识点进行了深入分析，并精心设计了相应案例，尽力做到知识讲解深入浅出，确保教材通俗易懂。

通过本书的学习，读者可以掌握如何使用 Java Web 的基本技术来开发结构合理、代码健壮的应用程序。通过对相关知识的学习和应用，读者可以理解 Web 开发的原理、熟练掌握应用技巧，为今后开发大型应用程序奠定扎实的技术基础。

本书共分 14 章，第 1 章介绍 Java Web 开发的基本概念和原理，Apache Tomcat 服务器的安装和使用。第 2～4 章分别介绍 HTML、CSS 和 JavaScript 等前端基础技术的概念及应用，为网页设计奠定基础。第 5 章介绍 jQuery 技术基础，重点讲解如何使用 jQuery 操作 DOM 以及正则表达式的应用。第 6 章着重讲述 HTTP 协议，只有深入理解 HTTP 协议，才能更好地开发、维护和管理 Web 应用。第 7 章主要讲解 Java Web 后端开发中的 Servlet 技术，Servlet 技术是构建动态 Java Web 应用程序的基础，是学习 Java Web 开发的重中之重。第 8 章介绍传统 Java Web 开发中常用的 JSP 技术，主要包括如何在页面中动态输出数据以及经典的 MVC 模型。第 9 章详细讲解如何使用数据库进行 Java Web 应用程序的开发，主要包括使用 JDBC 技术连接 MySQL 数据库以及 Web 系统中常见功能的开发。第 10 章讲解 Web 应用开发中的会话技术，主要包括 Session 和 Cookie 技术的原理和应用。第 11 章讲解通过 EL 表达式和 JSTL 标签的使用，从而优化 JSP 页面中的脚本。第 12 章介绍 Java Web 中的过滤器和监听器技术，实现了用户在访问某个资源之前，对访问的请求和响应进行统一的处理以及 Web 应用的事件处理能力。第 13 章讲解 Ajax 技术，实现了 Web 应用系统中的异步请求功能，以便实际开发中更好地根据实际需求进行 Web 开发。第 14 章完成一个在线作业管理系统，对前面章节所学的技能进行检查、巩固和提高。

读者如果在理解知识的过程中遇到困难，建议不要在一个地方过于纠结，可以往后继续学习。通常来讲，通过逐渐深入的学习，前面有不懂或有疑惑的知识点自然会迎刃而解。另外，读者一定要动手实践，如果在实践过程中遇到困难，建议多查阅资料，分析问题发生的原因，然后亲自动手解决问题。最后，希望本书对读者学习 Java Web 开发有所帮助，并恳请读者批评指正。

李　俊

2020 年 11 月

扫码下载教学课件、教学大纲

目 录

第1章 Java Web 开发基础知识

在学习 Java Web 开发之前,有必要先了解一下 Java Web 开发过程中涉及的基础知识,如软件架构、浏览器、服务器、URL、HTTP 等。这些知识在整个 Java Web 开发中至关重要,因此本章首先针对这些知识进行简要的说明。

1.1 C/S 架构和 B/S 架构

在进行软件开发时,通常会在 C/S(Client/Server)和 B/S(Browser/Server)两种基本架构中进行选择。C/S 为客户端与服务器之间的交互架构,B/S 为浏览器与服务器之间的交互架构,这两种架构各有优缺点。

C/S 架构是一种早期出现的软件架构,它主要分为客户机和服务器两层,如图 1-1 所示。

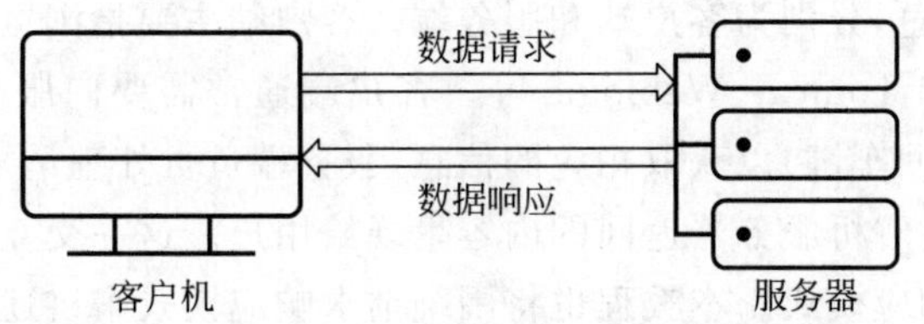

图 1-1　C/S 架构

客户端程序需要利用客户机的数据处理能力,完成应用程序中绝大多数业务逻辑的处理和界面展示。服务器主要通过数据库系统为客户端提供数据访问支撑,根据不同的需求,服务端可以架在局域网中,也可以架在 Internet 中。另外,C/S 架构还有一个显著的特点,用户在使用软件前需要先下载一个客户端,安装后才能使用。C/S 架构适合界面丰富、业务逻辑复杂的应用程序,如 Office、大型游戏软件等。

C/S 是早期流行的软件架构,在长期实践过程中,C/S 架构也暴露出了一些致命的缺点。

(1) 每台客户机都需要安装客户端程序,工作量非常巨大。

(2) 一旦软件需要升级,则所有客户端的程序都需要改变,维护成本高。

(3) 兼容性差,对于不同的开发工具,具有较大的局限性。若采用不同工具,需要重新改写程序。

为解决 C/S 架构所带来的问题,在 Internet 技术的发展下,诞生了一种新的软件架构:B/S 架构。B/S 架构是 Web 兴起后的一种网络结构模式,其最大的优点是客户机上无须安装专门的客户端程序,程序中的业务逻辑都集中到了 Web 服务器上,客户机只需要安装一个浏览器就能与服务器进行交互。该交互过程可由图 1-2 来描述。

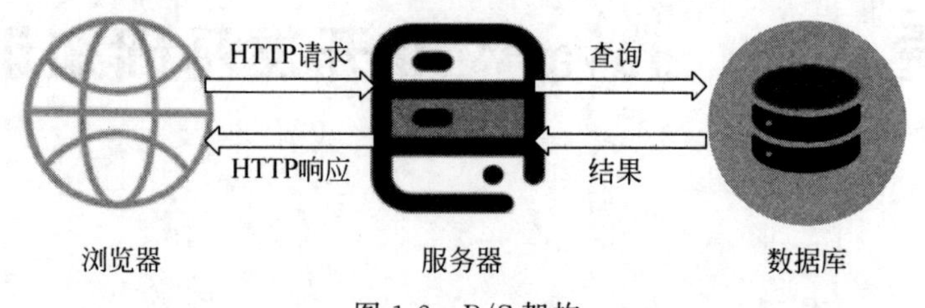

图 1-2　B/S 架构

B/S 架构中,界面显示交给了 Web 浏览器,事务处理逻辑主要放在了 Web 应用程序上,数据库也有单独的服务器。因此,用户无须安装客户端程序,有 Web 浏览器即可使用应用程序。另外,B/S 架构无须升级多个客户端,只需升级服务器即可,从而使得软件维护简单方便。尽管由于一些原因(如在速度和安全性上需要花费巨大的设计成本等),使得 B/S 架构目前仍无法完全替代 C/S 架构,但 B/S 架构因其诸多优点仍是目前各类信息管理系统的首选体系架构。后续所介绍的应用程序都是基于 B/S 架构开发的。

1.2　请求响应模式

基于 B/S 架构开发的 Web 应用程序,都会涉及浏览器与服务器之间的交互。该交互过程主要涉及两个角色,分别为客户端和服务端。客户端主要指浏览器,服务端主要指各种流行的软件服务器,如 Tomcat、Weblogic 等。客户端通常需要向服务端发送一个请求(如在地址栏输入网址按回车键)以获取相应的信息,服务端负责处理请求并将结果返回给浏览器,最终由浏览器通过解析服务器返回的内容呈现给用户。这一交互过程是整个 Web 开发的核心,被称为请求响应模式。本教程也将围绕请求响应模式来讲述整个 Web 开发中所涉及的关键技术。

在具体介绍其交互过程之前,先介绍请求响应模式中的两个重要的概念。

1. URL

放置在 Internet 上的每一个资源都应该有一个访问标记符,用于唯一标识它的访问位置,这个访问标识符称为统一资源定位符(Uniform Resource Locator,URL)。有了 URL,浏览器便可以访问具体的资源。URL 一般由三部分组成,分别为应用层协议、服务器的 IP 或域名加端口号以及资源所在的路径等,具体如下所示:

```
http://www.wzu.edu.cn:80/index.html
```

其中,http 表示传输数据所使用的应用层协议,将会在后续章节中详细讲解。www.wzu.edu.cn 表示要请求的服务器主机名,80 表示请求的端口号,index.html 表示要请求的资源名。需要注意的是,完整的 URL 请求必须包含端口号,这与我们平时访问 Internet 资源的习惯有所不同(一般无须输端口号)。其实是浏览器默认为 URL 加上了 80 端口号,因此可以不写。例如,访问百度首页的 URL 为“http://www.baidu.com”等价于“http://www.baidu.com:80”。

2. Web资源

放在Internet上供外界访问的文件或程序被称作Web资源，根据在浏览器呈现的效果不同，Web资源又可以分为静态Web资源和动态Web资源。在Internet发展的初期，Internet上的资源一般都是由HTML页面构成的。当浏览器在不同时间或者不同条件下访问此类页面时，所获得的内容都不会发生变化（如新闻等），因此这些页面被称为静态Web资源，静态资源通常包含HTML页面、CSS文件、图片等。随着Internet的发展，静态Web资源不能满足用户日益复杂的需求。服务器需要根据用户的需求在不同时刻、不同场景下返回不同的内容。如飞机订票网站需要根据机票的剩余情况展示相应的内容，此类由程序动态生成的资源便称为动态Web资源。在Java Web开发中，动态Web资源主要指Servlet、JSP等。

不管是静态还是动态Web资源，开发完毕后都需要部署到Web服务器上才能被外界访问。在Java Web开发中，由于Apache Tomcat是一款开源、性能优秀的软件服务器，因此本章将以Apache Tomcat为例来讲解请求响应的过程。

Apache Tomcat实质上包含了两种主流的Web服务器，分别为Apache和Tomcat。Apache服务器主要负责静态Web资源的处理和响应，Tomcat主要负责动态Web资源的处理和响应。浏览器与Apache Tomcat服务器的交互过程如图1-3所示。

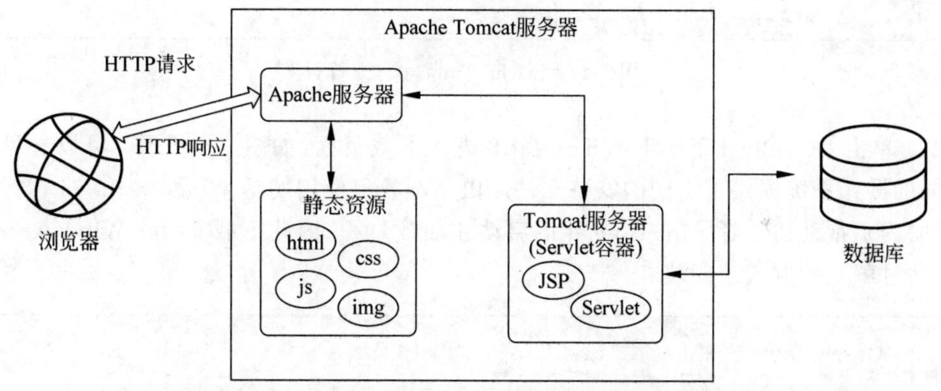

图1-3　浏览器与Apache Tomcat服务器的交互过程

当服务器端接收到浏览器发来的请求时，会先判断所请求的资源为静态资源还是动态资源。如果是静态资源则由Apache服务器直接处理后返回相应的结果。如为动态资源则交由Tomcat服务器处理，Tomcat一般会将请求转发给相应的Servlet程序处理并与数据库交互后生成动态资源返回给浏览器，然后由浏览器通过解析服务器返回的内容呈现给用户。了解完浏览器与Apache Tomcat服务器的交互过程后，本章接下来的部分将讲述Apache Tomcat的安装和使用，关于Servlet、JSP等技术将在后续章节中详细讲解。

1.3　Apache Tomcat快速入门

1.3.1　Apache Tomcat安装

需要安装的Apache Tomcat服务器的版本是Apache Tomcat 8。需要注意的是，安装

Apache Tomcat 之前需要安装 JDK(Java Development Kit)，关于 JDK 的安装不属于本教程介绍的范围，请查阅相关资料文档。下面给出 Apache Tomcat 8 的安装过程。

(1) 在浏览器地址栏中输入 URL 地址 http://tomcat. apache. org/，进入 Apache Tomcat 官网首页，如图 1-4 所示。

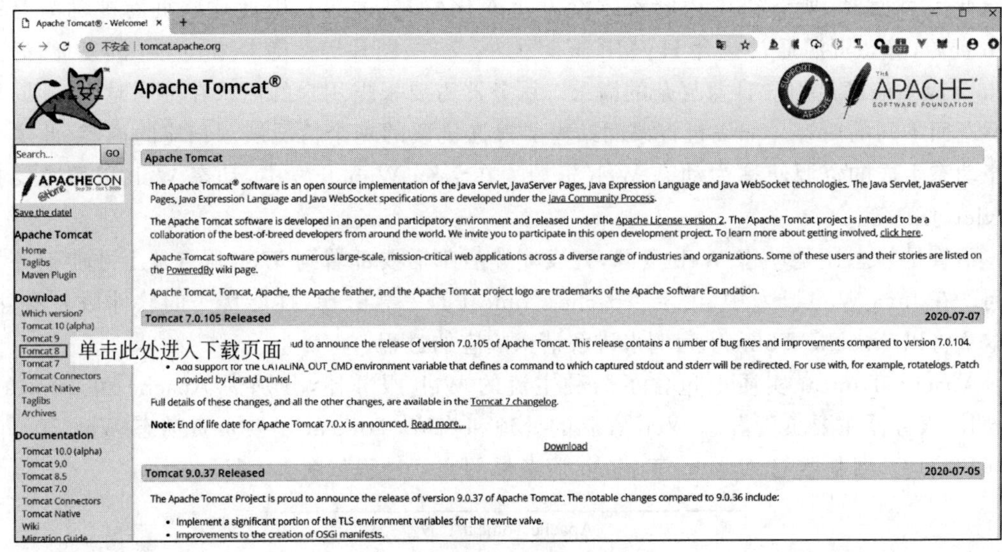

图 1-4　Apache Tomcat 官方首页

(2) 单击 Download 菜单下的 Tomcat 8 进入下载页面，如图 1-5 所示。可以看见官方给不同的操作系统提供了不同的安装文件。由于本教程使用的是 Windows 10 64 位操作系统，同时为了帮助初学者了解 Tomcat 的启动和加载过程，因此下载 64-bit Windows zip 压缩包，通过解压的方式来安装。

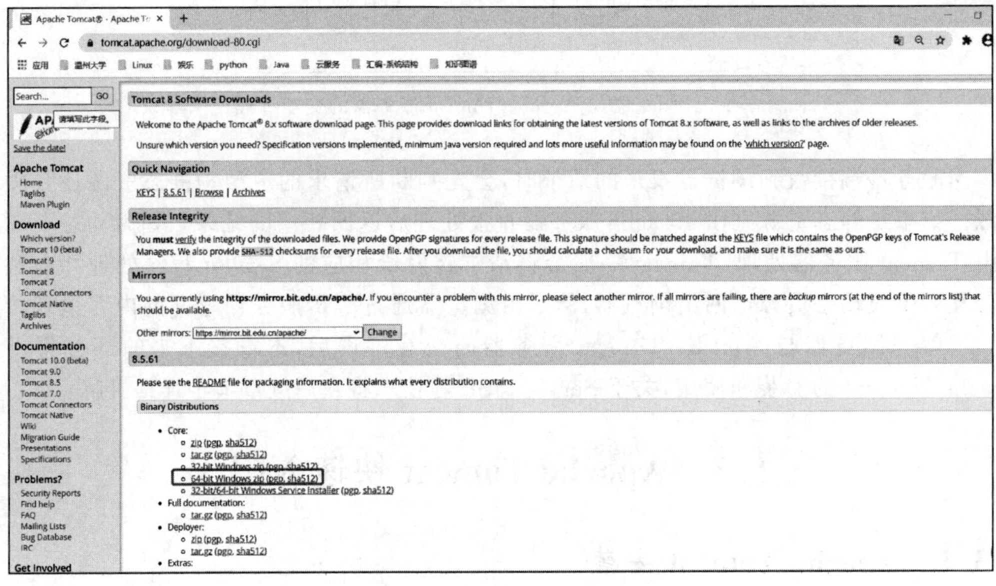

图 1-5　Tomcat 下载页面

(3) 下载完毕后，直接解压到指定的目录便可完成 Tomcat 的安装。需要注意的是，解压的目录最好不要包含中文字符，以免引起不必要的问题。例如，将 Tomcat 直接解压到 D 盘的根目录，产生一个 apache-tomcat-8.5.42 文件夹，打开文件夹可以看到 Apache Tomcat 的目录结构，如图 1-6 所示。

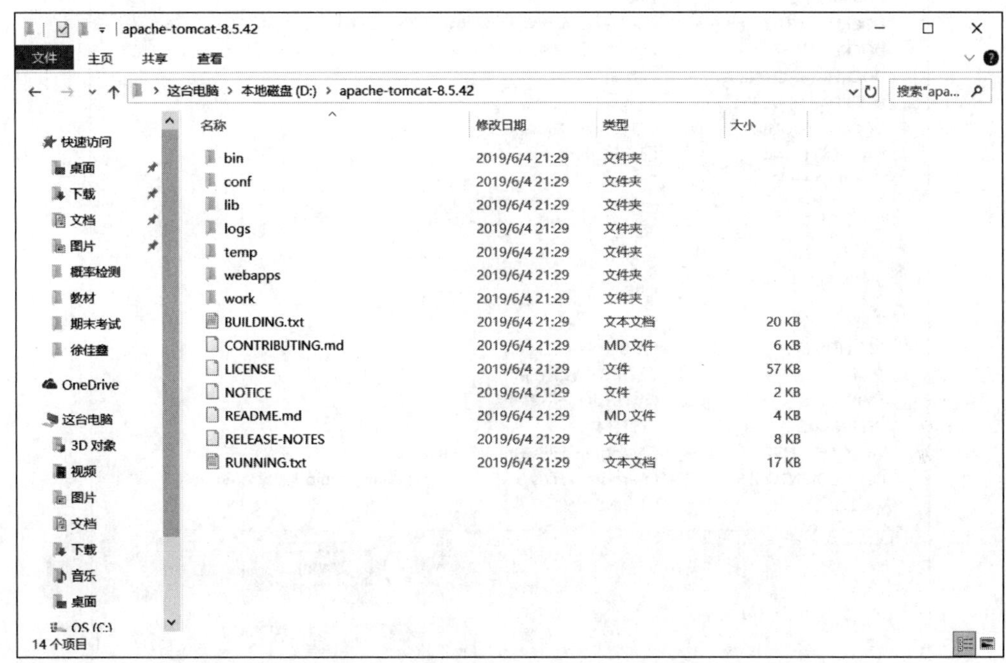

图 1-6　Apache Tomcat 目录结构

图 1-6 中所示的目录分别用于存放不同功能的文件，具体如下。

(1) bin：用于存放 Tomcat 的可执行文件和脚本文件，如 tomcat8.exe、startup.bat 等。

(2) conf：用于存放 Tomcat 的各种配置文件，如 web.xml、server.xml 等。

(3) lib：用于存放 Tomcat 依赖的第三方 jar 包。

(4) logs：用于存放 Tomcat 的日志文件。

(5) temp：用于存放 Tomcat 运行时产生的临时文件。

(6) webapps：Web 应用程序的主要发布目录，通常用于存放将要发布的应用程序。

(7) work：Tomcat 的工作目录，用于存放 JSP 编译生成的 Servlet 源文件和字节码文件。

在启动 Tomcat 前，要确保已经正确配置 JDK 的环境变量。如果没有配置，鼠标右击桌面图标"这台电脑"，选择"属性"，单击"高级系统设置"，单击"环境变量"按钮，此时会显示环境变量对话框，如图 1-7 所示。

在图 1-7 中的系统变量区域单击"新建(W)"按钮，出现新建系统变量对话框，配置环境变量 JAVA_HOME，如图 1-8 所示。其中，变量值设置为 JDK 1.8 的安装目录。

另外还需配置系统环境变量 CATALINA_HOME，配置过程同 JAVA_HOME，如图 1-9 所示。其中，变量值设置为 Apache Tomcat 的安装根目录。

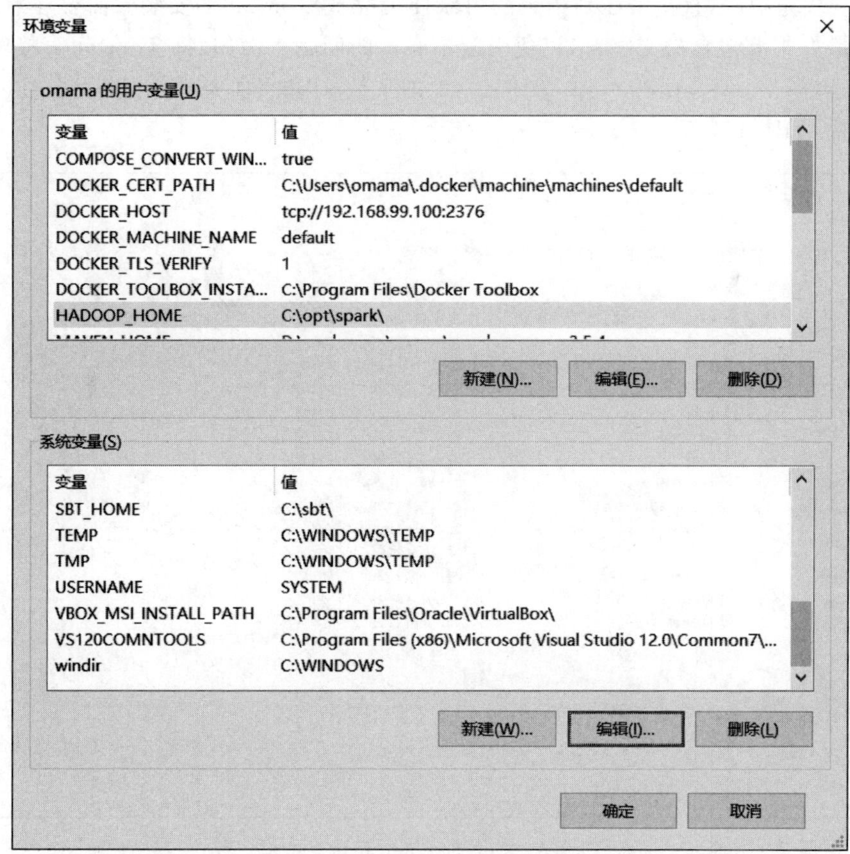

图 1-7　环境变量对话框

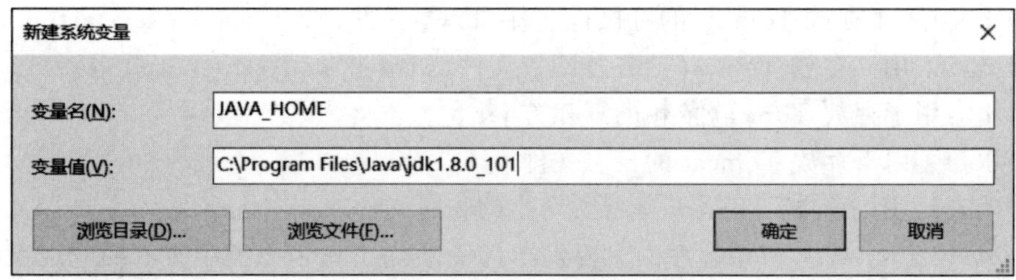

图 1-8　新建 JAVA_HOME 环境变量

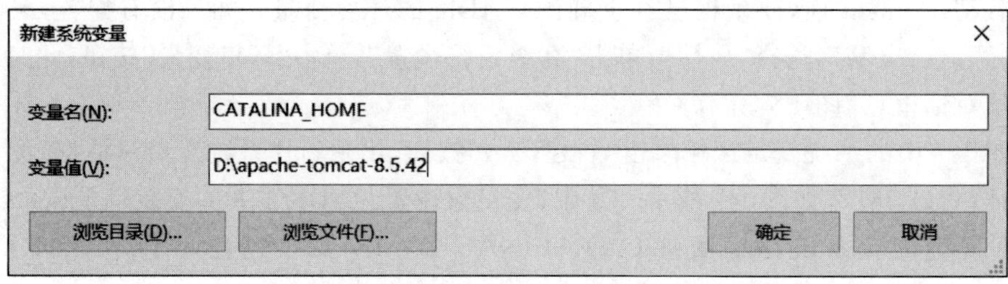

图 1-9　新建 CATALINE_HOME 环境变量

配置环境变量后，鼠标双击 Tomcat 安装目录下 bin 文件夹中的 startup. bat 文件，便可启动 Tomcat 服务器，如果在启动过程中没有报告异常，说明启动成功。此时在浏览器输入 http://localhost:8080 或者 http://127.0.0.1:8080/，如果出现图 1-10 所示界面，则表示 Tomcat 安装成功。

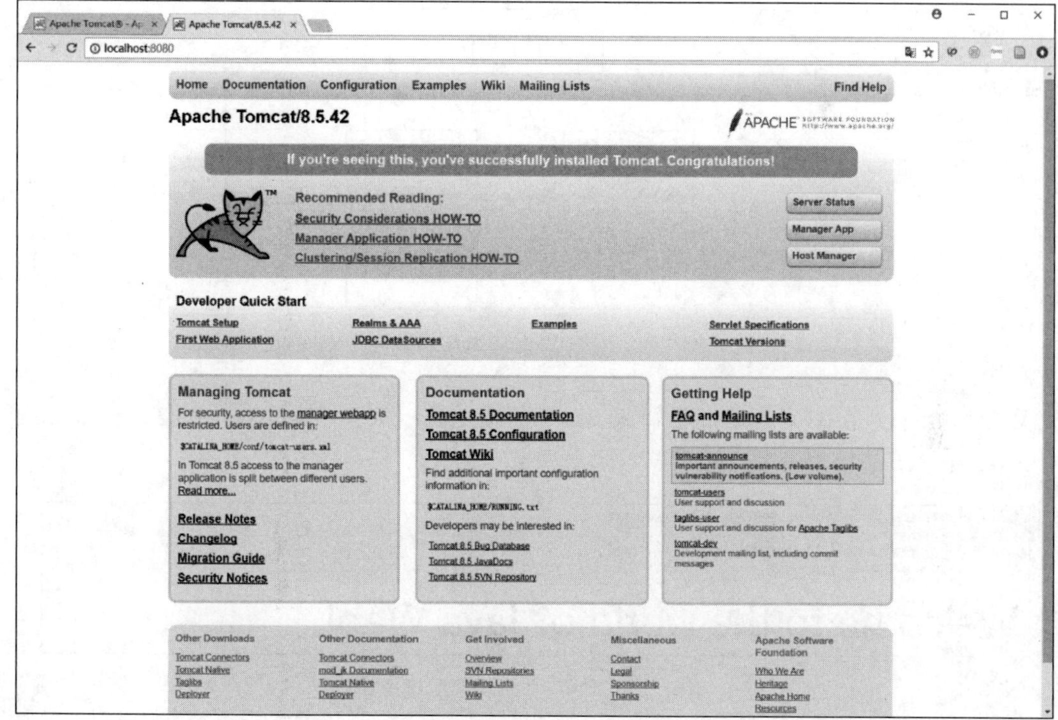

图 1-10　Tomcat 首页

1.3.2　发布第一个 Web 应用

Web 应用实质上是多个 Web 资源的集合。在 Java Web 应用中，这些资源通常包括 HTML 页面、CSS 文件、JS 文件、动态 Web 页面、Java 源程序、应用程序依赖的 Jar 包以及相关配置文件等。开发人员在开发 Web 应用时，需要按照一定的目录结构去存放这些文件，使得服务器能够管理并对外发布 Web 应用。常见的 Web 应用目录结构如图 1-11 所示（此处假设 Web 应用的名称为 TestApp）。

所有的 Web 资源都可以存放在 Web 应用的根目录下（此处为 TestApp），其中有一个特殊的目录 WEB-INF 用于存放 Web 应用的主配置文件（web. xml）、标签库文件、Java 类编译生成的. class 文件（classes 目录）以及 Web 应用所需要的各种 Jar 包（lib 目录）等。为使读者快速了解 Tomcat 的使用过程，先创建一个最简单的 Web 应用。

在任意目录下创建 HelloWebWorld 文件夹，然后在 HelloWebWorld 文件夹下创建 welcome. html 文件，用记事本打开并写入“Welcome to the world of Java Web!”（有关 HTML 技术将在第 2 章中详细讲解）。将 HelloWebWorld 文件夹复制到 Tomcat 安装根路径的 Webapps 目录下，启动 Tomcat（如已启动，则在 bin 目录下单击 shutdown. bat 文件

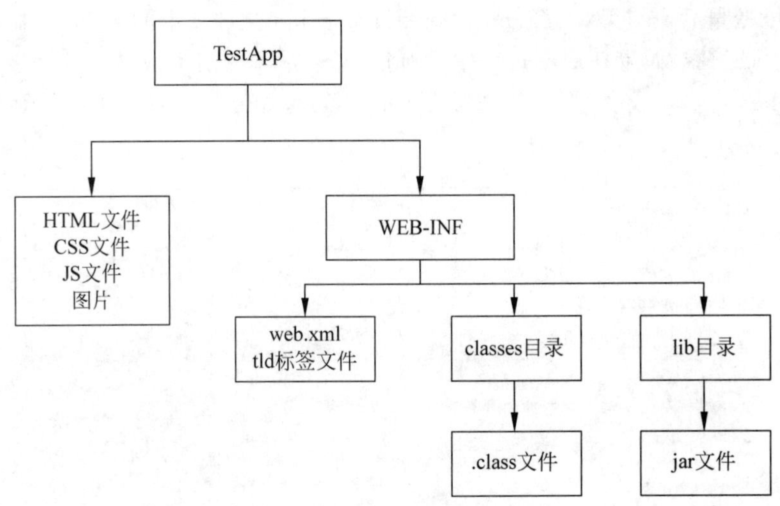

图 1-11　Java Web 应用目录结构

先关闭 Tomcat)，在浏览器地址栏输入 http://localhost:8080/HelloWebWorld/welcome.html，出现如图 1-12 所示结果。

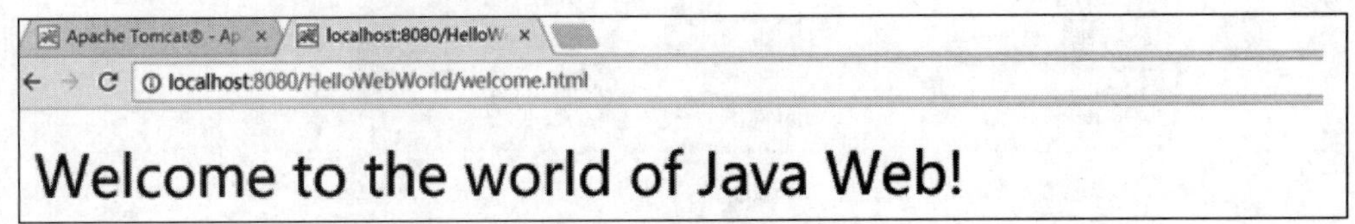

图 1-12　访问第一个 Web 应用

因为 HelloWebWorld 应用中客户端和服务端在同一台机器，所以使用的域名为 localhost(对应本机的 IP 地址：127.0.0.1)。如果当前机器在局域网中，局域网内其他机器只需将上述 URL 中的 localhost 改为当前主机的 IP 地址即可访问该 Web 应用，读者可自行尝试。需要注意的是，所有运行在 Tomcat 服务中的 Web 应用一般都会部署到 %CATALINA_HOME%/webapps 目录下，其中%CATALINA_HOME%为 Tomcat 安装目录变量。

细心的读者可能注意到，即使上述 Web 应用并没有遵循 Web 应用应有的目录结构，也可以通过 Tomcat 正常访问，这是因为上述 Web 应用只涉及了最简单的 HTML 静态页面，而并没有包括复杂的动态页面访问，因此无须创建 WEB-INF 文件夹及其相关的子文件夹。关于动态页面的开发和配置将在后续章节中详细讲述。

1.3.3　Tomcat 常用配置

1. 修改 8080 端口

Tomcat 默认使用的端口号为 8080，可通过修改 conf 文件夹中的 server.xml 配置文件进行修改。如打开 server.xml 文件，找到<Connector>元素，如图 1-13 所示。修改 port 属性值为 80 并保存退出，重启 Tomcat 后在浏览器输入 http://localhost:80 访问 Tomcat 服务器，此时会发现 80 端口号自动消失了，这是因为 HTTP 协议规定，当 Web 服务器使用的默认端口为 80 时，浏览器会自动添加 80 端口。

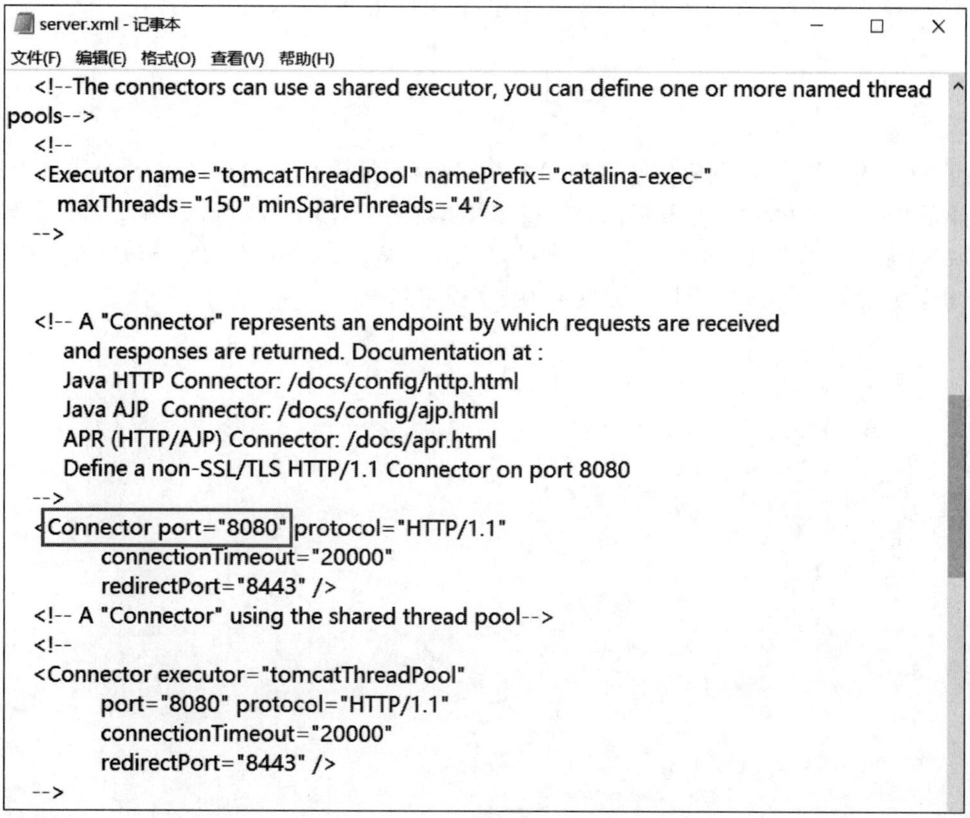

```
server.xml - 记事本
文件(F) 编辑(E) 格式(O) 查看(V) 帮助(H)
  <!--The connectors can use a shared executor, you can define one or more named thread
pools-->
  <!--
  <Executor name="tomcatThreadPool" namePrefix="catalina-exec-"
    maxThreads="150" minSpareThreads="4"/>
  -->


  <!-- A "Connector" represents an endpoint by which requests are received
     and responses are returned. Documentation at :
     Java HTTP Connector: /docs/config/http.html
     Java AJP  Connector: /docs/config/ajp.html
     APR (HTTP/AJP) Connector: /docs/apr.html
     Define a non-SSL/TLS HTTP/1.1 Connector on port 8080
  -->
  <Connector port="8080" protocol="HTTP/1.1"
        connectionTimeout="20000"
        redirectPort="8443" />
  <!-- A "Connector" using the shared thread pool-->
  <!--
  <Connector executor="tomcatThreadPool"
        port="8080" protocol="HTTP/1.1"
        connectionTimeout="20000"
        redirectPort="8443" />
  -->
```

图 1-13　server. xml 中默认端口位置

2. 配置 Web 应用默认访问页面

在访问 Web 应用时通常需要指定访问的资源名称，如果没有指定资源名称，则会访问默认的页面。Tomcat 服务器管理的默认页面可以在 conf 文件夹中的 web. xml 文件中配置。打开 web. xml 文件，在文件末尾有如下所示的一项配置：

```
<welcome-file-list>
        <welcome-file>index.html</welcome-file>
        <welcome-file>index.htm</welcome-file>
        <welcome-file>index.jsp</welcome-file>
</welcome-file-list>
```

其中，<welcome-file-list>标签用于配置默认页面列表，当访问某一 Web 应用没有指定具体的资源名称时，Tomcat 会根据<welcome-file-list>的配置，依次查找默认页面。如果找到就将其返回给用户；如果没有找到，则返回状态码为 404 的错误提示页面。例如，要想设置 HelloWebWorld 应用的默认主页为 welcome. html，需要在<welcome-file-list>标签中加入以下配置：

```
<welcome-file>welcome.html</welcome-file>
```

如此，直接在浏览器输入 http://localhost:8080/HelloWebWorld 便可直接访问到

welcome.html 页面。除上述两个常见的配置外，Tomcat 还有许多可配置的选项。读者可在遇到具体的需求时，再查阅相应的配置文档，在此便不再赘述。

小　结

本章首先介绍了 Web 应用开发的相关基础知识，包括 C/S 架构和 B/S 架构、URL 地址、静态 Web 资源和动态 Web 资源等。接着着重讲解了 Apache Tomcat 服务器的安装、使用及常用配置。通过这一章的学习，读者可以对 Java Web 应用开发的整体流程有一个基本的认识，为以后学习 Java Web 开发的各种技术奠定基础。

第2章 HTML 技术基础

网页中有各种各样的元素，如文字、图片、超链接、表格等都是通过 HTML 语言来表述的。本章讲解如何使用 HTML 语言编写出简单的静态网页，主要涉及 HTML 文档的基本结构以及 HTML 中的常见标签。由于静态 Web 资源可在本地编辑后，直接由浏览器打开，因此，为了方便讲解，本章在讨论静态网页设计时将暂时不使用 Tomcat 服务器进行部署，而是直接使用浏览器访问。

2.1 HTML 简介

超文本标记语言（HyperText Mark-up Language，HTML）是用来描述网页的一种标记语言，它由一套预先定义好的标记标签所组成。在制作网页时，HTML 使用这些预定义的标签来描述网页。当浏览器解析网页时，会根据标签的不同含义，呈现出不同的效果。通过 HTML 代码可以描述一张简单的网页，代码见例 2-1，显示效果如图 2-1 所示。

图 2-1 字体加粗效果

【例 2-1】 HTML 代码描述简单的网页。

```
<!DOCTYPE html>
<html>
<head>
    <meta charset="UTF-8">
    <title>第一个 HTML 案例</title>
</head>
<body>
    <b>字体加粗</b>
</body>
</html>
```

从图 2-1 中可以看出，上述页面呈现的文字为加粗格式。HTML 页面就是由一个个标记（用尖括号表示标记）组成。使用浏览器打开网页后，浏览器会逐一解析每一个标签。例 2-1 代码中只有<b>标签具备表现形式（将标签内的文字加粗），而其他标签虽有特定的含义但不具备表现形式。其中<!DOCTYPE html>为 HTML5 页面的固定写法，表示 HTML5 的文档类型；<html>表示 HTML 页面的起始标签，<head>表示页面的头标签，用于表述页面的标题信息；<body>表示页面所要包含的具体显示信息。HTML 标签的具体用法将在接下来的章节中具体讲述，这里只需有一个简单的认识即可。

HTML 历史上经历了多个版本，目前最新的版本为 HTML5。HTML5 于 2004 年提出，2007 年被 W3C 接纳并成立新的 HTML 工作团队，该团队于 2013 年 5 月公布 HTML5.1 草案。HTML5 为下一代互联网提供了一些新的元素和有趣的特性，使用 HTML 可以免插件地提供音频、视频、动画和本地存储等重要功能，使 Internet 也能够轻松实现类似桌面应用的体验。

本书虽然基于 HTML5 版本来讲解 HTML 技术，但主要讲述 HTML 语言基础的部分，对 HTML5 的新特性涉及不多，对 HTML5 新特性感兴趣的读者，可以自行查阅相关资料。

2.2 开发工具简介

Java Web 应用的开发工具举不胜举，可以从最简单的记事本到功能强大的集成开发环境(Integrate Development Environment，IDE)工具。因为考虑到前后端开发工具的统一并为了提高开发效率，本书采用当前最为流行的 IntelliJ IDEA(简称 IDEA)作为 Java Web 应用的开发工具。

安装好 IDEA 后(安装 IDEA 不在本书讲解的范围内，读者可自行查阅相关资料)，便可高效地开发 Java Web 应用。下面首先介绍如何使用 IDEA 开发 HTML 页面。打开 IDEA 后，单击 File 菜单，并选择 New→Project 新建一个工程，会弹出如图 2-2 所示对话框。

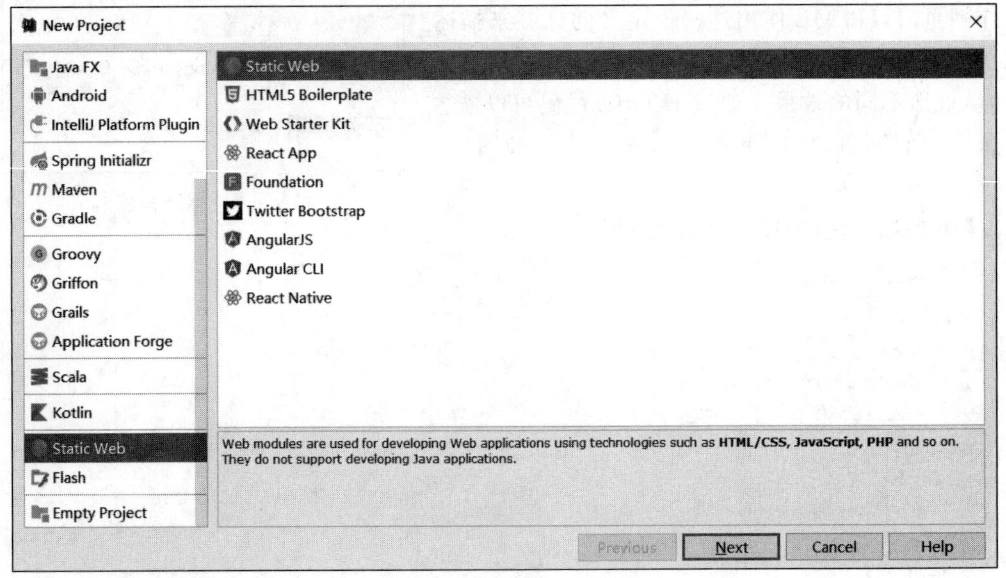

图 2-2　IDEA 新建工程界面

在左边列表框里选择 Static Web，右边列表框里也选择 Static Web，单击 Next 按钮，并在 Project name 中输入项目名称(此处为 HTML)，出现如图 2-3 所示界面。

图 2-3 界面中的 Project name 属性表示当前工程的名称，Project location 属性表示当前工程在本地磁盘的位置(用户可自定义工程存放的目录)，Module Name 属性表示当前模块的名称。在 IDEA 中一个 Project 可以包含多个 Module。本书为了不引起混淆，特规定

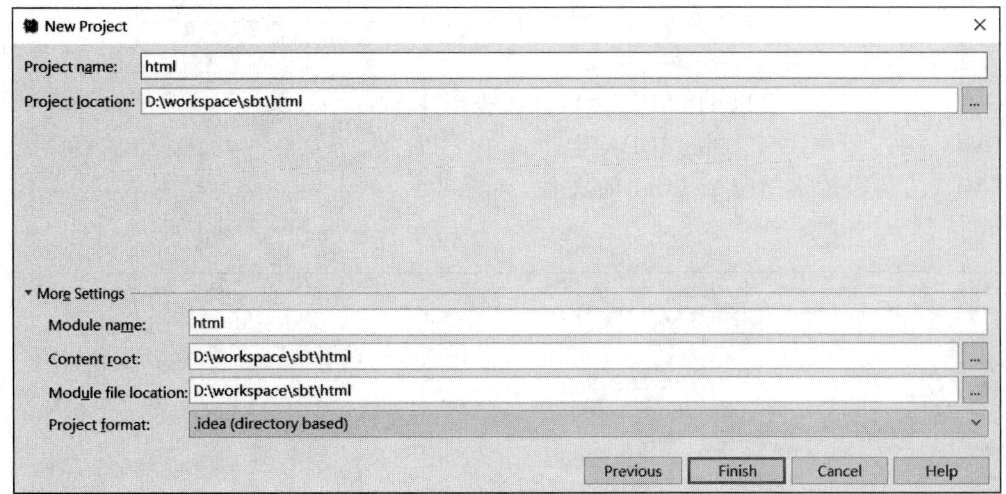

图 2-3　新建 Static Web 工程界面

每个 Project 只包含一个 Module，且 Project 与 Module 同名。如图 2-3 所示，单击 Finish 按钮，创建工程完毕。

在左边 Project 导航出现的 html 工程上右击并选择 New 选项，可创建包括 HTML 在内的多种静态资源，如图 2-4 所示。

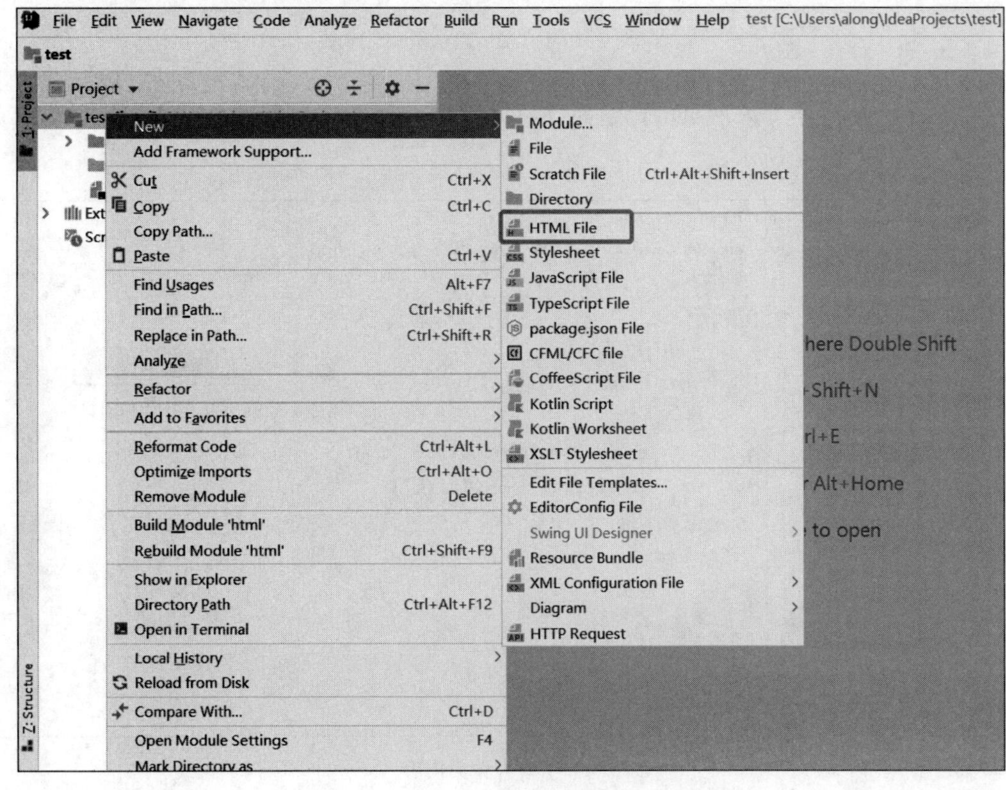

图 2-4　在 html 工程中新建 HTML 文件

选择 HTML File，弹出如图 2-5 所示对话框，并输入文件的名称(此处为 2-2)。

可以看出，IDEA 会以 HTML5 为默认模板创建 HTML 文件，单击 OK 按钮，IDEA 会生成一个以 HTML5 为模板的名为 2-2. html 的文件，如图 2-6 所示。

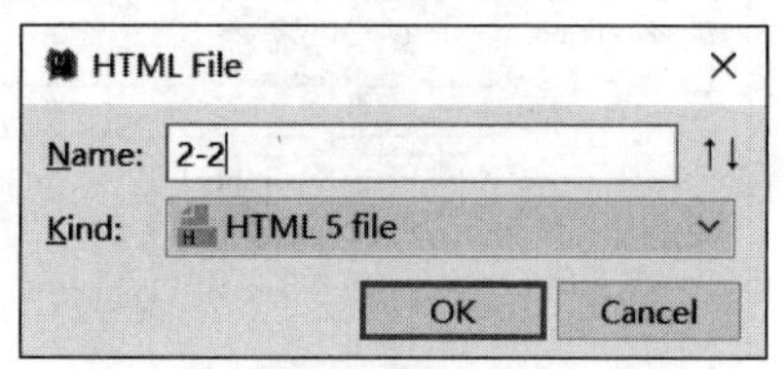

图 2-5　新建 HTML5 对话框

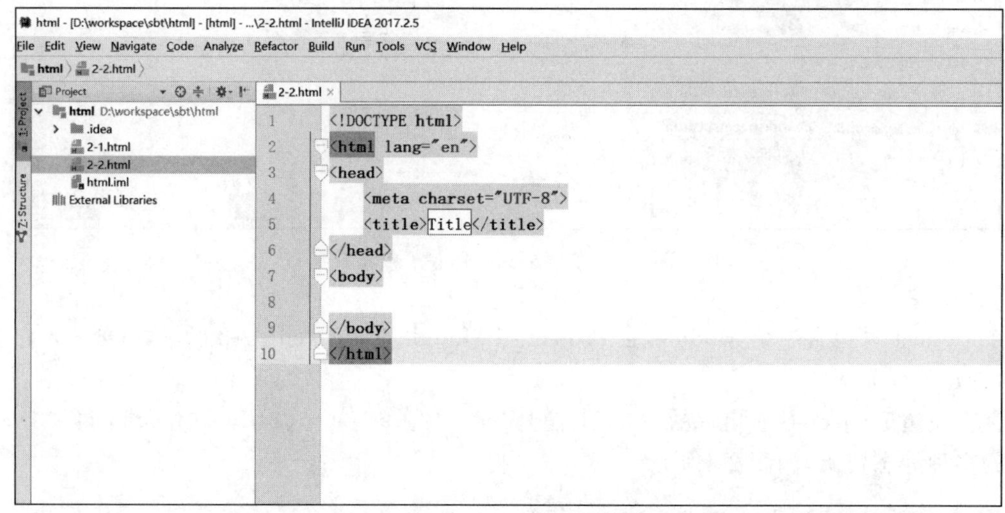

图 2-6　HTML 默认页面

在< title >标签中写入网页的标题为“网页标题”，在< body >标签中写入网页的内容为“网页内容”，如图 2-7 所示。

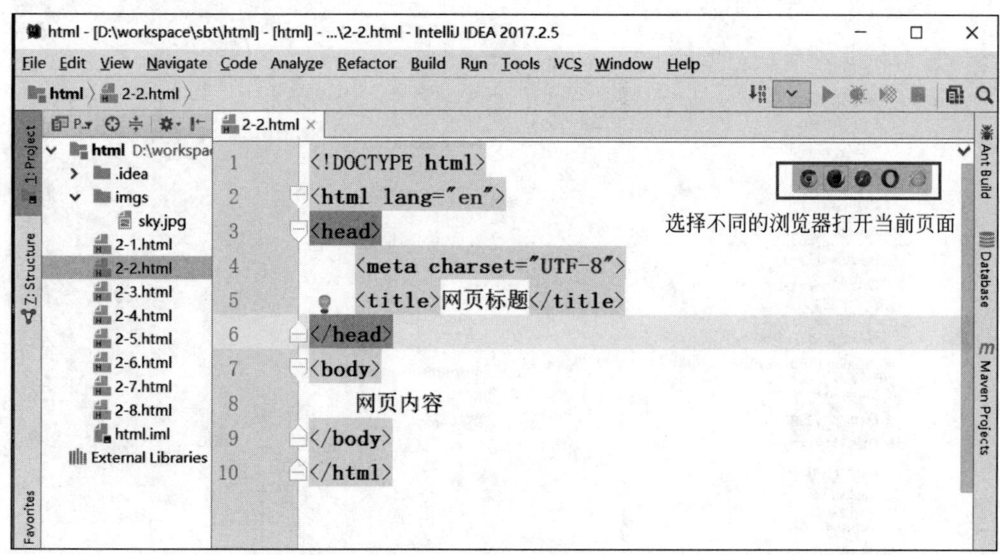

图 2-7　输入页面内容

在图 2-7 方框部分中单击 Chrome 浏览器图标，显示效果如图 2-8 所示。

图 2-8　显示效果

从上述例子中可以看出，写到< title >标签中的内容会被显示到网页的标题部分，写到< body >标签的内容会被显示到网页的主体部分。

2.3　网页的基本结构

HTML 的基本结构可以分成 3 个部分，分别为声明部分、头部和主题部分，如图 2-9 所示。

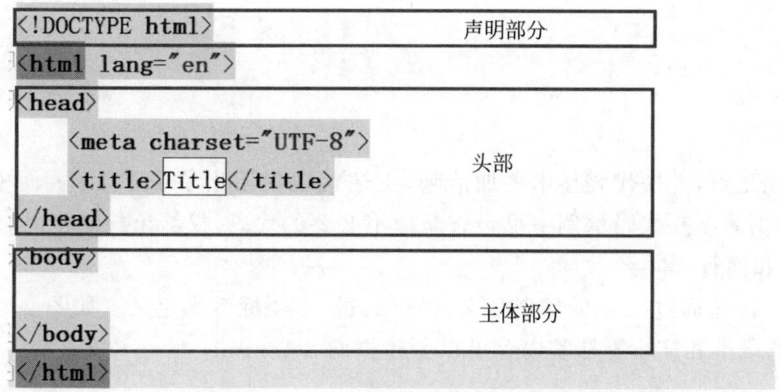

图 2-9　HTML 文档的基本结构

1. 声明部分

以 HTML5 为模板的页面的第一行<! DOCTYPE html >是关于文档类型的声明，用于约束 HTML5 文档结构，同时告诉浏览器，使用哪种规范来解析此文档中的代码。各个版本的 HTML 声明部分会有所不同，HTML5 使用的文档声明相对简洁明了。

2. 头部

网页头部部分以< head >开始，</head >结束。其中< title >标签用于描述网页的标题，内容在浏览器的标签页中显示。< meta >标签描述的内容并不显示，它主要用于描述网页内容类型、字符编码信息、搜索关键字等。默认字符集编码为国际通用的字符编码 UTF-8，适用于包含中文和英文的页面。

3. 主体部分

包含在< body ></body >之间的内容为网页的主体部分，所有要在页面上显示的内容都要在此标签内编写。可以写在主体标签内的标签种类较多，也是学习 HTML 的核心所在。

2.4 HTML 中常见的标签

2.4.1 基本标签

HTML 基本标签包括标题、段落、换行、水平线、字体、特殊符号和注释等。下面对每一个基本标签做详细的介绍。

1. 标题

在 HTML 中，标题的一般形式为“< hn >内容</hn >”，其中 n 的取值可以为 1～6 的整数，n 越小，字号越大。如图 2-10 所示，通过加入例 2-2 所示的代码可以创建页面 2-3. html。

【例 2-2】 利用标题创建页面。

```
<!—只给出 body 部分 -->
< body >
   < h1 > n = 1 </h1 >
   < h2 > n = 2 </h2 >
   < h3 > n = 3 </h3 >
   < h4 > n = 4 </h4 >
   < h5 > n = 5 </h5 >
   < h6 > n = 6 </h6 >
</body >
```

为了突出重点，并使代码显示更加清晰，上述代码仅给出了 HTML 页面中的< body >标签部分，本书后续在代码示例中也会省略掉不必要的代码，仅给出核心代码，请读者知悉。

2. 段落和换行

网页中的段落通过< p >标签来定义，换行通过< br >标签来定义。如图 2-11 所示，加入例 2-3 所示的段落和换行等标签内容可以创建页面 2-4. html。

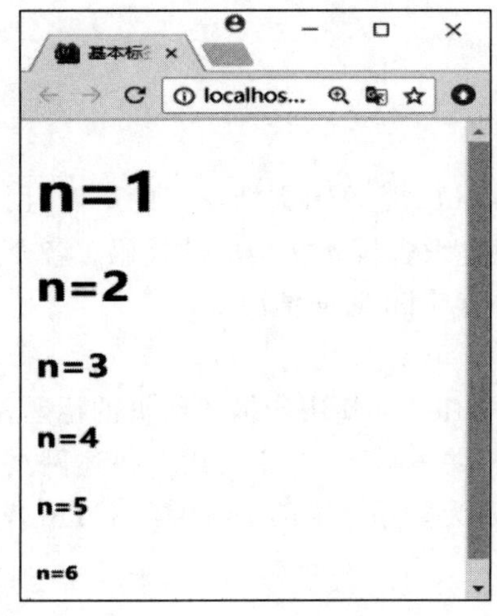

图 2-10 标题标签

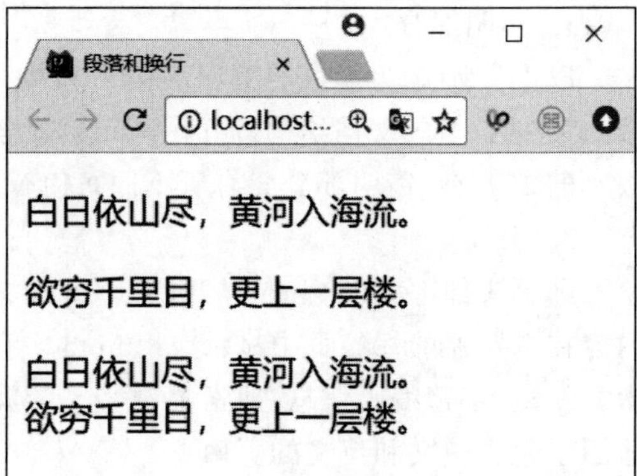

图 2-11 段落和换行

【例 2-3】 利用段落和换行等标签创建页面。

```
< body >
< p >白日依山尽,黄河入海流。</p >
< p >欲穷千里目,更上一层楼。</p >
< p >
  白日依山尽,黄河入海流。< br >
  欲穷千里目,更上一层楼。< br >
</p >
</body >
```

图 2-11 显示了 3 段文字的内容,对应 3 个< p >标签。段落之间有默认间距。在第三个段落中,句子之间有换行,对应< br >标签。行间距默认小于段间距。

换行标签< br >比较特殊,可以没有结束标签,此类标签称为单标签。有结束标签的称为双标签,如< head >标签。另外,HTML 对语法要求不是很严格,< br >标签也可以用< br/>替换,表示标签的开始和结束。也可以用< BR >标签来替代,表示大小写不敏感。

3. 水平线和字体

水平线标签< hr >表示在 HTML 页面中创建水平线。常见的设置字体风格的标签有< b >、< u >、< i >、< sup >、< sub >等,分别表示粗体、下画线、斜体、上标和下标。如图 2-12 所示,通过加入例 2-4 所示的水平线和字体等标签内容可以创建页面 2-5. html。

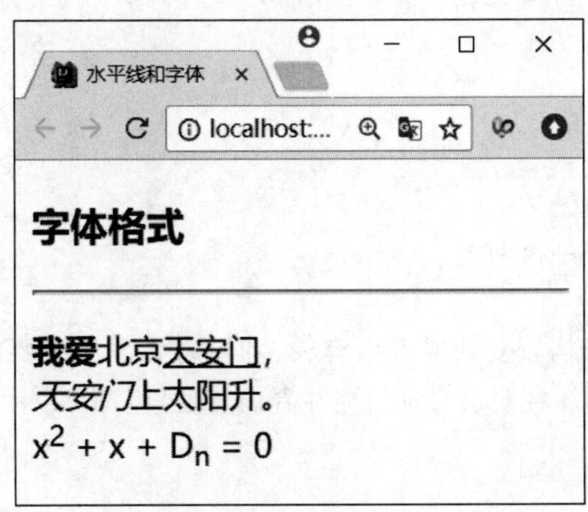
水平线和字体
localhost:...
字体格式
我爱北京天安门,
天安门上太阳升。
x2 + x + Dn = 0

图 2-12 水平线和字体

【例 2-4】 利用水平线和字体等标签创建页面。

```
< body >
  < h3 >字体格式</h3 >
  < hr >
  < p >
    < b >我爱</b >北京< u >天安门</u >,< br >
    < i >天安门</i >上太阳升.< br >
    x < sup > 2 </sup > + x + D < sub > n </sub > = 0
  </p >
</body >
```

4. 特殊符号和注释

由于诸如大于号(>)、小于号(<)等已作为 HTML 的语法符号，因此要想在网页中显示此类特殊符号，就需要使用相应的 HTML 代码来表示，这些 HTML 代码被称为字符实体。HTML 中常见的特殊符号及其相应的字符实体如表 2-1 所示，字符实体一般以“&”开头，以“;”结束。

加入例 2-5 所示的标签内容可以创建页面 2-6.html，显示效果如图 2-13 所示。

表 2-1　常见的特殊字符及对应的字符实体

特殊符号	字符实体
空格	
大于号(>)	>
小于号(<)	<
引号(")	"
版权符号	©

图 2-13　特殊字符

【例 2-5】 利用特殊符号创建页面 2-6.html。

```
<body>
  Copyright&copy;2019
  HuaWei Inc. <br>
  reserved all rights.<br>
  &lt;京 ICP 备 10022233
  &gt; &quot;China&quot;<br>
</body>
```

当页面的 HTML 结构较复杂或者内容较多时，需要添加必要的注释以方便代码的阅读和维护，当浏览器遇到注释时会自动忽略注释内容。HTML 中注释的语法格式如下：

```
<!-- 注释内容 -->
```

在 IDEA 中可以使用快捷键 Ctrl+Shift+/为一块内容快速添加注释。

2.4.2　图片标签

图片是网页中不可或缺的一种元素，在网页中使用较多的图片格式有 JPG、GIF 和 PNG 格式。这几种格式的图片都可以通过 HTML 的<img>标签来引入，<img>标签的语法格式如下：

```
<img src="路径" alt="替代文本" title="鼠标悬停提示文字" width="宽度" height="高度" />
```

其中 src 属性表示图片路径，可分为绝对路径和相对路径。

1. 绝对路径

绝对路径通常用来表示资源的完整 URL 地址。当页面需要引用外部资源时，就需要用到绝对路径。

【**例 2-6**】 利用绝对路径创建页面 2-7.html。

```
<body>
    <img src="http://pic25.nipic.com/20121205/10197997_003647426000_2.jpg"/>
</body>
```

上述代码在浏览器打开时，浏览器会将 Internet 上的一张图片加载到本地并显示，如图 2-14 所示。因为例 2-6 中没有设置图片的宽度和高度，将以原图片的大小显示。

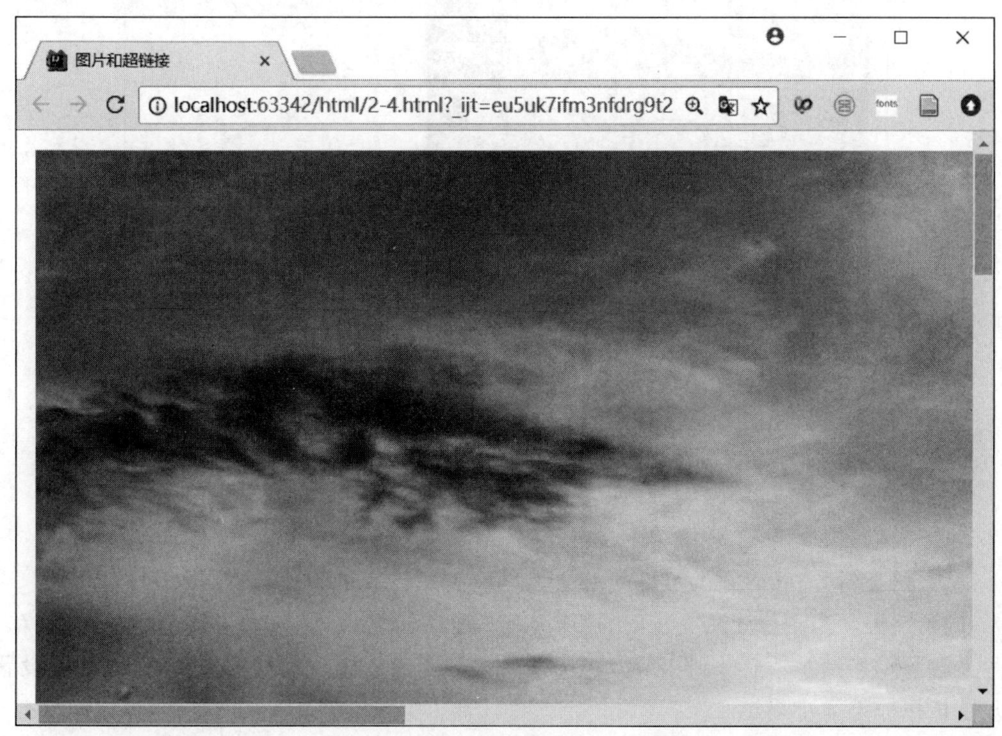

图 2-14 使用绝对路径加载图片效果

2. 相对路径

相对路径表示相对于当前页面的路径，通常用于在网页中加载本站点内的资源，可以不是一个完整的 URL 地址。例如，可以在 html 工程下创建目录 imgs，将图片 sky.jpg 放到该文件夹下，如图 2-15 所示。

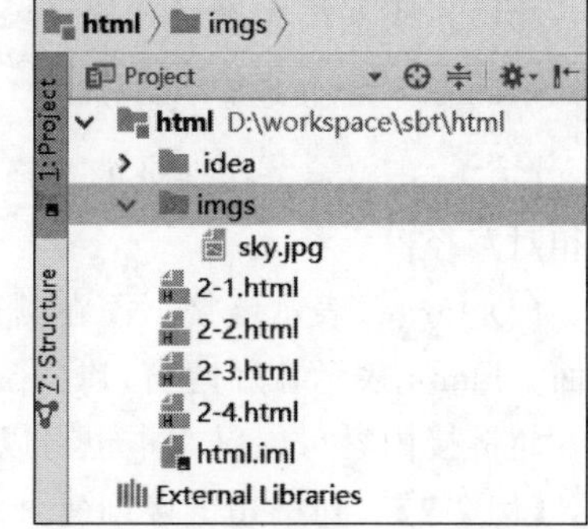

图 2-15 创建 imgs 目录

将页面 2-7.html 中的<img>标签修改如下：

```
<img src = "imgs/sky.jpg" alt = "天空" title = "blue Sky" width = "200px" height = "200px"/>
```

上述代码显示的效果如图 2-16 所示。

页面 2-7.html 和 imgs 文件夹在同一目录，因此可以直接引用文件夹的名称，进而引用该文件夹下的资源。当前目录还可以用“.”表示，例如上述 src 的属性值还可以写成“./imgs/sky.jpg”，通常省略不写。另外，还有个常见的特殊符号为“..”，表示返回当前目录的上级目录。例如，将上述 src 的属性值改为“../imgs/

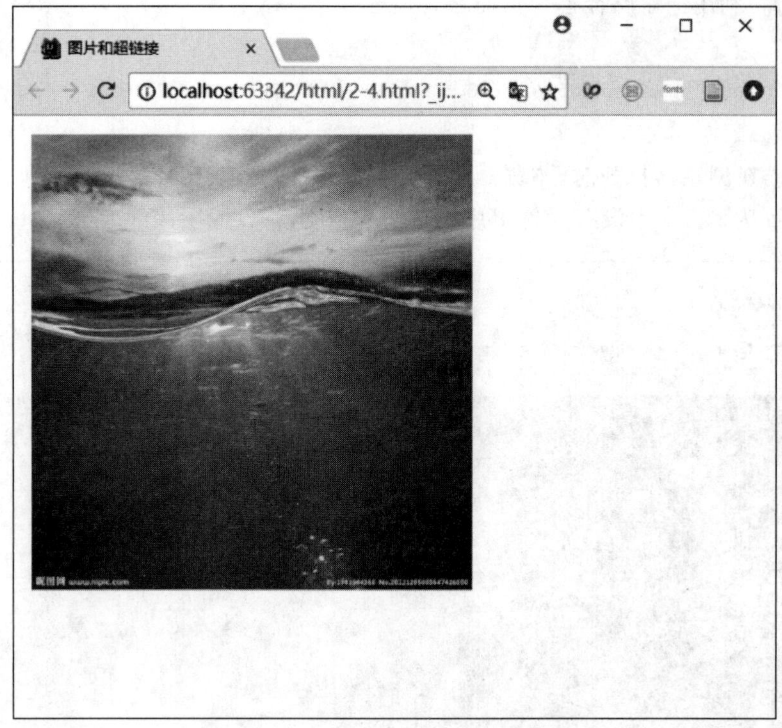

图 2-16　设置高度和宽度后图片显示效果

sky.jpg”，则会到 html 所在的目录找 imgs 目录，因此将显示不出图片。

alt 属性表示当图像无法显示时，用于替代图像显示的文本。title 属性表示当鼠标移至图片上时显示的提示信息。width 和 height 属性分别表示图片的宽度和高度，如果不设置，图片默认按原始大小显示。

2.4.3　超链接

超链接主要用于网页之间的跳转，应用极为广泛。其基本语法如下：

```
<a href = "链接地址" target = "目标窗口位置">超链接内容</a>
```

(1) href 表示链接地址的路径，同< img >标签的 src 属性类似，该路径可分为绝对路径和相对路径。

(2) target 表示链接页面在浏览器哪个窗口打开，其中，_self 表示在当前窗口打开链接页面，_blank 表示在新建窗口打开链接页面。

超链接内容可以是文本也可以是图片。

【例 2-7】 利用超链接创建页面 2-8.html。

```
<body>
    <a href = "http://www.baidu.com" target = "_blank">
        <img src = "imgs/sky.jpg" width = "100px" height = "100px"/>
    </a>
    <a href = "http://www.baidu.com" target = "_blank">
        百度首页
```

```
    </a>
</body>
```

例 2-7 代码的显示效果如图 2-17 所示，单击图片或者文字都会跳转到百度首页。

图 2-17 超链接显示

除了页面间的链接外，还有一种超链接称为锚链接。锚链接的主要作用是定位到页面的某一个具体位置。下面以在同一页面跳转为例讲解锚链接的用法，不同页面间跳转的锚链接用法类似。

一般来说，锚链接实现起来主要分两个步骤。

(1) 在页面的目标位置设置标记，该标记也称为锚点，语法为：

```
<a name = "marker">目标位置</a>
```

name 属性用于规定锚的名称，此处锚点名称为 marker。

(2) 在页面的源位置设置超链接，语法为：

```
<a href = "#marker">源位置</a>
```

在页面 2-8. html 中添加以下代码：

```
<body>
  <a href = "#marker">源位置</a><br>
   <!—此处省略 2 - 7.html 页面中源 body 内容 -->
  <a name = "marker">目标位置</a>
</body>
```

页面起始状态如图 2-18 所示，当单击源位置的超链接时，页面跳转到目标位置，如图 2-19 所示。

图 2-18 锚链接起始位置

图 2-19 锚链接目标位置

2.4.4 列表

HTML 支持 3 种列表的标记，分别是有序列表、无序列表和定义列表。下面通过不同的示例来说明这些列表的用法。

1. 有序列表

有序列表使用< ol >标记，每一个列表项前使用< li >标记，每一个项目都有前后顺序之分。加入例 2-8 所示代码，创建的页面如图 2-20 所示。

【例 2-8】 利用有序列表创建页面 2-9. html。

```
<body>
  <ol>
    <li>列表项 1</li>
    <li>列表项 2</li>
    <li>列表项 3</li>
  </ol>
</body>
```

有序列表默认使用阿拉伯数字给列表项排序，也可以使用其他种类的编号。通常在页面所对应的样式表中进行设置，样式表将在后续章节中详细讲述。

2. 无序列表

无序列表使用< ul >标记，每一个列表项前使用< li >标记，编号类型默认使用粗体圆点，加入例 2-9 所示代码，创建的页面如图 2-21 所示。

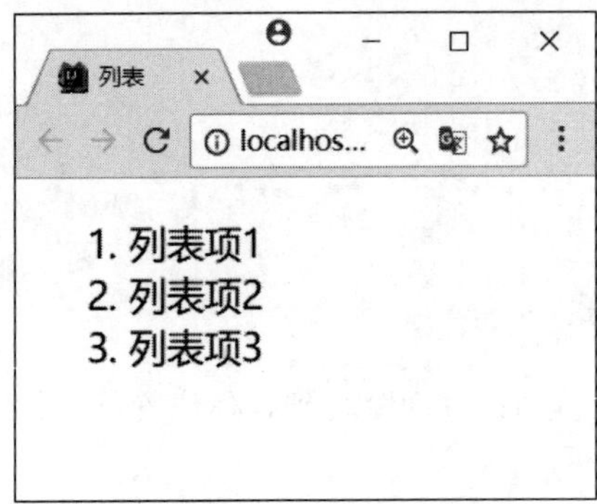

图 2-20　有序列表

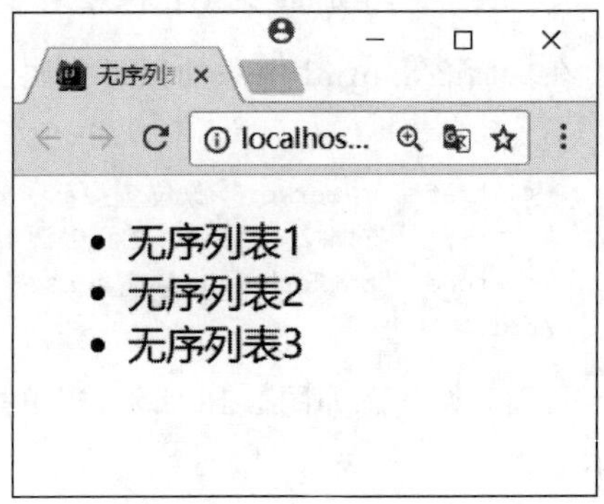

图 2-21　无序列表

【例 2-9】 利用无序列表创建页面 2-10. html。

```
<body>
  <ul>
    <li>无序列表 1</li>
    <li>无序列表 2</li>
    <li>无序列表 3</li>
  </ul>
</body>
```

3. 定义列表

定义列表默认没有任何编号，一般用于有多个标题并且每个标题下有一个或多个列表项的情况。它使用< dl >标签作为列表的开始，使用< dt >标签作为每个列表项类别的起始标记，使用< dd >标签来定义每个类别的列表项。例 2-10 为新建页面 2-11. html，添加定义列表标签，显示效果如图 2-22 所示。

【例 2-10】 利用定义列表创建页面 2-11.html。

```
<body>
<dl>
  <dt>编程语言</dt>
    <dd>Java</dd>
    <dd>C++</dd>
    <dd>Python</dd>
  <dt>操作系统</dt>
    <dd>Windows</dd>
    <dd>Linux</dd>
    <dd>Mac</dd>
</dl>
</body>
```

图 2-22 定义列表

在实际开发中，无序列表的应用最为广泛，有序列表一般用于带有顺序编号的特定场合，定义列表一般适用于带有标题及解释性内容的场景。

2.4.5 表格

网页中的表格由<table>标签定义，表格中的行由<tr>标签定义，每一行的单元格由<td>标签来定义。表格的标题定义在<th>标签内，其中文字会自动变成粗体。例 2-11 为新建页面 2-12.html，添加表格标签，显示效果如图 2-23 所示。

图 2-23 表格标签

【例 2-11】 利用表格创建页面 2-12.html。

```
<body>
  <table border = "1">
    <tr>
       <th>大学</th>
       <th>学院</th>
       <th>专业</th>
    </tr>
    <tr>
       <td>浙江大学</td>
```

```
            <td>计算机学院</td>
            <td>计算机科学与技术</td>
        </tr>
        <tr>
            <td>温州大学</td>
            <td>计算机与人工智能学院</td>
            <td>大数据科学与技术</td>
        </tr>
    </table>
</body>
```

例 2-11 所示代码在页面中创建了一张 2 行 3 列的表格，为了显示表格轮廓，需要在<table>标签内设置 border 属性，用于指定边框的宽度。

实际应用中的表格往往较复杂，有时需要把多个单元格合并为一个单元格。合并单元格需要对<td>标签中的 rowspan 或 colspan 属性进行设置。这两个属性的含义分别为：从当前单元格起，跨行或者跨列所占用单元格的数量。比如设置某个<td>标签的属性 rowspan=2，表示将该单元格与下一行同列的单元格合并为一个单元格。例 2-12 为新建页面 2-13.html，合并表格标签，显示效果如图 2-24 所示。

【例 2-12】 利用合并表格标签创建页面 2-13.html。

```
<body>
    <table border = "1">
        <tr>
            <td rowspan = "2">跨行合并</td>
            <td>1 行 2 列</td>
            <td>1 行 3 列</td>
        </tr>
        <tr>
            <td>2 行 2 列</td>
            <td>2 行 3 列</td>
        </tr>
    </table>
</body>
```

需要注意的是，跨行合并后，被合并行的相应单元格无须定义。如例 2-12 中无须定义“2 行 1 列”单元格。同理，例 2-13 所示的代码给出表格跨列合并的例子，显示效果如图 2-25 所示。

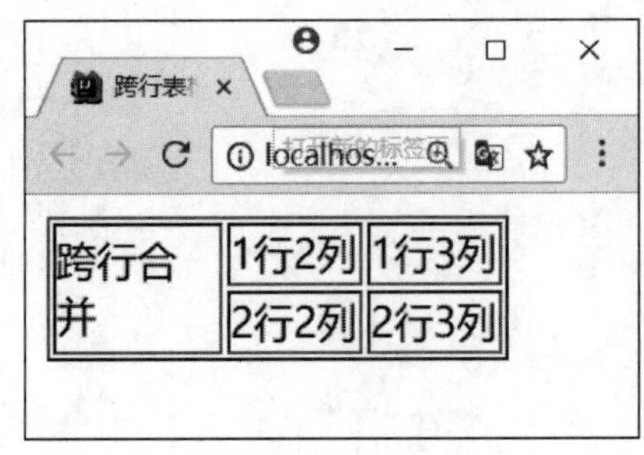

图 2-24 跨行表格

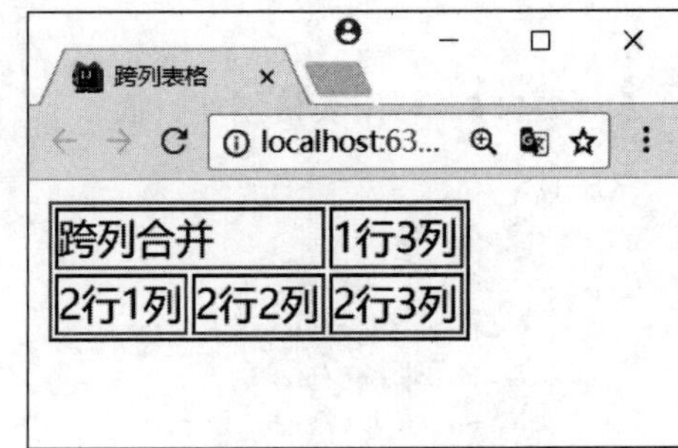

图 2-25 跨列表格

【例 2-13】 利用表格跨列合并创建页面 2-14.html。

```
<table border = "1">
   <tr>
     <td colspan = "2">跨列合并</td>
     <td>1 行 3 列</td>
   </tr>
   <tr>
     <td>2 行 1 列</td>
     <td>2 行 2 列</td>
     <td>2 行 3 列</td>
  </tr>
</table>
```

2.4.6 表单

用户可以在网页中的一些控件如文本框、密码框中输入内容,然后提交。这些控件所在的区域称之为表单(form),表单中的控件叫作表单元素。在 HTML 中,使用<form>标签来创建表单,该标签只在网页中创建表单区域,表单元素需要放在它的范围内才有效。<form>标签有两个常用属性分别为 action 和 method,主要用来与服务端程序进行交互,这部分内容涉及后面的知识,本章只讲解怎样编写表单。

<input>标签是编写表单的最常用表单元素,它有几个重要的属性,如表 2-2 所示。

表 2-2 input 标签的常用属性

属　　性	说　　明
type	指定表单元素的类型
name	指定表单元素的名称
value	指定表单元素的初始值

其中 type 属性决定了表单元素的类型可以为以下值。

(1) text：文本框,text 也是 type 的默认属性。

(2) password：密码框。

(3) radio：单选框。

(4) checkbox：复选框，checked 属性可设置默认被选。

(5) submit：提交按钮,单击此按钮,浏览器会将表单的内容提交给 action 属性指定的 URL 地址。

(6) reset：重置按钮,单击此按钮会将所有表单元素变为默认值。

(7) button：普通按钮。

【例 2-14】 利用 input 标签创建页面 2-15.html。

```
<body>
    <h3>个人注册</h3>
    <form>
        登录名(文本框): <input type = "text" name = "username" value = "wzu"><br>
        密码(密码框): <input type = "password" name = "pwd" value = ""><br>
        选择性别(单选框):
```

```
        <input type="radio" name="sex" value="boy" checked>男
        <input type="radio" name="sex" value="girl">女 <br>
        选择爱好(复选框):
        <input type="checkbox" name="interest" value="calligraphy">书法
        <input type="checkbox" name="interest" value="signing" checked>唱歌
        <input type="checkbox" name="interest" value="basketball">篮球
        <input type="checkbox" name="interest" value="game">游戏 <br>
        上传个人头像(文件域):<br>
        <input type="file" name="photo"><br>
        <input type="submit" value="注册">
        <input type="reset" value="重置">
        <input type="button" value="普通按钮">
    </form>
</body>
```

例 2-14 创建的页面如图 2-26 所示。

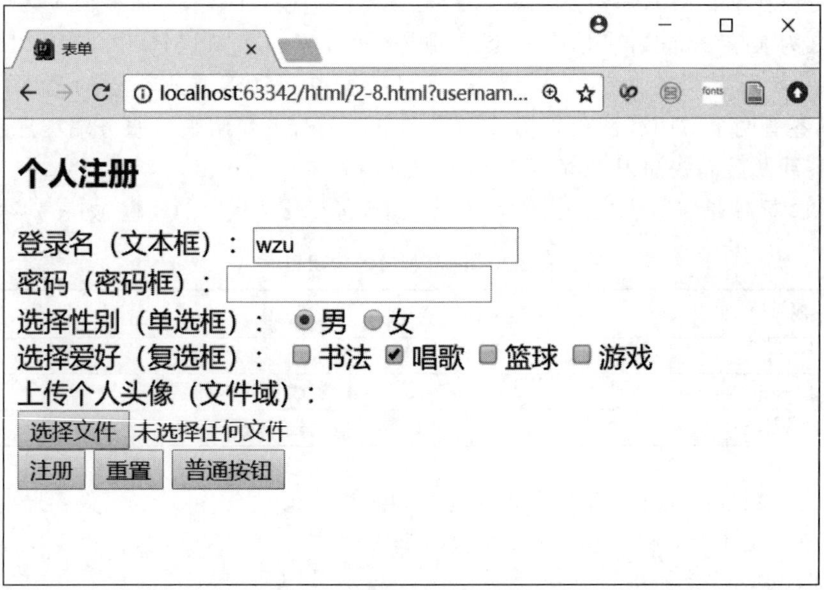

图 2-26 input 标签表单元素

例 2-14 所示代码中需要注意的是，一般设定同一组单选框或者复选框的 name 属性值都相同，而 value 属性值不同，以方便处理。除<input>标签外，常见的表单元素还包括多行文本框和下拉菜单，分别使用<textarea>和<select>标签来表示。

【例 2-15】 利用文本框和下拉菜单创建页面 2-16.html。

```
<body>
    <form>
        <h3>填写个人信息(多行文本域):</h3>
        <textarea name="personal" cols="40" rows="6"></textarea>
        <h3>选择出生月份(下拉菜单):</h3>
        <select name="month">
            <option value="">选择月份</option>
            <option value="1" selected>1 月</option>
```

```
            <option value = "2"> 2 月</option>
            <option value = "3"> 3 月</option>
        </select>
    </form>
</body>
```

例 2-15 创建的页面在浏览器中显示效果如图 2-27 所示。

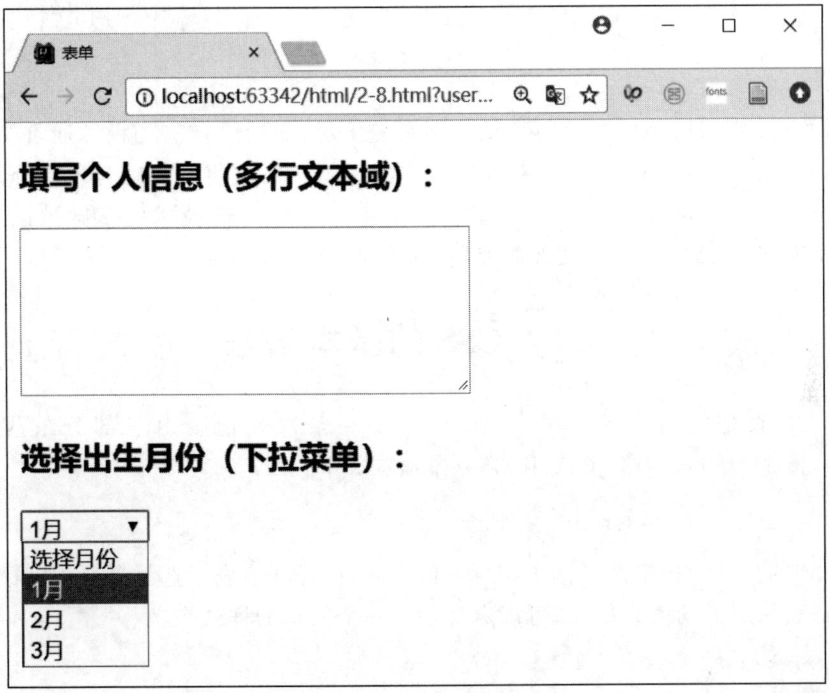

图 2-27　文本域和下拉菜单

需要说明的是，< textarea >标签的 cols 和 rows 属性分别用来设置多行文本域的长度和宽度。下拉菜单中的每一个选项用< option >标签表示，selected 属性表示默认选中该选项。

小　　结

本章简单介绍了 HTML 语言概况及其常用标签的用法，包括基本标签、图片和超链接、列表、表格和表单等。关于 HTML5 还有很多新特性及新用法，对前端开发有兴趣的读者请自行参阅相关资料。由于本书旨在面向 Java Web 开发的整个生命周期，本章只介绍了 HTML 的核心概念和用法。

第3章 CSS 技术基础

在实际开发中，HTML 主要用来显示网页的内容，而网页样式的设计通常交由层叠样式表（Cascading Style Sheet，CSS）来负责。这样做的好处是使得内容与表现分离，便于对网站进行开发与维护，并能提高用户体验。本章主要介绍 CSS 技术的基础知识，读者重点需要掌握 CSS 选择器的用法以及如何使用 DIV 进行网页的布局。

3.1 CSS 的基本语法

CSS 样式表是由若干条样式规则组成，每一条样式规则由三部分组成：选择器（selector）、属性（property）和值（value），基本语法如下：

```
selector {property: value}
```

selector 的含义为指定选择网页中标签的方式，property 表示选择器所指定标签包含的属性，value 表示属性的值。例如，可以定义如下一个简单的样式表：

```
p{
    color: blue;
    font - size: 20px;
}
```

其作用在网页中的简单流程为，先选择网页中所有的< p >标签，然后设置< p >标签中所有字体的颜色为蓝色，大小为 20 个像素。

样式规则必须放在一对大括号（{}）内，可以是一条或多条，属性和值之间用英文冒号（:）分开，每条规则以英文分号（;）结尾。

3.2 在 HTML 中使用 CSS

在 HTML 中引入 CSS 样式的方法有 3 种，分别为行内样式、内部样式表和外部样式表，下面分别介绍这 3 种方式的优缺点和应用场景。

3.2.1 行内样式

行内样式是通过在 HTML 标签中添加 style 属性来引入 CSS。

【例 3-1】 添加 style 属性创建页面 3-1.html。

```
< body >
```

```
    <p style = "color:blue; fontsize:20px">蓝色字体,大小 20 像素</p>
    <p style = "color:green; font - size:15px">绿色字体,大小 15 像素</p>
</body>
```

例 3-1 所示代码的显示效果如图 3-1 所示。

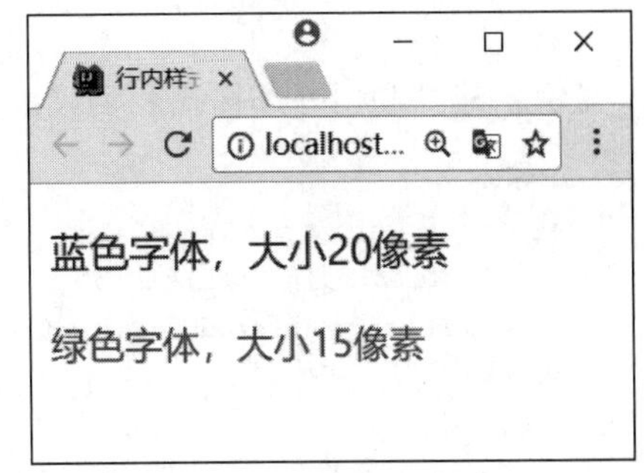

图 3-1 应用行内样式

由于行内样式将 CSS 代码直接写在 HTML 中,不能使得内容与样式分离,因此在实际开发中应用的不多。但是,由于行内样式只对当前的 HTML 标签起作用,往往在特定的场景中使用。

3.2.2 内部样式表

内部样式表就是将 CSS 代码写在 HTML 的 <head>标签中,与 HTML 内容位于同一个页面中。

【例 3-2】 利用内部样式表创建页面 3-2.html。

```
<head>
    <meta charset = "UTF - 8">
    <title>内部样式</title>
    <style>
        h1{
            color: red;
        }
    </style>
</head>
<body>
    <h1>我是红色标题</h1>
</body>
```

3.2.3 外部样式表

外部样式表就是将 CSS 代码保存为一个单独的文件,文件扩展名为.css。例如,可以在 Web 应用工程中创建 out.css 文件,该文件存放到 css 文件夹下,如图 3-3 所示。

图 3-2 应用内部样式表

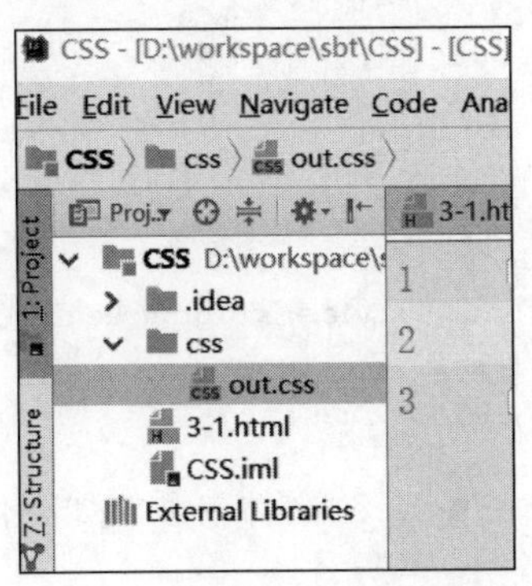

图 3-3 创建外部样式表文件

在 out. css 中添加如下代码：

```
p{
    font - style: italic;
}
```

【例 3-3】 利用外部样式表创建页面 3-3. html。

```
< head >
    < meta charset = "UTF - 8">
    < title >外部样式表</title >
    < link href = "css/out.css" ref = "stylesheet" type = "text/css">
</head >
< body >
    < p >应用了外部样式表的段落</p >
</body >
```

其中，< link >标签的属性 ref="stylesheet"指在页面中引用外部样式表，type="text/css"是指链接文件的类型是样式表文本，href 属性用来指定 css 文件所在的路径。上述代码通过引用外部样式表的方式为当前页面设置样式，该方式实现了样式和内容的彻底分离。一个外部样式表可以应用到多个页面。当改变这个外部样式表文件时，所在页面的样式会随之改变。这在制作具有大量相同风格的网站时非常有用。

3.2.4 3 种方式的优先级

CSS 名为层叠样式表的原因是允许同时给网页中的元素应用多个样式，页面元素的最终样式即为多个样式的叠加效果。由于相互叠加的样式可能引起冲突，因此首先需要了解样式的优先级。

【例 3-4】 利用层叠样式表创建页面 3-4. html。

```
< head >
    < meta charset = "UTF - 8">
    < title > 3 种方式优先级</title >
    < link href = "css/out.css" ref = "stylesheet" type = "text/css">
    < style >
        h1{
            color: red;
        }
    </style >
</head >
< body >
    < h1 style = "color:green">我是什么颜色?</h1 >
</body >
</html >
```

并在 out. css 文件中添加如下代码：

```
h1{
    color: blue;
}
```

例 3-4 所示代码分别给页面中的< h1 >标签分别应用了行内样式(设置标题为绿色)、内部样式表(设置标题为红色)和外部样式表(设置标题为蓝色),该页面的< h1 >标签最终显示的字体为绿色,这是因为行内样式离该标签最近。又或者将例 3-4 所示代码的行内样式去掉,并将内部样式和外部样式交换位置,如例 3-5 所示。

【例 3-5】 创建页面 3-5. html。

```
< head >
    < meta charset = "UTF - 8">
    < title > 3 种方式优先级</title >
    < style >
        h1{
            color: red;
        }
    </style >
    < link href = "css/out.css" ref = "stylesheet" type = "text/css">
</head >
< body >
    < h1 >我是什么颜色?</h1 >
</body >
```

这一次,由于< h1 >标签离外部样式表最近,因此为蓝色。一般来讲,CSS 中设置样式优先级的方式为"就近原则"。

3.3 CSS 选择器

选择器是 CSS 中一个非常重要的概念,所有 HTML 样式都是通过不同的 CSS 选择器进行控制的。前面学过的选择器,如< p >、< h1 >等都是最简单的标签选择器,接下来介绍更多功能强大的选择器,以帮助我们方便、快速、准确地进行样式设计。

3.3.1 基本选择器

CSS 的基本选择器主要分为标签选择器、ID 选择器和类选择器 3 种。

1. 标签选择器

每种 HTML 标签的名称都可以作为相应的标签选择器名称。例如,前面学过的 h1 选择器用于声明页面中所有< h1 >标签的样式风格,p 选择器用于声明页面中所有< p >标签的样式风格。标签选择器可以同时为页面中多个相同标签指定样式。

2. 类选择器

页面中,元素的 class 属性可以为元素分组。例如下述代码将 3 个< p >标签分为一组。

```
< p class = "title">我是属于 title 组</p >
< p class = "title">我是属于 title 组</p >
< p class = "title">我是属于 title 组</p >
```

类选择器的作用便是声明同一组元素标签的样式。定义类选择器的方式是在 class 属性值的前面加一个句点". ",例如下述代码定义了一个名为. title 的样式。

```
.title{
```

```
    font - size: 16px;
    color: #00509F;
}
```


其中,定义的样式(字体大小和颜色)会作用于页面中所有 class 属性值为 title 的标签。

3. ID 选择器

在页面中,元素的 id 属性用来唯一标识该元素。同样,ID 选择器主要用来对某个特定元素定义样式。与类选择器不同的是,使用 ID 选择器定义样式时,必须在 ID 名称前加一个"#"号。

【例 3-6】 利用 ID 选择器创建页面 3-6.html。

```
<head>
    <meta charset = "UTF - 8">
    <title> ID 选择器</title>
    <style>
        #wzu{
            color:red;
        }
    </style>
</head>
<body>
    <p id = "wzu"> ID 属性为 WZU 的段落</p>
    <p id = "zju"> ID 属性为 ZJU 的段落</p>
</body>
```

例 3-6 所示代码为页面中 id 属性值为 wzu 的元素设置样式(字体设置成红色)。

3.3.2 高级选择器

本节主要介绍 CSS 常用的高级选择器,如层次选择器、并集选择器和交集选择器。

1. 层次选择器

HTML 中各元素间主要的层次关系包括后代、父子、相邻兄弟和一般兄弟等几种关系。这些关系被抽象为 HTML 的文档对象模型(Document Object Model,DOM)。下面首先通过一个示例来讲述什么是 DOM。

【例 3-7】 创建页面 3-7.html。

```
<body>
    <a class = "you"> 1 </a>
    <a> 2 </a>
    <a> 3 </a>
    <ul>
        <li class = "you"><a> 4 </a></li>
        <li id = "my"><a> 5 </a></li>
        <li><a class = "you"> 6 </a></li>
        <li><a> 7 </a></li>
    </ul>
    <h1> h1 </h1>
    <p> p</p>
</body>
```

上述代码对应的 DOM 模型如图 3-4 所示。其中< a > 1、< a > 2、< a > 3 和< ul >是< body >的子元素,< a > 1、< a > 2、< a > 3 和< ul >互为兄弟元素,< li >是< ul >的子元素,< a > 4、< a > 5、< a > 6 是< li >的子元素。所有元素都是< body >的后代元素。

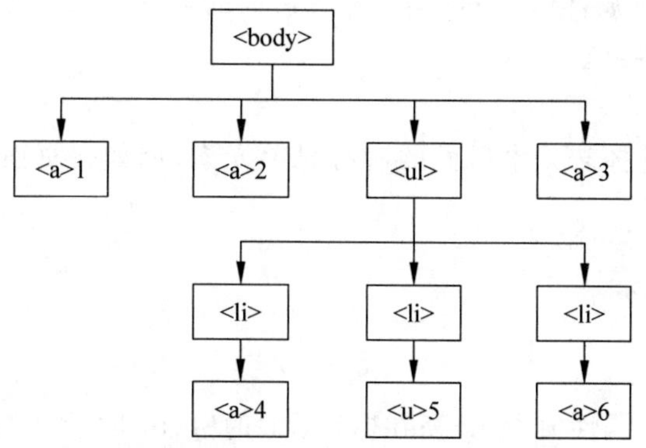

图 3-4　页面 3-7. html 的元素树形图

层次选择器通过 DOM 模型可以快速选择需要的元素,具体语法如表 3-1 所示。

表 3-1　层次选择器

选择器	类　型	功能描述
A B	后代选择器	选择元素 A 的所有与元素 B 匹配的后代元素
A>B	子选择器	选择元素 A 的所有与元素 B 匹配的子元素
A+B	相邻兄弟选择器	选择元素 A 后紧跟的与元素 B 匹配的元素
A～B	一般兄弟选择器	选择元素 A 后所有与元素 B 匹配的元素

2. 后代选择器

后代选择器的作用就是选择某元素的指定后代元素,例如给页面 3-7. html 添加如下样式后,浏览器会选择< body >标签内的所有< a >标签,并设置其背景为红色。

```
body a{
    background: red;
}
```

3. 子选择器

子选择器只能选择某元素的所有匹配子元素,例如给页面 3-7. html 添加如下样式:

```
body > a{
    background: red;
}
```

与后代选择器不同的是,此选择器仅选择了< body >标签内的所有子< a >标签(此例为< a > 1、< a > 2、< a > 3),并设置背景色为红色。而在< li >中的< a >标签(< a > 4、< a > 5、< a > 6、< a > 7)将不会被选择。

4. 相邻兄弟选择器

相邻兄弟选择器可以选择紧跟在另一个元素后面的元素,它有一个相同的父级元素。例如给页面 3-7. html 添加如下样式:

```
#my+li{
    color:red;
}
```


此选择器选择了 id 属性值为 my 所在标签后面的第一个< li >元素(此例为< a > 6 所在的< li >),并设置背景为红色。

5. 一般兄弟选择器

一般兄弟选择器选择某元素后面的所有兄弟元素,例如在页面 3-7. html 中添加如下样式:

```
#my~li{
    color:red;
}
```

此选择器选择了 id 属性值为 my 所在标签后面的所有< li >元素(此例为< a > 6 和< a > 7 所在的< li >),并设置背景为红色。

6. 并集选择器

并集选择器是指多个选择器的合并,各个选择器用","隔开。主要用来给多个选择器设置相同的样式,例如在页面 3-7. html 中添加如下样式:

```
#my,h1,p{
   background: yellow;
}
```

此选择器会选择页面中 id 属性为 my 的元素、所有< h1 >元素以及所有< p >元素,并设置各个元素的背景色为黄色。

7. 交集选择器

交集选择器也是指多个选择器的组合,但交集选择器需要同时满足其中每一个选择器的条件,并且各个选择器之间没有分隔符。例如在页面 3-7. html 中添加如下样式:

```
a.you{
    background: yellow;
}
```

此选择器中的 a. you 实际上是标签选择器 a 和类选择器. you 的组合,即选择页面中所有 class 属性值为 you 的< a >元素(此例为< a > 1 和< a > 4),并设置背景色为黄色。

3.4 CSS 样式设置

CSS 的样式设置主要包括文本样式、超链接和列表样式以及背景样式等。下面分别对这几类样式设置进行介绍。

3.4.1 文本样式

文字是网页中最重要的组成部分,通过文字可以传递多种信息。CSS 对网页文字的设置主要包括设置字体大小、类型、颜色、风格以及文本段落的对齐方式、行高、文字缩进等。

1. <span>标签

在 HTML 中,< span >标签本身没有显示效果,通常用来与 CSS 结合来给段落中的文字进行样式设置。

【例 3-8】 利用< span >标签创建页面 3-8. html。

```
<head>
    <meta charset = "UTF - 8">
    <title> span 标签</title>
    <style type = "text/css">
        p{ font - size: 14px;}
        p .poem{font - size: 30px;}
        p #Li{font - size: 24px;font - weight: bold}
        p span{font - size: 20px; font - style: italic}
    </style>
</head>
<body>
    <p>锄禾日当午,汗滴禾<span class = "poem">下土</span>。</p>
    <p>霍元甲、<span id = "Li">陈真</span>和叶问。</p>
    <p>拳王<span>阿里</span>、泰森、霍利菲尔德</p>
</body>
```

例 3-8 所示代码显示效果如图 3-5 所示。

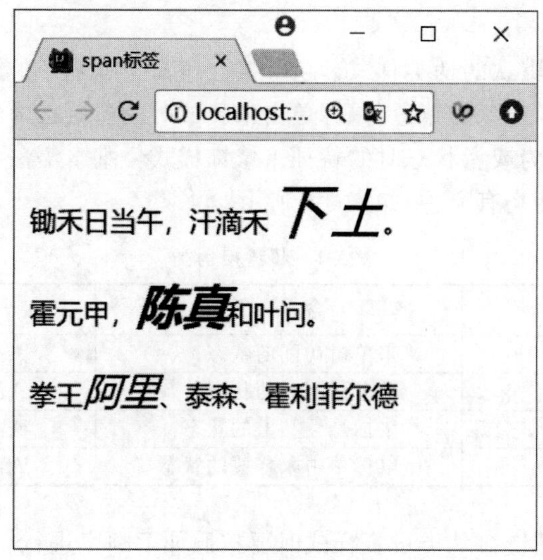

图 3-5 span 标签的应用

从页面效果可以看出,< span >标签可以为段落中的部分文字添加样式,并且不会像< p >标签一样独占一行,这种不独占一行的元素称为行内元素。另外,例 3-8 中分别对< span >标签内的字体进行了大小(font-size)、风格(font-style)、粗细(font-weight)等样式进行了设置。表 3-2 列出了几个常用的字体属性及其可选参数值。

除了字体属性外,CSS 对文本样式的控制还包括文本颜色、水平对齐方式、首行缩进、行高、文本装饰等属性设置,具体用法如表 3-3 所示。

表 3-2　常用字体属性设置

属 性 名	含　义	举　例
font-family	设置子类型	font-family:"宋体"
font-size	设置字体大小	font-size:15px
font-style	设置字体风格	font-style:italic
font-weight	设置字体粗细	font-weight:bold
font	在一个声明中设置所有字体属性	font:italic bold 30px "宋体"

表 3-3　常用文本样式设置

属 性 名	含　义	举　例
color	设置文本颜色	color:red
text-align	设置水平对齐方式	text-align:left
text-indent	设置首行文本的缩进	text-indent:18px
line-height	设置文本的行高	line-height:20px
text-decoration	设置文本的装饰	text-decoration:underline

更多的字体属性设置可参考 W3C 文档(https://www.w3school.com.cn/css/css_font.asp/)。

3.4.2　超链接

网页中的超链接有默认的伪类样式：超链接文字有下画线，单击超链接前文本颜色为蓝色，单击超链接后文本颜色为紫色，鼠标单击未释放时的超链接为红色。所谓伪类样式就是根据元素处于某种行为或者状态时的特征来修饰样式。基本语法为"标签名：伪类名{声明;}"。常用的超链接伪类有 4 种，如表 3-4 所示。

表 3-4　超链接伪类

伪类名称	含　义	伪类样式举例
A:link	未单击访问的状态	A:link{color:yellow}
A:visited	单击访问后的状态	A:visited{color:blue}
A:hover	鼠标悬浮其上的状态	A:hover{color:red}
A:active	鼠标单击未释放的状态	A:active{color:green}

需要注意的是，对超链接伪类设置样式时要按照如下顺序进行：a:link-> a:visited-> a:hover-> a:active，如果先设置"a:hover"再设置"a:visited"，则"a:visited"将不起作用。

【例 3-9】　创建页面 3-9.html。

```
<head>
    <meta charset = "UTF - 8">
    <title>超链接样式</title>
    <style type = "text/css">
        a{text - decoration: none}
        a:link{color: #00509F}
        a:visited{color: yellowgreen}
        a:hover{
```

```
            text - decoration: underline;
            color: antiquewhite;
        }
        a:active{color:darkred;}
    </style>
</head>
<body>
    <a href = "http://www.baidu.com" target = "_blank">钢铁侠</a>
</body>
```

例 3-9 所示代码首先去掉超链接的默认下画线，设置超链接未访问前的颜色为#00509F，访问后的颜色为 yellowgreen，鼠标悬停其上时出现下画线并改变颜色为 antiquewhite，鼠标单击未释放时颜色变为 darkred。

3.4.3 背景样式

背景在网页中无处不在，它能为整体页面带来丰富的视觉效果。在学习背景属性前，先介绍一个网页布局中最常用的双标签：<div>标签。与<span>标签（行内元素）不同的是，一对<div>标签独占一行（块元素）。在实际开发中，<div>标签通常与 CSS 配合使用来对网页进行排版，制作出复杂多样的网页。另外，背景样式主要包括背景颜色（background-color）、背景图片（background-image）、背景图片大小（background-size）、背景图片重复方式（background-repeat）和背景图片位置。

【例 3-10】 创建页面 3-10.html。

```
<head>
    …
<style type = "text/css">
        #nav{
            width:200px;
            background - color: beige;
        }
        .title{
            background - color: #C00;
            background - image: url("down_arrow.jpg");
            background - size:15 % ;
            background - repeat:no - repeat;
            background - position: 170px 0px;
        }
    </style>
</head>
<body>
    <div id = "nav">
        <h1 class = "title">电影分类</h1>
        <ul>
            <li><a href = "#">枪战片</a><a href = "#">犯罪片</a></li>
            <li><a href = "#">伦理片</a><a href = "#">纪录片</a></li>
            <li><a href = "#">爱情片</a><a href = "#">武侠片</a></li>
        </ul>
    </div>
</body>
```

例 3-10 所示代码首先通过 ID 选择器设置整个 DIV 的宽度和背景色，然后通过类选择器设置标题的背景颜色、背景图片、背景大小、背景图片是否重复及背景位置等，显示效果如图 3-6 所示。除了可以分开设置背景图片的各个属性外，还可以使用 background 属性将多个属性综合起来声明，如例 3-10 中设置背景图片的代码可以改成如下形式：

```
.title{
    background: #C00 url("down_arrow.jpg") 170px 0px no-repeat;
    background-size:15%;
}
```

这样一来，background 属性将背景图片的颜色、路径、位置和重复属性放到一起声明，其效果与图 3-6 一致。

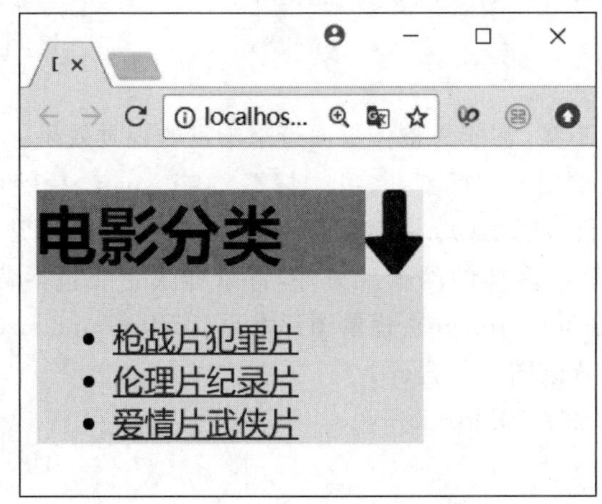

图 3-6　背景样式设置

从图 3-6 中可以看出，<a>标签也属于行内元素，不独占一行。更多背景设置可参考文档：https://www.w3school.com.cn/css/css_background.asp。

3.5　CSS 盒子模型

盒子模型是网页制作中的一个重要的知识点，它是使用 DIV+CSS 进行网页布局的基础。先来看一个例子，图 3-7 展示的是由多个相框有序组成的一面相框墙，其中每一个相框都可以抽象成一个矩形，该矩形有一个边框（border），边框和相片的距离成为内边距（padding），每个相框之间的距离成为外边距（margin）。这种 padding-border-margin 的模型是一种极其通用的描述矩形对象布局形式的方法，我们称为“盒子”模型。

在网页设计中，不管多复杂的页面也是由一个个矩形区域合理地组织在一起形成的，因此也可以应用“盒子”模型来布局。在 CSS 中，一个独立的盒子模型由元素内容（element content）、边框（border）、内边距（padding）和外边距（margin）四部分组成，如图 3-8 所示。

其中元素内容位于最中间，是网页显示的内容，边框就是包着元素内容的外框，一般具有一定的高度和宽度。内边距是网页内容和边框之间的距离。外边距为不同盒子间的距离。使用 CSS 可以分别对盒子的边框、外边距和内边距进行样式控制。

图 3-7　盒子模型举例

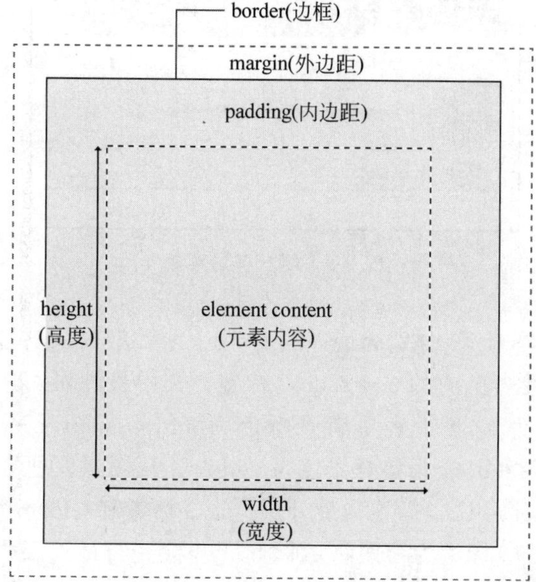

图 3-8　盒子模型

【例 3-11】 创建页面 3-11. html。

```
<head>
    <style type = "text/css">
        .box{border:1px solid #3a6}
        form{background - color: antiquewhite}
        h2{background - color: aquamarine}
        #pwd{background - color: yellow}
    </style>
</head>
<body>
    <div class = "box">
        <h2>用户登录</h2>
        <form>
            <div>姓名: <input type = "text"></div>
            <div id = "pwd">密码: <input type = "password"></div>
            <div>
```

```
                <input type="submit" value="提交">
                <input type="reset" value="重置">
            </div>
        </form>
    </div>
</body>
```

例 3-11 所示代码显示效果如图 3-9 所示。

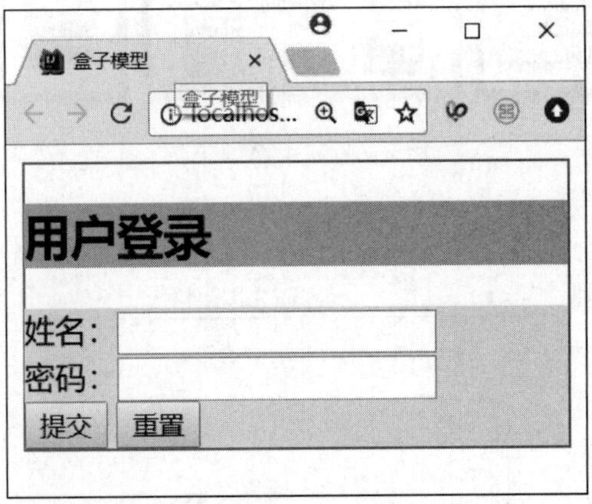

图 3-9　用户登录案例

图 3-9 中一共有 6 个盒子,分别为最外层的< div >标签(class 属性为 box)、< h2 >标签(块元素)、表单元素以及表单内的 3 个< div >标签。其中最外层< div >标签的边框粗细为 1px,类型为实线,颜色为#3a6;表单背景颜色为 antiquewhite;< h2 >标签背景颜色为 aquamarine;密码框所在< div >标签背景色为 yellow。从图 3-9 中可以看出,最外层< div >标签与< body >标签之间、< h2 >标签与最外层< div >标签和< form >标签之间都存在默认的 margin(如果以< body >标签为参照物,则< body >标签与最外层< div >标签的距离便是 padding)。由于 HTML 中很多标签都有默认的外边距并且不同浏览器中默认的 margin 值不同,因此在实际开发中通常统一设置默认的 margin 为 0,使得网页在不同浏览器中显示效果一致,只需添加如下 CSS 代码便可很容易实现。

```
*{margin: 0}
```

其中,* 表示匹配所有标签。另外,也可以根据需求个性化设置不同盒子间的外边距,例如,可以单独增加文本框所在盒子间的下外边距。

```
form div{
        margin-bottom: 10px;
}
```

类似地,也可以给盒子设置内边距,例如下述代码给< form >标签设置了内边距。

```
form{
    …
    padding: 20px 10px;
}
```

边框、内边距和外边距都可以分为上、下、左、右 4 个部分进行单独设置，读者可自行查阅 W3C 文档(https://www.w3school.com.cn/css/css_boxmodel.asp)。

3.6 CSS+DIV 网页布局

虽然网页基本上都包括头部、主体内容和尾部 3 个部分，但不同网页在布局上往往各不相同。网页默认的布局方式为标准文档流方式，所谓标准文档流是指网页根据块级元素或行内元素的特性按从上到下、从左到右的方式自然排列。标准文档流有如下几条重要的特性。

(1) 块级元素无论内容多少，都会独占一行。

(2) 块级元素可以设置高度和宽度。

(3) 行内元素不会独占一行。

(4) 行内元素的高度和宽度由内容撑开。

【例 3-12】 创建页面 3-12.html。

```
<head>
<style type="text/css">
  div{
     border: 1px solid blue;
     width: 100px;
     height: 100px;
  }
  span{
     border: 1px solid red;
     width: 100px;          /* 高度宽度设定无效 */
     height: 100px;
  }
</style>
</head>
<body>
    <div>DIV 块级元素</div>
    <span>span 行内元素 1 </span>
</body>
```

例 3-12 所示代码在网页中显示效果如图 3-10 所示。

从图 3-10 中可以看出，块级元素<div>独占一行并且所设定的高度和宽度生效，而行内元素<span>不独占一行并且声明的高度、宽度无效。

如果按照标准文档流对网页进行布局，则大部分复杂效果将无法实现。因此，很多时候需要将元素脱离标准文档流或者改变元素的性质来达到复杂布局的需求。其中，元素的浮动和定位是最常用的两种方式。

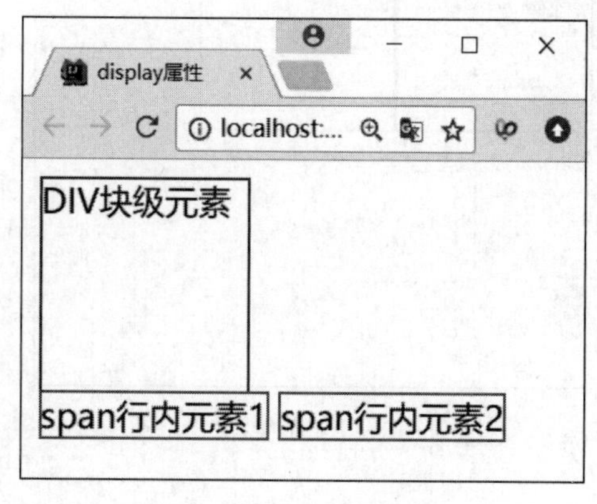

图 3-10 标准文档流

3.6.1 浮动

浮动是指将块级元素排列在一行并且支持宽度和高度设定的方法。要实现浮动需要在CSS中设置float属性,默认值为none。如果将float属性值设置为left或right,元素就会向其父元素的左侧或者右侧浮动。

【例 3-13】 创建页面3-13.html。

```
<head>
<style type="text/css">
        div{
            border: 1px solid blue;
            width: 100px;
            height: 100px;
            float: left;
        }
    </style>
</head>
<body>
    <div id="d1">div1</div>
    <div id="d2">div2</div>
</body>
```

例3-13所示代码显示效果如图3-11所示。

从图3-11中可以看出,div1和div2脱离了标准文档流向左浮动,从而使得它们能排列在同一行,并且原来的宽度和高度有效。另外,例3-13所示代码中2个<div>标签都设置了左浮动,如果只有div1设置了浮动,则只有div1会脱离标准文档流并且原先所在的位置会被div2所占据。需要注意的是,div2的文字内容会环绕浮动块显示而不会被覆盖。例如,将例3-13中的CSS代码修改如下,则显示的效果如图3-12所示。

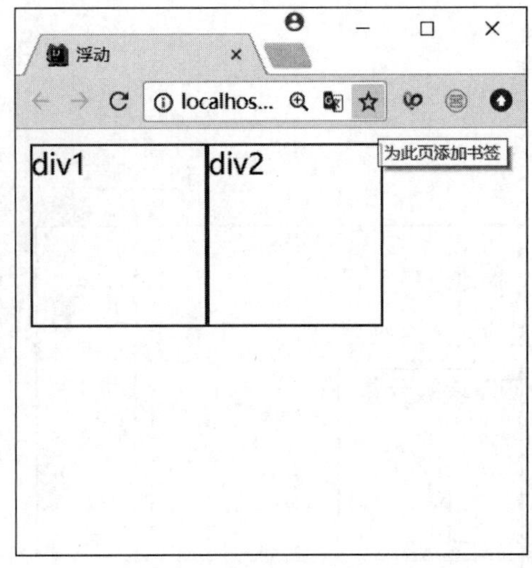

图3-11 左浮动

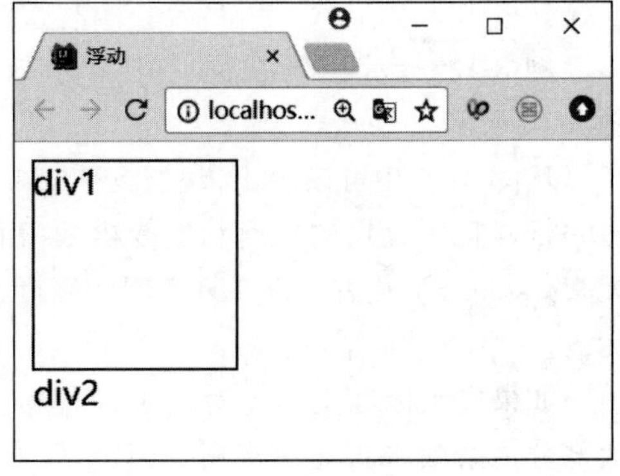

图3-12 单个浮动的影响

```
div{
    border: 1px solid blue;
    width: 100px;
    height: 100px;
}
#d1{
    float: left;
}
```

修改后的效果说明了元素的浮动会影响其他元素的位置。若要使得标准文档流中的元素不受其他浮动元素的影响，则需要用到 clear 属性来清除浮动。例如在页面 3-13. html 中添加如下代码。则 div2 会保留在原来的位置而不受 div1 浮动的影响。

```
#d2{
    clear:left;
}
```

clear 属性的值可以为 left、right 和 both，在实际开发中为了方便起见，通常不管上一个元素是左浮动还是右浮动都统一设置为 both。另外，还可以使用元素的 display 属性来进行行内元素和块级元素的互换，从而满足不同的需求。

3.6.2 定位

要设计复杂的页面效果，仅靠浮动是不够的，还需要对元素进行定位。CSS 中使用 position 属性来对元素进行定位。position 属性有 4 个值，分别代表着不同的定位类型。

(1) static：默认值，没有定位。元素按照标准文档流进行布局。

(2) relative：相对定位，盒子的位置以标准文档流为基准，然后相对于原本所在的位置偏移指定的距离。相对定位后的盒子仍在标准文档流中，其后的盒子仍以标准文档流方式对待。

(3) absolute：绝对定位，以它最近的一个已经定位的祖先元素为基准进行定位。如果没有祖先元素被定位，则以< body >标签为基准（浏览器左上角）。绝对定位的盒子会从标准文档流中脱离，并且对其后的其他盒子的定位没有影响。

(4) fixed：与 absolute 类似，不同的是以浏览器窗口为基准进行定位。

【例 3-14】 创建页面 3-14. html。

```
< style type = "text/css">
        div{
            padding: 5px;
            font - size: 10px;
        }
        #outer{
            margin: 10px;
            border: 1px #555 solid;
        }
        #in1{
            background - color: yellowgreen;
        }
        #in2{
```

```
            background-color: lightseagreen;
        }
        #in3{
            background-colr: papayawhip;
        }
    </style>
</head>
<body>
    <div id="outer">
        <div id="in1">div1</div>
        <div id="in2">div2</div>
        <div id="in3">div3</div>
    </div>
</body>
```

显示效果如图 3-13 所示。

使用相对定位将 div1 定位的位置相对于原始位置向右上方移动 20px，修改例 3-14 相应的 CSS 代码如下：

```
#in1{
            background-color: yellowgreen;
            position: relative;
            top: -20px;
            left: 20px;
        }
```

定位后的效果如图 3-14 所示。

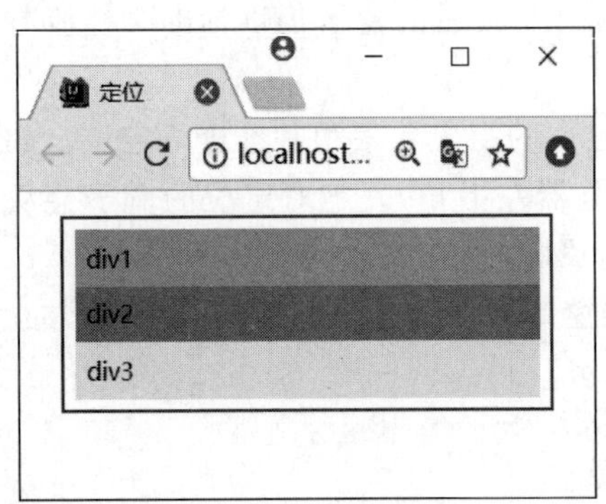

图 3-13　定位前效果

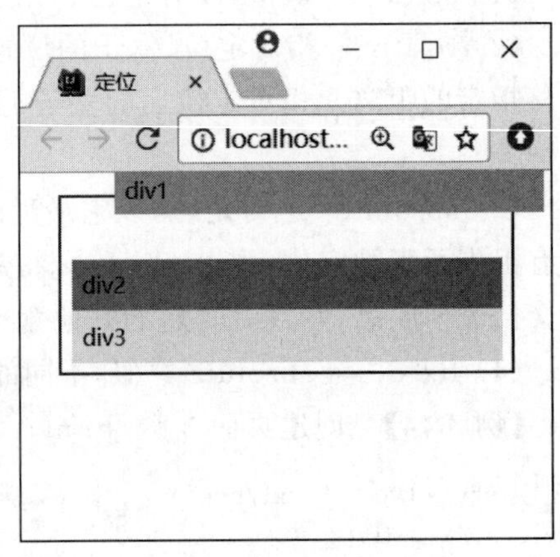

图 3-14　相对定位效果

left 和 top 可以取正值也可以取负值，left 取正值元素向右移动，top 取正值元素向下移动。这是因为网页的坐标原点在页面的左上角，纵坐标向下为正方向，横坐标向右为正方向。从图 3-14 中可以看出 div1 相对于起始位置偏移了一定的距离，并且其他元素不受影响，说明相对定位并没有脱离标准文档流。

再来看看绝对定位的例子，在 3-14. html 页面中添加以下代码：

```
#in2{
```

```
        background-color: lightseagreen;
        position:absolute;
        top: 0px;
        left: 0px;
}
```

#in2 样式中，由于包含 div2 的父元素没有被定位，因此 div2 将以浏览器左上角为基准，偏移指定距离，偏移后该元素脱离标准文档流，如图 3-15 所示。如果在外层<div>标签上添加如下样式，则显示效果如图 3-16 所示，此时将以离它最近的已经定位的祖先元素为基准进行定位。

```
#outer{
    ...
    position: relative;
}
```

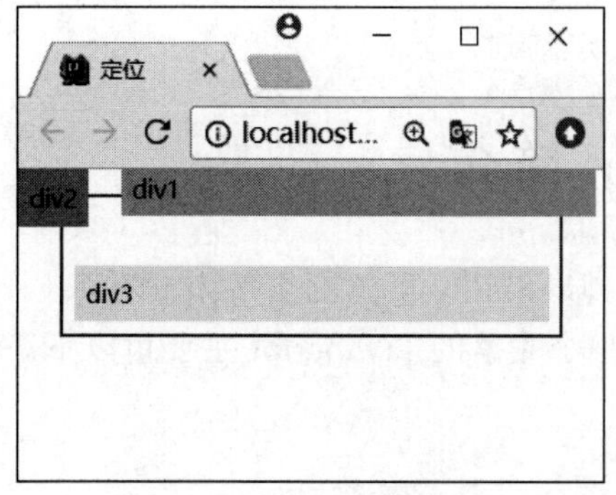

图 3-15　绝对定位效果 1

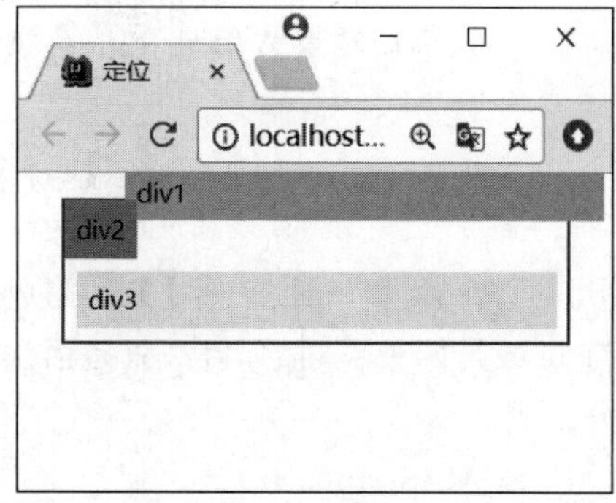

图 3-16　绝对定位效果 2

小　结

本章主要讲解了如何创建样式表来控制页面的样式和布局，主要包括使用 CSS 来添加背景、格式化文本以及格式化边框，并定义元素的填充和边距以及浮动和定位。学习 CSS 的重点是理解并掌握 CSS 选择器的使用及盒子模型，尽管现阶段的实际开发中大多使用框架进行网页样式设计，但了解底层的 CSS 设计还是有一定必要的。

第 4 章　JavaScript 基础

我们已经能够利用 HTML 和 CSS 制作具有一定效果的静态网页了。但若还想让网页具有动感效果，增强用户的体验并减轻服务器的负担，则还需要 JavaScript 语言。JavaScript 是一种嵌入到 HTML 页面内，运行在客户端，由浏览器进行编译运行的脚本语言，具有控制程序流程、实现动态效果的功能。本章主要学习其基本语法和 JavaScript 对象的基本用法，为后续章节学习 jQuery 和 Ajax 技术奠定基础。

4.1　JavaScript 简介

JavaScript 是一种基于对象和事件驱动的网页脚本语言。虽然它名字中含有 Java，但它与 Java 是两种不同的语言，只是语法非常类似。一个完整的 JavaScript 主要由以下 3 个部分组成。

1. ECMAScript

ECMAScript 是一种标准的脚本语言规范，它规定了 JavaScript 的基础语法部分，包括变量和数据类型、运算符、逻辑控制语句、关键字和保留字以及对象等。可以把 ECMAScript 理解为接口，而 JavaScript 为该接口的实现。目前最新的版本为 ECMAScript6，简称 ES6，相比之前的版本具备了许多新的特性。

2. BOM

浏览器对象模型(Browser Object Model，BOM)提供了可独立于内容，与浏览器进行交互的对象，主要用于管理浏览器窗口与窗口之间的通信。

3. DOM

DOM 是 HTML 文档对象模型定义的一套标准方法，用来访问和操纵 HTML 文档。

本章主要讲解 JavaScript 的基础语法和 BOM 部分。由于实际开发中更主流的是使用 jQuery 来操纵 DOM，所以关于 DOM 的部分将放到第 5 章讲解。

4.2　JavaScript 基础语法

JavaScript 代码可以嵌入到 HTML 的< script >标签中，而< script >标签可以放到< body >标签内。

【例 4-1】　创建 4-1. html 页面。

```
<body>
```

```
        <script type = "text/javascript">
            alert("Hello world...")
        </script>
    </body>
```

上述页面在浏览器打开后，默认会调用 alert()函数，同时也会弹出一个对话框，显示效果如图 4-1 所示。

图 4-1　JavaScript 警告框

注意，JavaScript 代码块（包含在< script type="text/javascript">标签内的代码）除了可以放在< body >标签内，还可以写入到< head >标签内，实际开发中通常根据需求来决定 JavaScript 代码块的位置。

JavaScript 代码除了可以嵌入到 HTML 文件中，还可以写在单独的文件内，这一点跟 CSS 类似。当某一张 HTML 页面需要使用该 JavaScript 代码时，只需引入该 JS 文件即可。例如下面代码在< script >标签的 src 属性中指定要引入的 JS 文件的路径。

```
<script src = "mycode.js" type = "text/javascript">
```

src 属性会根据相对路径在当前页面引入名为"mycode.js"的 JS 文件，type 属性指定当前脚本的类型为 javascript。值得一提的是，一个 HTML 页面中还可以嵌入多个 JavaScript 代码块，这些代码块能分布在 HTML 文件中的任意位置，十分灵活。

4.2.1　变量和数据类型

JavaScript 是一种弱类型语言，这意味着在声明变量时，不需要特别指定变量的类型，变量的类型由赋给变量的值来确定。声明变量的语法统一为：

var 变量名

其中，var 为声明变量使用的关键字。

【例 4-2】　创建页面 4-2.html。

```
<body>
    <script type = "text/javascript">
        var x = 5;
        var y = 12.5;
        var s = 'hello world';
        var b = false;
        var arr = new Array("stu", "tea", "中国");
        var und;
        var nul = null;
```

```
    </script>
</body>
```


例 4-2 所示代码中定义的变量代表了 JavaScript 中几种常见的数据类型，其中 x 和 y 属于 number 类型，s 属于 string 类型，b 属于 boolean 类型，arr 属于 object 类型，und 属于 undefined 类型，nul 属于 null 类型。JavaScript 中可以使用 typeof 方法查看变量的类型，例如可以使用 alert(typeof(und))查看变量 und 的类型为 undefined。

undefined 类型表示变量已经声明但未被赋值，在 JavaScript 中使用 undefinded 类型的变量编译器不会报错，但很容易出现不可预知的错误，所以建议所有变量先声明后使用。

在 JavaScript 中，对象也是变量，但是对象包含很多值。定义对象的具体语法如下：

```
var obj = {变量名 1: "变量值 1",变量名 2: "变量值 2",…,变量名 n: "变量值 n"}
```

该语法中的名-值对称为对象的属性。例如，可以定义一个汽车对象，具体如下：

```
var car = {type:"porsche", model:"911", color:"white"};
```

对象也可以有方法。方法是在对象上执行的动作。例如，可以定义如下 person 对象：

```
var person = {
  firstName: "Bill",
  lastName : "Gates",
  id       : 678,
  fullName : function() {
    return this.firstName + " " + this.lastName;
  }
};
```

person 对象中 fullName 是一个方法，该方法返回两个字符串属性的拼接。

在 JavaScript 中，访问对象属性和方法可以使用“.”操作符，具体语法如下：

```
objectName.propertyName   //访问对象属性
objectName.methodName()   //访问对象方法
```

例如，person.firstName 和 person.fullName()分别表示访问 person 对象的 firstName 属性和 fullName()方法。

4.2.2 常用的输入和输出

JavaScript 的输入和输出主要用于让用户和程序进行交互，常用的输出有警告框(alert)输出和控制台(console)输出，常用的输入有提示框(prompt)。

1. 警告框输出

alert()方法在例 4-1 中使用过，该方法会弹出一个包含一个字符串和一个“确定”按钮的对话框。该方法的参数可以是变量的值，也可以是表达式的值。如果要显示其他类型的值，则需要强制转换为字符串。

【例 4-3】 创建页面 4-3.html，且所用代码都是合法的。

```
<script type="text/javascript">
      var name = "Jack";
      alert("my name is " + name)
```

```
        var age = 32;
        alert("my age is " + String(age))
    </script>
```

警告框是当前运行的网页弹出的,在单击"确定"按钮或直接关闭前,当前网页不可用,后面的代码也不会被执行。

2. 控制台输出

可以使用 console 对象的 log()方法在浏览器的控制台输出程序的内容,例如下述代码在 Chrome 浏览器中按 F12 显示效果如图 4-2 所示。

```
<script type="text/javascript">
        var name = "Jack";
        console.log("My name is " + name )
    </script>
```

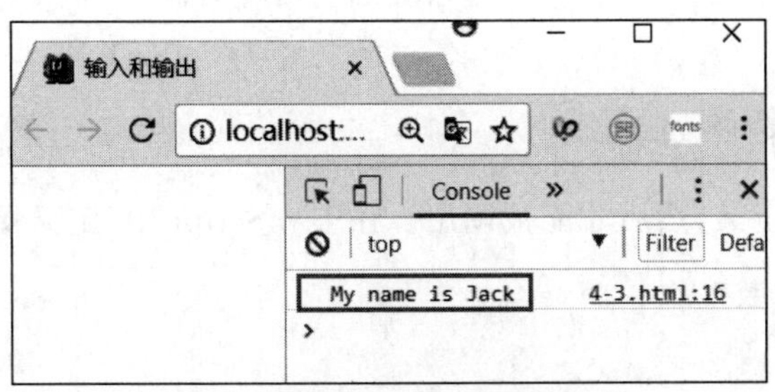

图 4-2　浏览器控制台输出

控制台输出在实际开发中主要用于程序的调试,十分常用。

3. 提示框输入

prompt()方法会弹出一个提示框,用于等待用户输入数据,该方法的返回值会返回用户输入的数据。例如:

```
<script type="text/javascript">
        var cls = prompt("请输入你所在的班级: ")
        alert("输入的班级为: " + cls)
    </script>
```

上述代码首先会在页面中显示提示框,然后可以在提示框中输入内容,如图 4-3 所示。

图 4-3　提示框

单击“确定”按钮后，会显示输入内容的警告框，如图 4-4 所示。

图 4-4　显示输入内容的警告框

4.2.3　函数和事件

函数通常需要先定义，然后才能被调用。在 JavaScript 中，定义函数的基本格式是：

```
function 函数名(参数列表){
    函数体
}
```

例如，下面代码定义了一个简单函数 hello，接着调用了该函数。

```
<script type="text/javascript">
        function hello(name, age) {
            alert("你好: " + name + age)
        }
        hello("Jack", 99)
</script>
```

可以看出，JavaScript 在定义函数参数时无须类型检查和类型限定，形参的类型由实际传进来的参数值来确定。另外，还有一种常见的函数定义方式为匿名定义，通常用于和 JavaScript 的事件绑定，下面先介绍下什么是 JavaScript 事件。

事件是使用 JavaScript 实现网页特效的灵魂，当用户与浏览器交互时会触发各类事件，常见的事件及其触发条件如表 4-1 所示。

表 4-1　JavaScript 常见事件

名　　称	说　　明
onload	页面加载完成后执行
onclick	鼠标单击执行
onmouseover	鼠标滑过执行
onkeydown	某个按键按下执行
onchange	域内容改变后执行

例 4-4 为创建页面 4-4. html，并添加如下代码。

【例 4-4】 创建页面 4-4.html,可以显示“打招呼”按钮。

```
<body>
    <script type="text/javascript">
        function hello(name, age) {
            alert("你好: " + name + age)
        }
    </script>
    <input type="button" value="打招呼" onclick="hello('jack', 99)">
</body>
```

例 4-4 所示代码在页面显示“打招呼”按钮,当鼠标单击该按钮时会触发该对象的 onclick 事件,进而调用 hello()函数。更多关于匿名函数和事件的用法将在第 5 章中详细讲述。

以上介绍的几个知识点,都是 JavaScript 和 Java 有差别的语法。此外,JavaScript 的语法与 Java 语法基本类似,如控制语句和循环语句等。例如,以下函数使用了 for 循环在控制台打印数字 0～n－1(n 为参数)。

```
function printNum(n) {
    for(var i = 0; i<n; i++){
        console.log(i)
    }
}
```

注意,本章所有实例代码都遵循传统的 ECMAScript 语法规则,ES6 语法的新特性不在本教程讨论的范围。

4.3 BOM

BOM 提供了独立于内容的、可以与浏览器窗口交互的一系列对象,其中 window 对象是整个 BOM 的核心。在浏览器打开网页后,首先看到的是浏览器窗口,抽象来看即为 window 对象,其常见方法如表 4-2 所示。

表 4-2 window 对象的常用方法

名　称	说　明
alert()	警告对话框
prompt()	提示框
confirm()	确认框
setTimeout()	在指定的毫秒数后调用函数
setInterval()	按照指定的周期循环调用函数

4.3.1 window 对象的方法

使用 window 对象调用方法的格式为:

```
window.方法名();
```

由于 window 对象是全局对象,因此在访问 window 对象的方法或属性时,可以省略 window 对象。例如,之前直接使用 alert()方法来直接创建警告框,而完整的写法应该是 window. alert()。表 4-2 中前 3 个方法我们已经学习过,下面主要讲述后两个方法(window 对象常用的定时器函数)。

1. setTimeout()函数

setTimeout()函数用于在指定的毫秒数后调用函数或表达式,例如以下代码使用该函数实现了 3s 后弹出对话框的功能。

```
function timeAlert() {
    setTimeout("alert('闹钟 3s')", 3000)
}
```

2. setInterval()函数

setInterval()函数与 setTimeout()函数不同的是,setInterval()函数会在一定周期内不停地调用某一函数,直到窗口被关闭或者强制停止。例如以下代码会每隔 3s 弹出警告框。

```
function timeInterval() {
     setInterval("alert('闹钟每隔 3s')", 3000)
}
```

3. clearTimeout()函数和 clearInterval()函数

这两个函数都可以用来清除定时器,通常由事件来触发。例 4-5 所示代码可以增加定时按钮,显示效果如图 4-5 所示。

图 4-5　定时器按钮

【例 4-5】 创建页面 4-5. html,增加定时器按钮。

```
< body >
    < button onclick = "timeInterval()"> setTimeInterval 定时器</button >
    < button onclick = "javascript:clearInterval(t)">清除 timeInterval 定时器</button >
    < script >
        var t;
        function timeInterval() {
            t = setInterval("alert('闹钟每隔 3s')", 3000)
        }
    </script >
</body >>
```

上述代码在页面中创建了两个按钮,功能分别为设置定时器和清除定时器。单击“setTimeInterval 定时器”按钮后,每隔 3s 会弹出警告框,如图 4-6 所示。

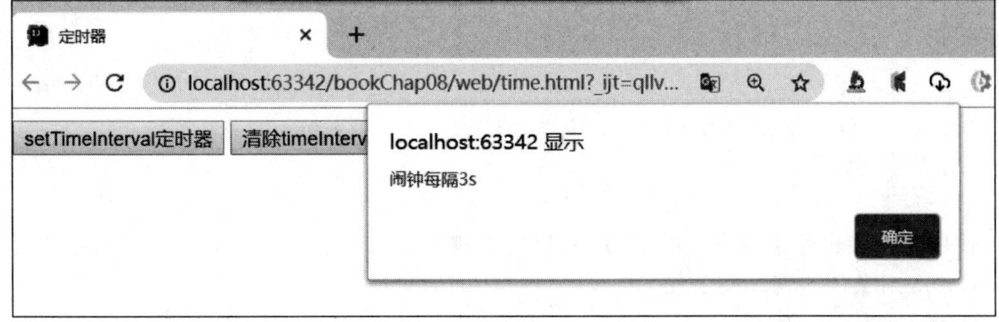

图 4-6 定时器响应弹框事件

单击"确定"按钮隐藏警告框后，隔 3s 又会弹出同样的窗口。要取消弹框，需使用 JavaScript 内置的 clearInterval()函数，将指定的定时器删除。这里将定时器标识为全局对象 t，然后将 t 传入 clearInterval()函数，即可清除定时器。

4.3.2 window 对象的属性

window 对象的常用属性如表 4-3 所示。

表 4-3 window 对象的常见属性

名　　称	说　　明
history	历史 URL 信息
location	当前 URL 信息
document	当前文档对象

表 4-3 所示的 3 个属性在开发中经常使用，下面分别对其进行讲述。

1. history 对象

history 对象包含用户的浏览历史等信息，它在程序中可以代替浏览器的后腿(前进)按钮来访问历史记录，history 对象的常用方法如表 4-4 所示。

表 4-4 history 对象常用方法

名　　称	说　　明
back()	返回上一页
forward()	返回下一页
go(n)	n 为整数，整数表示前进 n 个页面，负数表示后退 n 个页面

例如，以下代码实现了浏览器的前进和后退按钮功能。

```
<body>
    <input type = "button" value = "后退" onclick = "history.back()">
    <input type = "button" value = "前进" onclick = "history.forward()">
</body>
```

2. location 对象

location 对象可以访问浏览器的地址栏，最常见的功能便是动态跳转到另外一个页面，跳转的方法是修改 location 的 href 属性，例如下面代码可以根据用户的输入来跳转到指定的页面。

```
<script type="text/javascript">
    url = prompt("请输入要跳转的 URL 地址: ");
    location.href = url
</script>
```

使用超链接也能实现页面的跳转，但超链接跳转通常是静态跳转（URL 需直接指定），而 location 对象能实现动态跳转。

3. document 对象

document 对象既是 window 对象的一部分，也代表了整个页面（文档），可用来访问页面中的所有元素（页面元素是一个树形结构）。document 对象的常用方法如表 4-5 所示。

表 4-5 document 对象常用方法

名　称	描　述
write()	向页面写文本
getElementById()	根据元素 ID 返回该元素的引用
getElementsByName()	根据元素 name 属性名称返回对象的集合
getElementsByTagName()	根据元素的标签名返回对象的集合

【例 4-6】 创建页面 4-6.html，加入 document 对象。

```
<body>
    <script type="text/javascript">
        document.write("简单动态效果");
        function changeCity() {
            document.getElementById("zcity").innerHTML = "上海";
        }
        function getZCity() {
        var zcities = document.getElementsByName("zcity");
        var str = '';
        for (var i = 0; i < zcities.length; i++) {
            if (zcities[i].checked == true)
                str += zcities[i].value + " ";
        }
        document.getElementById("text").innerHTML = str;
    }
    </script>
    <div id="zcity">杭州</div>
    <input type="button" value="改变城市" onclick="changeCity()"><br>
    <input type="checkbox" name="zcity" value="温州">温州
    <input type="checkbox" name="zcity" value="宁波">宁波
    <input type="checkbox" name="zcity" value="台州">台州 <br>
    <input type="button" value="获取浙江省城市" onclick="getZCity()"><br>
    <p id="text"></p>
</body>
```

例 4-3 所示代码的显示效果如图 4-7 所示。

通过例 4-6 所示代码，当单击“改变城市”按钮时，会调用 changeCity 函数，该函数会获取 id 为 zcity 的元素并将该元素的 html 内容设置为“上海”。当单击“获取浙江省城市”按钮时，会调用 getZCity 函数，该函数会获取 name 属性为 zcity 的所有标签(用数组保存)，通过遍历每一个元素并判断该复选框是否被选中，如选中则将该元素的 value 属性值来拼接字符串，最后把字符串设置到 id 位于 text 的段落标签中，效果如图 4-8 所示。

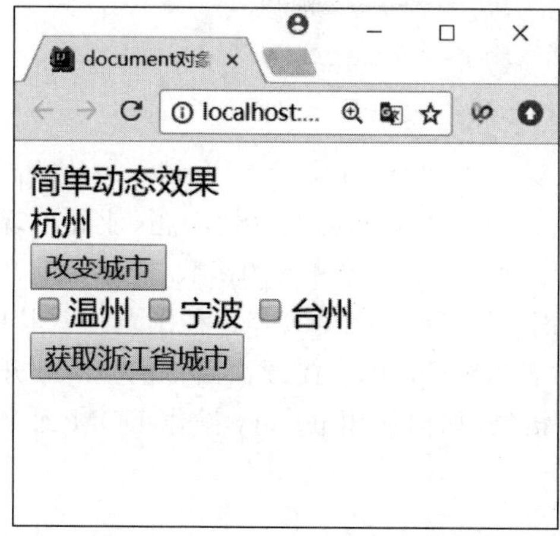

图 4-7　document 对象示例

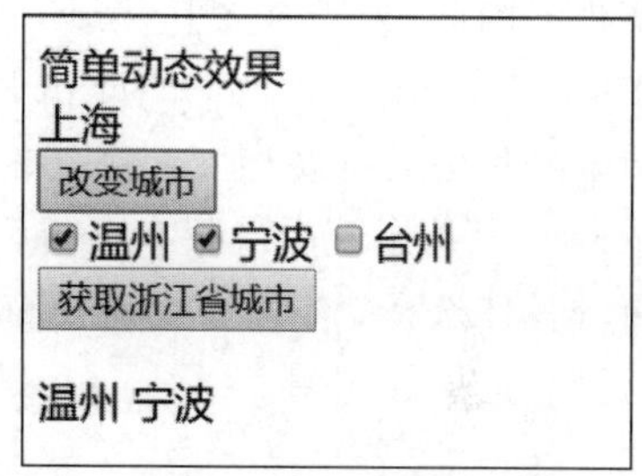

图 4-8　document 对象操作页面元素

例 4-6 讲述了 document 对象的简单使用方法，其中涉及了 JavaScript 的 DOM 操作。在实际开发中，更普遍的是使用 jQuery 来操作 DOM，很少使用原生的 JavaScript 来操作 DOM。因此本书将不着重讲述 JavaScript 的 DOM 操作，读者了解并熟悉 document 对象的一些简单操作即可，重要的是要理解 DOM 操作的原理。

小　　结

本章简要介绍了 JavaScript 的基本语法、BOM 对象及简单的 DOM 操作，带领初学者领会 JavaScript 语言的精妙之处，并为后续章节的学习打下一定的基础，但 JavaScript 本身的内容远远不止这些，如果读者对前端开发有兴趣，请自行参阅其他专门介绍 JavaScript 语言的书籍。

第5章 jQuery基础

由于JavaScript本身存在两个缺点：一个是复杂的DOM操作，另一个是不一致的浏览器实现。因此，为了简化JavaScript开发工作，解决浏览器之间的兼容性问题，业界出现了许多的JavaScript库。JavaScript库中封装了很多预定义的对象和使用函数，能够帮助开发人员轻松搭建具有高难度交互功能的客户端页面，并且可以完美兼容各种浏览器。其中，jQuery在经历了若干次版本更新后，逐渐从各种JavaScript库中脱颖而出，成为Web开发人员的最佳选择。本章主要讲解jQuery的基本语法、如何使用jQuery操作DOM元素以及正则表达式的应用。

5.1 jQuery的作用

jQuery是一种轻量级的JavaScript库，它的设计主旨是“write less, do more”。在开发中jQuery的作用主要包括5个方面。

1. 访问和操作DOM元素

jQuery提供了一套方便、快捷的API来操作DOM元素，因此在开发中可以在很大程度上减少代码的编写，并且提高用户对网页的体验度。

2. 控制页面样式

通过引入jQuery，开发人员可以便捷地控制页面的CSS样式，并且可以很好地兼容各种浏览器。

3. 对页面事件的处理

通过jQuery的事件绑定机制可以使得页面在处理事件时能将表现层和功能开发分离。这样一来，开发人员更多地专注于程序的逻辑与功能，页面设计人员可以侧重于页面的优化与用户体验。

4. 方便地使用jQuery插件

引入jQuery可以使用大量的jQuery插件来完善页面的功能和效果，如jQuery UI插件、Form插件、Validate插件等。

5. 便捷地使用AJAX

实际开发中，利用AJAX异步读取服务器数据是常见的需求，使用原生的JavaScript来操作AJAX十分烦琐，而引入jQuery后，不仅完善了功能，还大大简化了代码的编写，通过其内部对象和函数，简单几行代码就可以实现复杂的功能。

5.2 开发环境搭建

搭建 jQuery 开发环境十分简单，只需简单的几个步骤。

1. 下载 jQuery

进入 jQuery 官网(https://jquery.com/)，单击页面右侧的 Download jQuery 进入下载页面。jQuery 库的类型有两种：开发版(未压缩)和发布版(压缩)，它们的对比如表 5-1 所示。

表 5-1 jQuery 版本区别

名　称	说　明
jQuery-版本号.js	完整无压缩版本，主要用于测试、学习和开发
jQuery-版本号.min.js	经过压缩后的版本，主要用于发布的产品和项目

本教程采用的版本为无压缩版，版本号为 jQuery-3.4.1.js。

2. 引入 jQuery

在实际开发中，只需把下载的 jQuery 库文件放到工程中的一个公共位置，然后在相应页面引用即可。例如，首先在工程 jQuery 中新建文件夹 js，并将 jQuery 的库文件放入该文件夹中，然后创建页面 5-1.html，如图 5-1 所示。

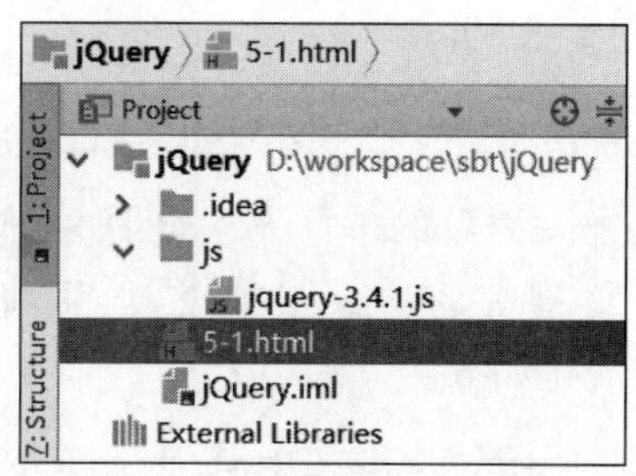

图 5-1 配置 jQuery

在 5-1.html 页面中便可通过如下代码引入 jQuery 库。

```
<script src="js/jquery-3.4.1.js"></script>
```

其中，src 属性引用时使用的是相对路径，在实际项目中，可根据需求调整 jQuery 库的路径。

3. 使用 jQuery

在页面中引入 jQuery 后，就可以在<script>标签中使用它了。

【例 5-1】 在 5-1.html 中加入代码，引入 jQuery。

```
<script type="text/javascript">
    $(document).ready(function () {
        alert("Hello jQuery...")
    })
</script>
```

例 5-1 所示代码会在浏览器中弹出一个警告框，如图 5-2 所示。

页面 5-1.html 代码中的一条关键语句为 $(document).ready()，这条语句可分成 3 个部分：$()、document、ready()，在 jQuery 中分别称为工厂函数、DOM 对象和 jQuery 方法。

工厂函数 $()的作用是将 DOM 对象转化为 jQuery 类型的对象，从而使得该对象能调用相应的 jQuery 方法。例如，document 对象是一个 DOM 对象，将它作为参数传给工厂函数 $()转化为 jQuery 对象类型后，就能使用 jQuery 封装好的 ready()方法，该方法可以将

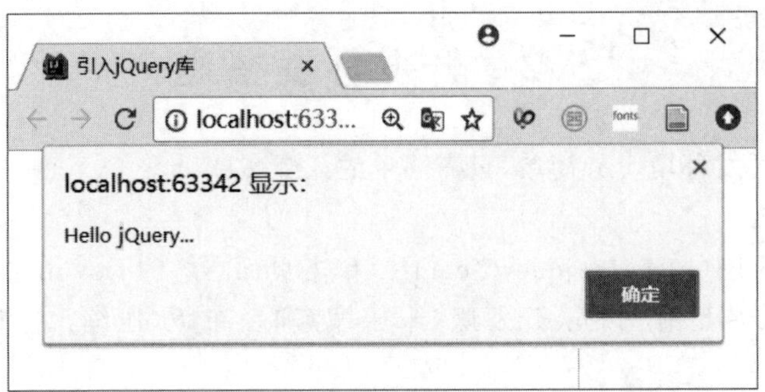

图 5-2　jQuery 的 Hello World

函数作为参数传入，表示在页面加载完成后才执行该函数，类似于 window 对象的 onload 功能。

除了可以给工厂函数传具体的 DOM 对象外，还可以给它传 jQuery 选择器来选择页面相应的元素。jQuery 选择器与 CSS 选择器类似，但又有所不同，我们将在 5.4 节中详细讲述它。

jQuery 对象提供了一系列的方法。其中，一类重要的方法就是事件处理方法，主要用来绑定 DOM 元素的事件和事件处理函数。一般情况下，事件处理函数会作为参数传给 jQuery 对象的事件方法，例如页面 5-1.html 中的 ready()方法。在实际开发中，为了简化开发，通常省略 ready()方法，而将事件处理函数直接传给工厂函数。例如，例 5-1 所示代码可简化如下：

```
<script type = "text/javascript">
    $(function () {
        alert("Hello jQuery...")
    })
</script>
```

另外，在 jQuery 中，符号“$”实际代表的是 jQuery 对象本身（这里注意区别其他 jQuery 类型的对象），因此工厂函数 $()也可写成 jQuery()，$ 后面也可以直接调用方法。例如，如下代码调用了 jQuery 对象的 trim()方法会将字符串“ my university ”两边的空格去除并在控制台打印“my university”。

```
jQuery(function () {
        var str = ' my university   '
        console.log('--- '+ $.trim(str) + '--- ')
})
```

5.3　jQuery 对象和 DOM 对象

在实际开发中，容易混淆的是 jQuery 对象和 DOM 对象的概念和用法。因此，在详细讲述 jQuery 语法之前，有必要弄清楚两者的区别和联系。

1. DOM 对象

使用原生 JavaScript 方法如 getElementById()或 getElementsByTagName()等方法获

取到的 DOM 元素就是 DOM 对象，DOM 对象有其独有的属性和方法。例如下述代码将获取 id 为 my 的 DOM 对象，并访问 DOM 对象独有的 innerHTML 属性。

```
var domObj = document.getElementById("my") // 获取 DOM 对象
var objHTML = domObj.innerHTML             // 使用 DOM 对象的 innerHTML 属性
```

2. jQuery 对象

jQuery 对象是指通过工厂函数将 DOM 对象转换后的对象，只有 jQuery 对象能够使用 jQuery 方法。例如下述代码将 id 为"my"的元素转换为 jQuery 对象后，调用 jQuery 对象独有的 html()方法。

```
$("#my").html()                            //获取 id 为 my 的元素的 html 内容
```

其中，给工厂函数传的#my 表示 jQuery 选择器(用单引号或双引号引用来表示)，该选择器选择了页面中 id 属性为 my 的 DOM 元素并将之转换为 jQuery 元素，进而调用 html()这一 jQuery 方法，功能等价于 document.getElementById("my").innerHTML。

需要注意的是，jQuery 对象无法使用 DOM 对象的任何属性和方法，同样，DOM 对象也无法使用 jQuery 对象的任何属性和方法。例如，$("#my").innerHTML 和 domObj.html()都是错误的使用方法。

3. 相互转换

实际开发中，往往使用 jQuery 对象操作 DOM 更加快捷、方便，但在某些特定场景下也需要将 jQuery 对象转化成原生的 DOM 元素进行操作，可以使用 get()方法将 jQuery 对象转换成 DOM 对象，例如：

```
var myDOM = $("#my").get()                 //将 jQuery 对象转换为 DOM 对象
```

当 jQuery 对象是数组或者集合时，则需要给 get()方法指定相应的索引。将 DOM 对象转换成 jQuery 直接使用工厂函数即可，例如：

```
var $myJQuery = $(domObj)                  //将 DOM 对象转换为 jQuery 对象
```

实际开发中，通常给 jQuery 对象类型的变量名前加"$"符号以区分 DOM 对象类型的变量，例如这段代码中的变量 $myJQuery。

5.4 jQuery 选择器

选择器是 jQuery 的核心之一，其主要作用是为方便获取页面中的元素，然后为该元素添加相应的行为，使页面交互变得快捷、丰富。根据 jQuery 选择器获取元素方式的不同，可以分为通用 CSS 选择器和过滤选择器两种。

5.4.1 通用 CSS 选择器

我们将 CSS 选择器加上单引号或者双引号作为 jQuery 的工厂函数的参数，称为 jQuery 的通用 CSS 选择器，语法如下：

```
$('CSS selector')
```

该函数会返回相应页面 DOM 元素转化后的 jQuery 对象。jQuery 支持大多数 CSS 选择器，包括基本选择器、层次选择器和属性选择器，其语法与 CSS 选择器完全相同。下面给出这 3 种选择器的基本用法和简单示例。

1. 基本选择器

基本选择器包括标签选择器、类选择器、ID 选择器、并集选择器、交集选择器和全集选择器，通过基本选择器可以实现大多数页面元素的查找，关于基本选择器的说明如表 5-2 所示。

表 5-2 jQuery 基本选择器

名　称	返回值	示　例
标签选择器	元素集合	$('h1')选取所有<h1>元素
类选择器	元素集合	$(".title")选择所有 class 属性为 title 的元素
id 选择器	单个元素	$("#my")选择 id 为 my 的元素
并集选择器	元素集合	$('div,span,p')选取所有<div>、<p>和<span>元素
交集选择器	单个或者多个	$('div#my')选择 id 为 my 的<div>元素
全局选择器	元素集合	$('*')选择所有页面元素

2. 层次选择器

层次选择器主要用来选择当前元素的后代元素、子元素、相邻元素和兄弟元素。有关层次选择器的用法说明见表 5-3。

表 5-3 jQuery 层次选择器

名　称	返回值	示　例
后代选择器	元素集合	$('#my span')选择 id 为 my 元素下的所有后代元素<span>
子选择器	元素集合	$('#my>span')选择 id 为 my 元素下的所有子元素<span>
相邻元素选择器	元素集合	$('#my+span')选择紧邻 id 为 my 元素之后的兄弟元素<span>
兄弟元素选择器	元素集合	$('#my~span')选择 id 为 my 元素之后的所有兄弟元素<span>

3. 属性选择器

属性选择器通过 HTML 元素的属性来选择相应的元素，有关属性选择器的用法说明见表 5-4。

表 5-4 jQuery 属性选择器

语法构成	返回值	示　例
[attr]	元素集合	$("[href]")选择含有 href 属性的元素
[attr=val]	元素集合	$("[href='#']")选择 href 属性值为"#"的元素
[attr!=val]	元素集合	$("[href!='#']")选择 href 属性值不为"#"的元素
[attr^=val]	元素集合	$("[href^='http']")选择 href 属性值以 http 开头的元素
[attr$=val]	元素集合	$("[href$='com']")选择 href 属性值以 com 结尾的元素
[attr*=val]	元素集合	$("[href*='wzu']")选择 href 属性值包含 wzu 的元素
[attr1=val1][attr2=val2]…	元素集合	$("div[id][class='univ']")选择含有 id 属性并且 class 属性为 univ 的<div>元素

5.4.2 过滤选择器

过滤选择器的主要作用是在原有匹配的元素中进行二次筛选，有关过滤选择器的用法说明见表 5-5。

表 5-5 jQuery 过滤选择器

语法构成	返回值	示 例
:first	单个元素	$("li:first")选取第一个<li>元素
:last	单个元素	$("li:last")选取最后一个<li>元素
:not(selector)	集合元素	$("li:not(.my)")选取 class 属性不是 my 的<li>元素
:even	集合元素	$("li:even")选取索引为偶数所有<li>元素
:odd	集合元素	$("li:odd")选取索引为奇数所有<li>元素
:eq(index)	单个元素	$("li:eq(3)")选取索引为 3 的<li>元素
:gt(index)	集合元素	$("li:gt(3)") 选取索引大于 3 的<li>元素
:lt(index)	集合元素	$("li:lt(3)") 选取索引小于 3 的<li>元素
:hidden	集合元素	$(":hidden")选取所有隐藏的元素
:visible	集合元素	$(":visible")选取所有可见的元素

5.5 jQuery 事件处理机制

在了解了 jQuery 选择器后，就可以结合 jQuery 事件处理机制与页面进行交互。实际开发中常用的步骤为首先通过 jQuery 选择器选取 DOM 元素，然后给选定的元素绑定事件及相应的处理函数。jQuery 绑定事件的方式主要有两种，第一种语法如下：

```
$('selector').eventName(function(){函数体})
```

其中 selector 表示选择器，eventName 表示事件名称，function 为事件响应函数。

【例 5-2】 创建页面 5-2.html。

```
<script type="text/javascript">
    $(function () {
      $("#btn1").click(function () {
          alert("你好!")
      })
   })
</script>
<body>
  <button id="btn1">点我弹框</button>
</body>
```

例 5-2 所示代码为页面中 id 为 btn1 的按钮绑定了单击事件，单击该按钮会执行相应的事件处理函数，此处为弹出一个信息为“你好”的警告框。

另外一种通用的事件绑定的语法如下：

```
$('selector').on("eventName", function(){函数体})
```

该语法通过 jQuery 的 on()函数来绑定事件，on()函数的第一个参数为绑定的事件名称，第二个参数为事件响应函数，具体的事件名称可通过官方文档（https://jquery.cuishifeng.cn/on.html）进行查阅。例如，页面 5-2.html 中的代码可以修改为：

```
$("#btn1").on('click', function () {
    alert("你好!")
})
```

可以看出，第一种绑定事件的方式相对直观，编码方便，但一次只能添加一个监听，而且有的监听事件不支持这种方式。第二种方式则更加通用，且可以添加多个监听。因此，实际开发中推荐使用第二种方式。例如，在页面 5-2.html 中添加如下代码：

```
$('#div1')
    .on('mouseenter', function () {
        console.log('进入')
    })
    .on('mouseleave', function () {
        console.log('离开')
})
<div id= "div1" style="height: 100px; width: 100px">div1</div>
```

以上代码的功能是为 id 为 div1 的<div>同时绑定了鼠标移进和移出事件，当鼠标指针移进该 DIV 区域时会触发事件处理函数 mouseenter，此处为在控制台打印“进入”二字；当鼠标移出该 DIV 区域时会触发事件处理函数 mouseleave，此处为在控制台打印“离开”二字。

尽管 jQuery 中还存在许多其他事件，如键盘事件、表单事件等，但用法与例 5-2 基本一致，读者只需理解并掌握事件处理的原理即可，以后在遇到实际问题时便可自行查阅 jQuery 官方文档。

5.6 jQuery 中的 DOM 操作

jQuery 中提供了一系列的操作 DOM 的方法，它们不仅简化了使用传统 JavaScript 操作 DOM 时烦琐的代码，而且解决了跨平台浏览器兼容性问题，从而提高了开发效率并且令用户与浏览器的交互更加便捷。jQuery 中的 DOM 操作主要分为内容操作、节点操作和样式操作，下面分别对这三部分做详细介绍。

5.6.1 内容操作

jQuery 提供了对元素内容的操作方法，即对 HTML 代码、标签内容和属性值内容进行操作。

1. 操作 HTML 代码

jQuery 主要使用 html()方法来对 HTML 代码进行操作，该方法类似于 JavaScript 中的 innerHTML 属性，通常用于动态新增和替换页面的内容，其语法格式如下：

```
html([content])
```

其中，content 表示可选参数，当有值时表示设定被选元素的新内容，当没有参数时表示获取被选元素的内容。

【例 5-3】 创建页面 5-3. html。

```
<script type = "text/javascript">
    $ (function () {
        $ ('#btn1').click(function () {
            $ ('#ans').html("<ul><li>Q1</li><li>Q2</li></ul>")
        })
        $ ('#btn2').click(function () {
            alert( $ ('#ans').html())
        })
    })
</script>
<body>
  <button id = "btn1">单击显示问题</button>
  <button id = "btn2">单击弹出问题</button>
  <div id = "ans"></div>
</body>
```

例 5-3 所示代码在单击“显示问题”按钮时会在 id 为 ans 的<div>中通过 html()方法设置页面内容,显示效果如图 5-3 所示。给元素设置完 HTML 内容后,单击“弹出问题”按钮会将该元素的 HTML 内容以对话框形式弹出,如图 5-4 所示。在页面初始阶段单击该按钮,弹出的内容为空。可以看出,html()方法返回的是该标签节点的所有内容。

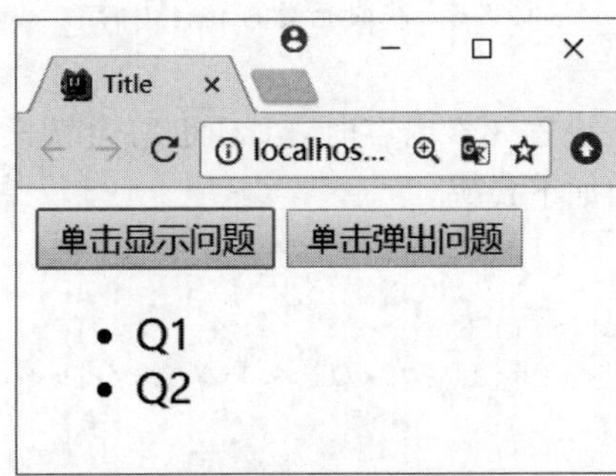

图 5-3　设置元素的 HTML 内容

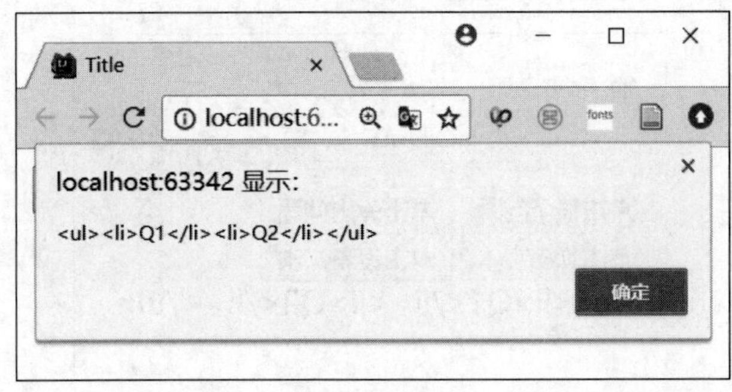

图 5-4　获取元素的 HTML 内容

2. 操作标签内容

使用 text()方法可以获取或设置元素的文本内容，而不含 html。例如在 5-3. html 页面中添加如下代码：

```
<script>
  …
  $('#btn3').click(function () {
      alert($('#ans').text())
  })
</script>
<button id="btn3">单击弹出文本</button>
```

单击完“显示问题”按钮后，单击“弹出文本”按钮，显示效果如图 5-5 所示。

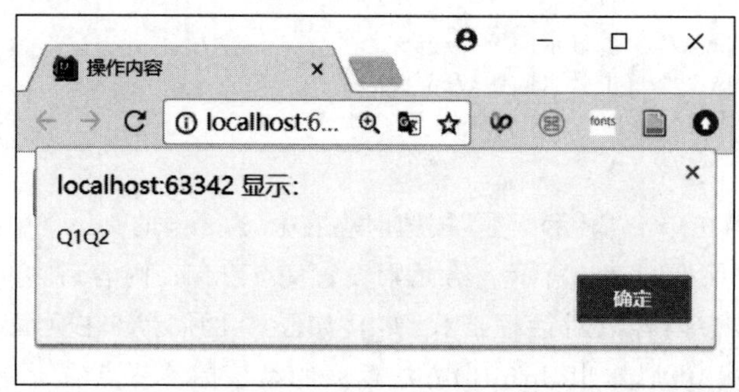

图 5-5 获取元素的 text 内容

同样的，使用 text()方法设置元素内容时，html 也将会转义成普通字符来解析。例如，继续在 5-5. html 页面中添加如下代码：

```
<script>
  $('#btn4').click(function () {
       $('#ans').text("<ul><li>Q1</li><li>Q2</li></ul>")
  })
</script>
<button id="btn4">单击设置文本</button>
```

直接单击该按钮，所弹出的内容如图 5-6 所示。

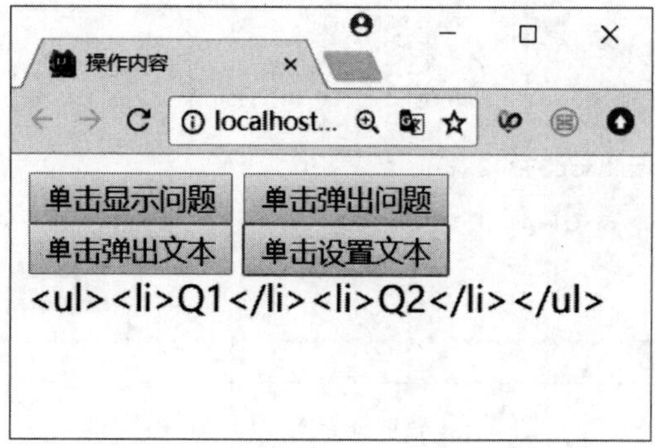

图 5-6 使用 text()方法设置元素文本

3. 操作 value 属性值

jQuery 对象的 val()方法常用于获取和设置 DOM 元素的 value 属性值。

【例 5-4】 创建页面 5-4.html。

```
<script>
   $('#search').
        on("focus", function () {
            if( $(this).val() == "请输入内容"){
             $(this).val("")
        }
    }).on("blur", function () {
            if( $(this).val() == ""){
                $(this).val("请输入内容")
        }
   })
</script>
<input type="text" value="请输入内容" id="search">
```

例 5-4 所述代码创建的初识页面显示文本框,并且文本框有默认值"请输入内容",如图 5-7 所示。当文本框获得鼠标焦点时会触发 focus 事件,处理函数会获取文本框的 value 属性值并判断是否为默认值,如果是则清空内容,如图 5-8 所示。当文本框失去焦点时,如果当前文本框内容为空则恢复为默认值。

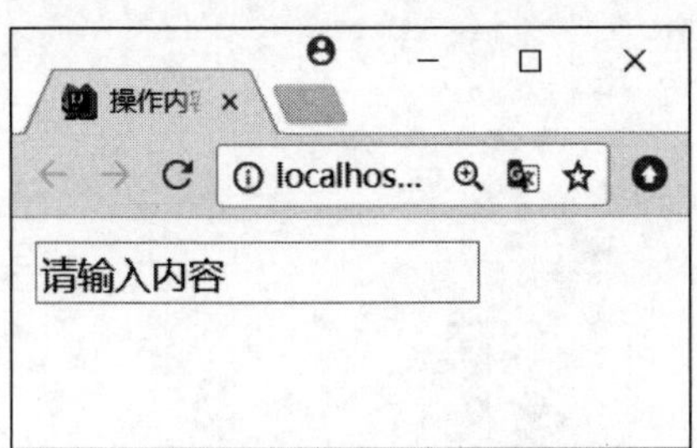

图 5-7 初始文本框状态

图 5-8 获取焦点时文本框状态

5.6.2 节点操作

DOM 中的节点类型分为元素节点、文本节点和属性节点,文本节点和属性节点又包含在元素节点中,其中,文本节点又属于内容,已在 5.5.1 节中介绍过。下面主要讲述元素节点的创建、查找、插入、删除、替换、遍历以及属性节点的获取和设置等。

1. 创建和插入节点

jQuery 在页面中创建新元素的语法为 $(html),其中 $()为工厂函数,参数为标准 HTML 代码。例如以下代码创建了一个 id 为"city"、内容为"城市"的<li>元素节点。

```
$("<li id='city'>城市</li>")
```

上述代码仅创建了一个新元素,尚未添加到 DOM 中。要想在页面中新增一个节点,则必须将创建的节点插入到 DOM 中。jQuery 提供了多种方法来实现节点的插入,从插入方式上来看主要分为两大类:内部插入和平行插入,具体方法见表 5-6。

表 5-6 插入节点方法

插入方式	方 法	案 例
内部插入	append(n)	\$('F').append('c')表示将 c 作为子节点插入到 F 的尾部
	appendTo(n)	\$('c').appendTo('F')表示将 c 作为子节点插入到 F 的尾部
	prepend(n)	\$('F'). prepend('c')表示将 c 作为子节点插入到 F 的首部
	prependTo(n)	\$('c'). prependTo('F')表示将 c 作为子节点插入到 F 的首部
平行插入	after(n)	\$('A').after('B')表示将 B 作为兄弟节点插入到 A 之后
	insertAfter(n)	\$('A').insertAfter('B')表示将 A 作为兄弟节点插入到 B 之后
	Before(n)	\$('A').before('B')表示将 B 作为兄弟节点插入到 A 之前
	insertBefore(n)	\$('A'). insertBefore('B')表示将 A 作为兄弟节点插入到 B 之前

下面以常见的 append()方法为例，讲述插入节点在开发中常见的应用场景。

【例 5-5】 创建页面 5-7.html。

```
<script type="text/javascript">
    $(function () {
        $('#btn1').click(function () {
            $('ul').append("<li>复旦大学</li>")

        })
    })
</script>
<body>
  <h2>中国著名大学</h2>
  <ul class="univ">
     <li>清华大学</li>
     <li>北京大学</li>
     <li>浙江大学</li>
  </ul>
  <button id="btn1" value="添加节点">添加</button>
</body>
```

例 5-5 所示代码的初始页面效果如图 5-9 所示，单击“添加”按钮将在节点<ul>内追加新创建的<li>节点，效果如图 5-10 所示。

appendTo()方法表示将前一个节点追加到后一个节点后面，调用方法的节点必须是 jQuery 对象。例如，在 5-5.html 中添加下述代码：

```
$('#btn2').click(function () {
      $('<li>南开大学</li>').appendTo($('ul'));
})
<button id="btn2" value="添加节点 2">appendTo</button>
```

利用 appendTo()，可以将节点“南开大学”作为最后一项追加到<ul>列表的后面。需要注意的是，调用方法的对象必须是 jQuery 对象。appendTo()方法传入的参数可以是 jQuery 对象，也可以是普通的字符串，比如上述代码粗体部分也可改成“\$('<li>南开大学</li>').appendTo('ul')”。表 5-6 中其余几个方法的用法同 append()和 appendTo()方法类似，请读者自行尝试。

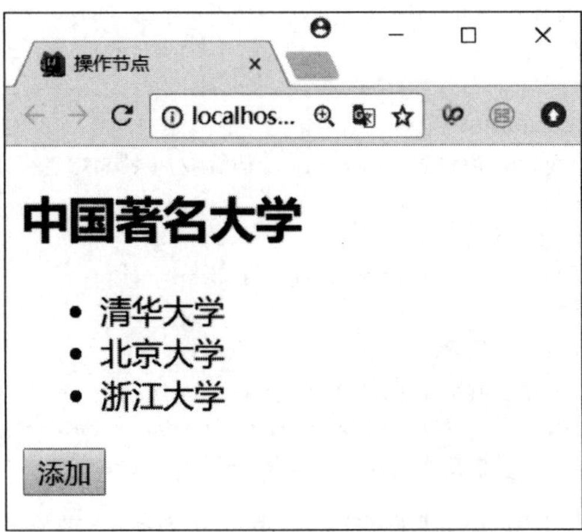

图 5-9　追加节点初始页面

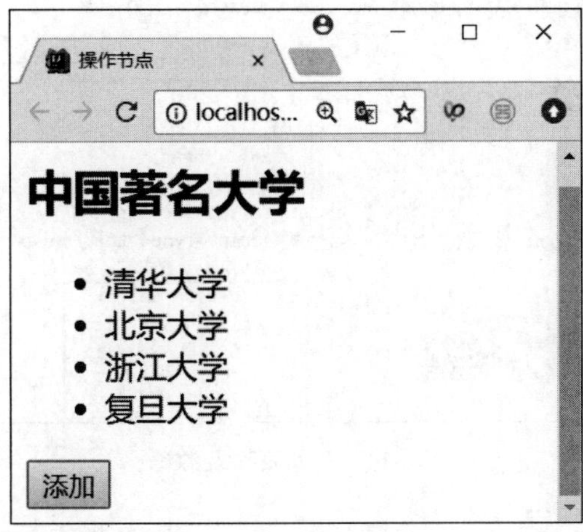

图 5-10　追加后页面

2. 删除、清空和替换节点

使用 jQuery 删除页面节点的方法为 remove()，该方法用于删除匹配元素及其包含的文本和子节点。例如，$('ul').remove()将会删除< ul >元素及其所有后代节点。不同于 remove()方法，empty()方法能清空元素中的所有后代节点。例如 $('ul').empty()将会清空< ul >标签内所有的节点，而< ul >元素本身不被删除。

jQuery 中替换节点的方法有 replaceWith()和 replaceAll()。前者的作用是将所有匹配的元素替换成指定的节点。例如，$('.ul li:eq(1)').replaceWith("< li >西湖大学</li >")将< ul>下第 2 个< li >元素("北京大学")替换成括号内的内容("西湖大学")。replaceAll()方法的作用相同，只是颠倒了 replaceWith()方法的操作顺序，类似于 append()方法和 appendTo()方法。继续在页面 5-7.html 中添加如下代码：

```
$('#btn3').click(function () {
    $('ul').remove();
})
```

```
$('#btn4').click(function () {
    $('ul').empty();
})
$('#btn5').click(function () {
    $('ul li:last').replaceWith("<li>中国科学院</li>");
})
$('#btn6').click(function () {
    $('<li>国防科大</li>').replaceAll('ul li:last');
})
<button id="btn3" value="删除节点">remove</button>
<button id="btn4" value="清空节点">empty</button>
<button id="btn5" value="替换节点 1">replaceWith</button>
<button id="btn6" value="替换节点 2">replaceAll</button>
```

在创建的页面中单击 id 为“btn4”的按钮后，页面所有<li>节点会被清空，但会保留<ul>节点。单击前，页面及其源码如图 5-11 所示；单击后，页面及其源码如图 5-12 所示。

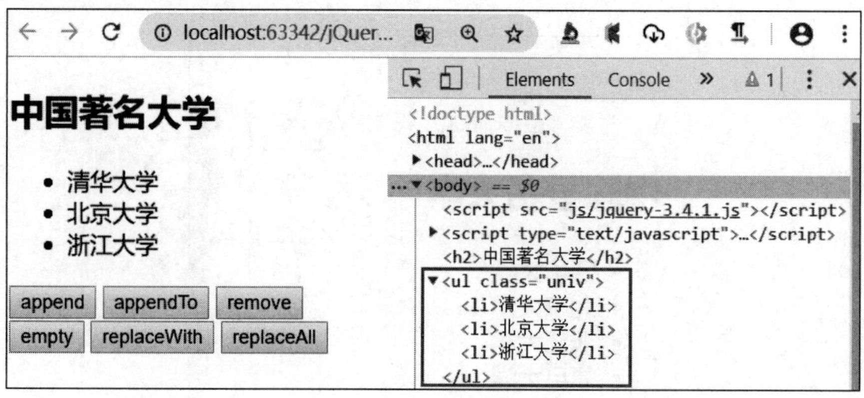

图 5-11　初始页面及源码

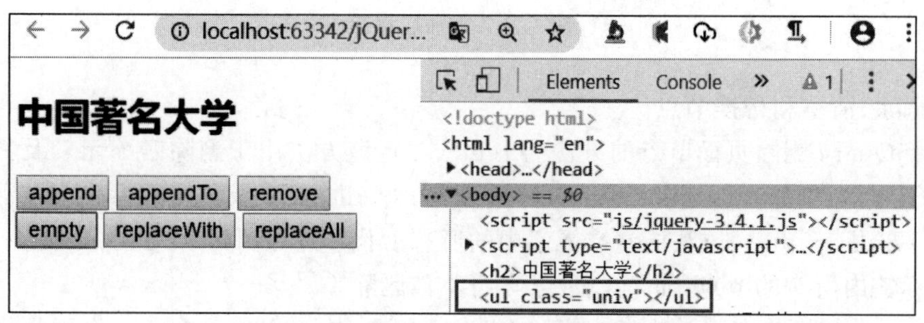

图 5-12　清空列表项后页面及源码

单击 id 为“btn5”的按钮会将列表的最后一项替换成“中国科学院”，单击 id 为“btn6”的按钮会用“国防科大”替换掉列表的最后一项，相应效果请读者自行尝试。

3. 查找和遍历节点

jQuery 中除了可以使用选择器来查找节点外，还能通过已选择到的元素获取与其相邻的兄弟节点、父子节点等进行二次操作。此类方法中，常见的有 children()、next()、prev()、 siblings()、parent()、parents()等。例如，$('ul').children().length 将会获取<ul>标签所有子元素的个数；$('ul li:eq(1)').next().html()将会获取<ul>下第 2 个<li>元素后面紧邻元素的 html 内容；$('ul li:eq(1)').siblings().length 将会获取<ul>下第 2 个<li>元素前后所有同辈元素的个数；$('ul li:eq(1)').parent().html()将会获取<ul>下第 2 个<li>元素的父元素的 html 内容。读者可以根据以上描述自行在 5-5.html 页面中添加代码并观察结果。

遍历节点是 Web 开发中一个非常重要的功能，常用于在前端页面中遍历服务端传来的数据。其语法如下所示：

```
$(selector).each(function(index, item))
```

其中，each()表示遍历节点集合方法；function()为每个节点的处理函数；参数 item 表示当前元素，其对象类型为 DOM 类型，因此需要转换成 jQuery 对象后才能调用 jQuery 方法；index 表示当前元素的索引。例如，在 5-5.html 中添加以下代码：

```
$('#btn7').click(function () {
    $("li").each(function (index, item) {
        console.log(item.innerHTML + " === " + index)
    })
})
<button id = "btn7" value = "遍历节点"> each </button>
```

上述代码中的 each()方法将遍历页面中所有<li>元素集合，并在控制台打印每个节点的 html 内容和索引值，效果如图 5-13 所示。

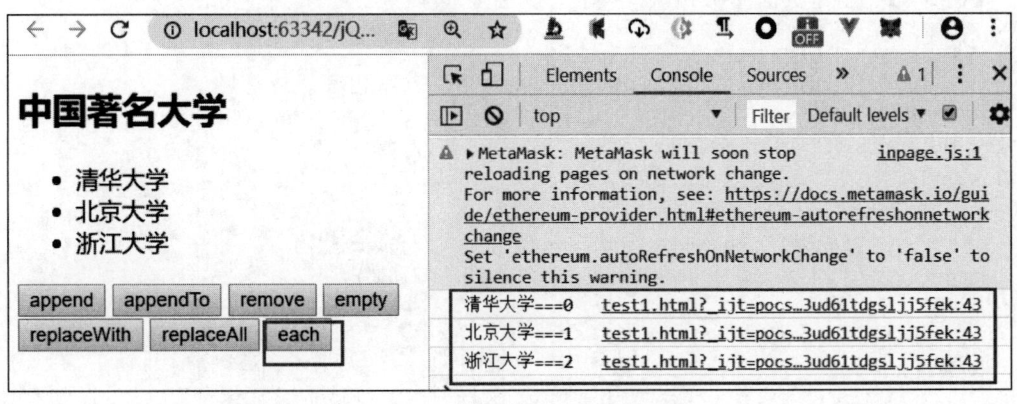

图 5-13　each()方法遍历集合元素

其中，item 对象为当前遍历的元素节点，是 DOM 类型，因此需要调用 innerHTML 属性才能访问节点内容。如要对 DOM 元素使用 jQuery 方法，需要将其转换为 jQuery 对象，例如上述代码也可改成如下形式：

```
$("li").each(function (index, item) {
    console.log( $(item).html() + " === " + index)
})
```

在实际开发中，一定要时刻注意 DOM 对象和 jQuery 对象的区分。

4. 属性节点的操作

除了操作元素节点本身，很多时候需要操作元素的属性。在 jQuery 中，有两种常用的操作元素属性的方法，分别为 attr()和 removeAttr()方法，前者可以用来获取和设置元素的属性，后者可以用来删除元素的属性。例如，$("#tab1").attr("border", 1)将为 id 为 tab1 的表格添加 1 个像素的边框，$("#img1").attr("width")将会获取 id 为 img1 的图片的宽度值，$("#img1").removeAttr("alt")将会删除 id 为 img1 的图片的 alt 属性。

5.6.3 样式操作

在 jQuery 中，对元素的样式操作主要包括直接设置样式值、获取样式值、追加样式、移出样式和切换样式。

1. 设置和获取样式

jQuery 中常用的设置样式的方法为 css()，其基本语法如下：

```
$(selector).css(name, value) //设置 css 属性
```

也可以给 css()方法传多个 name-value 对：

```
$(selector).css({name:value, name:value, …})
```

其中，name 用来规定 css 属性的名称，该参数可以是任何 css 属性，value 用来规定 css 属性的值。如果该方法没有 value 参数，则表示获取元素的 css 的值，语法如下：

```
$(selector).css(name)    //获取 css 属性
```

【例 5-6】 创建页面 5-6.html。

```
<style type="text/css">
    #div1{width: 50px; height: 50px}                //CSS 代码
</style>
<div id="div1">div1</div>                           //HTML 代码
<script>
    $(function () {
        $('#div1').mouseover(function () {          //jQuery 代码
            $('#div1').css("background-color", "red")
        })
    })
</script>
```

例 5-6 所示代码功能为，当鼠标指针移动到 div1 区域时，该区域背景变红色。如要获取 div1 的宽度值，可用$('#div1').css("width")。

2. 追加和移除样式

jQuery 中可以使用 addClass()方法来追加样式，其语法格式如下：

```
$(selector).addClass(class) //追加单个样式
```

也可以为：

```
$(selector).addClass(class1 class2 … ) //追加多个样式
```

在页面 5-6.html 中添加以下代码：

```
.div2{
    background-color: yellow;
    border: 1px solid
}
<div id="div2">div2</div>
$('#div2').on('mouseover', function () {
        $('#div2').addClass("div1 div2")
})
```

上述代码功能为，当鼠标指针滑过 div2 时，为 div2 追加了样式 div1 和样式 div2(增加高度、宽度、背景颜色和边框)。追加样式本质上是为元素的 class 属性添加值。类似地，移出样式的语法如下：

```
$(selector).removeClass(class) //移除单个样式
```

也可以为：

```
$(selector). removeClass(class1 class2 … ) //移除多个样式
```

例如，在页面 5-6.html 中添加下述代码后，当鼠标指针移除 div2 的区域时，移除样式 div2(背景颜色和边框消失)。

```
$('#div2').on('mouseout', function () {
    $('#div2').removeClass("div2")
})
```

5.7 表单验证

表单是客户端向服务器端提交数据的主要媒介。为了保证表单数据的有效性和准确性，应用程序在处理业务之前通常需要先对数据进行验证，验证成功后再将数据发送给服务端。常用的验证方式有客户端验证和服务端验证，客户端验证本质上是在当前页面上调用脚本程序来对表单数据进行验证，而服务端验证则是将请求提交给服务端后，由服务端程序对提交的表单数据进行验证。这两种方式有各自的优势，客户端验证能在很大程度上减轻服务器的负担，而服务端验证能保证应用的安全性和有效性。因此，在实际开发中，通常将这两种验证方式结合使用。

本章主要讲述如何使用正则表达式和 jQuery 技术进行客户端验证。在讲解具体技术之前先看一个案例，在开发 HTML 表单时需要对用户输入的内容进行验证，例如，验证用户名、邮箱格式是否正确等。图 5-14 展示了网易邮箱注册页面，当输入的邮箱格式错误时，页面会直接给注册用户一定的提示。这是如何做到的呢？实际开发中通常由正则表达式结合 jQuery 来实现此类功能。

图 5-14　网易邮箱注册表单验证

正则表达式是一个描述字符模式的对象，它由一些特殊的符号组成。本节主要讲述如何在

JavaScript 中使用正则表达式。

1. 定义正则表达式

在 JavaScript 中，正则表达式有两种定义方式，一种是普通方式，另一种是构造函数方式。普通方式语法如下：

```
var reg = /模式/修饰符
```

其中，模式代表了某种规则，可以使用一些特殊符号来构成。模式是正则表达式的核心，本节后面会进行详细讲述。修饰符用来扩展表达式的含义，主要有 3 个，并且可以任意组合。

(1) G：表示全局匹配；

(2) I：表示不区分大小写匹配；

(3) M：表示可以进行多行匹配。

构造函数方式语法如下：

```
var reg = new RegExp("模式","修饰符")
```

创建完正则表达式后，可以使用 test()方法来检测一个字符串是否匹配该模式，语法格式为：

```
reg.test(字符串)
```

【例 5-7】 创建页面 5-7. html。

```
<script type="text/javascript">
    var reg = /wzu/i
    var s = "wdfdfaawertrfwZudfadfadf"
    alert(reg.test(s))
</script>
```

上述代码在 JavaScript 中定义了一个模式 reg，该模式用来匹配目标字符串中是否包含子串 wzu，修饰符 i 表示匹配过程中忽略大小写。可以看出，此时 test()方法应该返回 true，而如果没有修饰符 i，则返回 false。再看一个例子：

```
var reg1 = /^wzu/gm
var s1 = " wzudfda\nwzu";
alert(s1.replace(reg1, "www"))
```

上述代码定义了一个模式 reg1，该模式用于匹配以 wzu 开头的字符串。其中字符串 s1 存在符号"\n"是多行字符串，由于加了全局匹配和多行匹配修饰符，该模式会将每一行作为一个单独的字符串处理，因此上述代码返回结果为 wwwdfda\nwww，如果不加修饰符 g，则首次匹配成功后即返回。如果不加修饰符 m，则不支持多行匹配。

2. 表达式的模式

正则表达式的模式一般分为简单模式和复合模式两种。简单模式是指通过普通字符的组合来表达的模式，例如 var reg=/wzu/等。简单模式只能匹配普通字符串，不能满足复杂需求。下面着重讲解复合模式。

复合模式是指通过利用通配符来表达语义的模式，常见的正则表达式符号有选择符和量词符。其中，选择符如表 5-7 所示，量词符如表 5-8 所示。

表 5-7　正则表达式选择符

符号	含　义	示　例
[]	匹配指定集合内的任一个字符	/[234]/，匹配包含 2 或 3 或者 4 的字符串、/[0-9]/表示匹配任意数字、/[A-Z]/表示匹配任意大写字母、/[^A-z]/表示匹配非英文字母
^	匹配字符串的开始	/^wzu/，匹配以 wzu 开头的字符串
$	匹配字符串的结尾	/$wzu/，匹配以 wzu 结尾的字符串
\d	匹配一个数字序列	/\d/，等价于/[0-9]/
\D	匹配除了数字之外的任何字符	/\D/，等价于/^0-9/
\w	匹配一个数字、下画线或字母	/\w/，等价于[A-z0-9_]
\W	匹配任何非单字字符	/\W/，等价于[^A-z0-9_]
.	匹配除了换行符之外的任意字符	/./，等价于/[^\n\r]/

表 5-8　正则表达式量词符

符号	含　义	示　例
n?	匹配 0 次或 1 次字符 n	/a? /，表示匹配出现字符 a 零次或 1 次的字符串
n*	匹配 0 次或多次字符 n	/a*/，表示匹配出现字符 a 零次或多次的字符串
n+	匹配 1 次或多次字符 n	/a+/，表示匹配出现字符 a 一次或多次的字符串
n{x}	匹配字符 n 出现 x 次	/a{3}/，表示匹配出现字符 a 三次的字符串
n{x, y}	匹配字符 n 出现 x 次到 y 次	/ a{2, 4}/，表示匹配出现字符 a 二到四次的字符串
n{x,}	匹配字符 n 出现>=x 次	/ a{3, }/，表示匹配出现字符 a>=3 次的字符串

3. 实际案例

了解了正则表达式的基本知识后，在实际开发中就可使用正则表达式来验证表单数据了。以用户注册表单为例，需要验证的内容有用户名、密码、邮箱、手机号码、身份证等，主要验证输入的内容是否满足长度要求、是否含有特殊字符、是否符合一定的规则等。例如，我国身份证号码的规则为：

(1) 15 位或者 18 位；

(2) 18 位最后一位可能为 X 或者数字。

可定义正则表达式为：

```
var reg = /^\d{15}(\d{2}[0 - 9xX])? $ /
```

其中，d{15}表示前 15 位是数字，? 表示(\d{2}[0-9xX])这一部分可出现 0 次或 1 次，该部分前 2 位是数字，最后 1 位是字符 x 或 X。

验证电子邮箱是否符合规则的正则表示可定义如下：

```
var reg = /^\w + @\w + (\.[A - z]{2,3}){1,2} $ /
```

其中，^\w+表示邮箱必须以数字、字母或者下画线开头并且可以出现多次，@\w+表示必须出现@符号，并且之后必须跟 1 次或多次数字、字母或者下画线。\.[A-z]{2,3}表示"."号后面跟 2～3 个字母，其中"."是正则表达式保留字，因此需要使用"\"进行转义。

定义好规则后，便可以使用 jQuery 来对表单数据进行验证。在页面 5-7.html 中添加以下代码：

```
$(function() {
    $("input[name='identify']").blur(function() {
        var idf = $(this).val()
        var reg = /^\d{15}(\d{2}[0-9xX])?$/;
        if(reg.test(idf) == false){
            $("#idfInfo").html("身份证号码不正确,请重新输入")
        }else{
            $("#idfInfo").html("")
        }
    })
})
<input type="text" value="请输入身份证" name="identify"><span id="idfInfo"></span>
```

该函数表示当输入框失去焦点后，将触发事件处理函数。该函数首先获取用户输入的内容，然后测试该内容是否匹配正则表达式定义的模式，如果不匹配则在 id 为 idfInfo 的 <span>标签（默认为空）中给出提示信息，效果如图 5-15 所示。输入正确的身份证号则不显示任何信息。

图 5-15　正则表达式判定身份证号

根据上述原理，根据不同的规则，可以对不同的数据进行表单验证，读者可自行尝试。

小　　结

本章介绍了 jQuery 技术的基础知识，包括如何搭建开发环境、jQuery 选择器的用法、使用 jQuery 操作 DOM 元素、利用 jQuery 和正则表达式进行表单验证等。jQuery 技术在前端开发中应用得较为广泛，也是后面学习 Ajax 技术的基础，读者需要重点掌握本章所讲述的核心基础部分。

第6章 HTTP 协议

本章前面部分主要讲述 Web 应用开发的前端技术基础，此类技术主要解决如何在浏览器中呈现内容和其表现形式，以及用户如何与内容进行交互的问题，通常无须与服务器端程序进行交互。本章开始将着重讲述客户端如何与服务器端进行交互，以及服务器端的编程知识。其中，基于 HTTP 协议的请求和响应是客户端与服务器端交互的基础，是所有服务器端编程技术的核心。对于开发人员来说，只有深入理解 HTTP 协议，才能更好地开发、维护和管理 Web 应用。本章将详细讲述什么是 HTTP 协议。

6.1 HTTP 协议概述

超文本传输协议(Hyper Text Transfer Protocol，HTTP)是一种请求/响应式的协议，它专门用于定义客户端与服务器端之间交换数据的过程以及数据本身的格式。通俗地讲，HTTP 协议是客户端与服务器端双方沟通的语言以及在交互过程中共同遵循的规则。基于 HTTP 协议的交互过程可以简要描述如下：客户端先与服务器端建立连接，然后向服务器端发送请求，称为 HTTP 请求，服务器端接收到 HTTP 请求后会做出响应，称为 HTTP 响应。

目前常用的 HTTP 版本是 HTTP1.1，该版本支持持久连接，也就是说在一个 TCP 连接上可以传送多个 HTTP 请求和响应，从而减少建立和关闭连接的耗时。例如，假设要请求服务器端上的资源为一张网页，该网页的 HTML 代码见例 6-1。

【例 6-1】 创建页面 6-1.html。

```
<body>
    <img src="img1.jpg">
    <img src="img2.jpg">
    <img src="img3.jpg">
</body>
```

在本地浏览器输入相应的 URL 地址后，便向服务器端发送一个 HTTP 请求，服务器端接收到该请求后，便会将该网页的内容以 HTTP 响应的形式返回给客户端(浏览器)，客户端会对该 HTTP 响应进行解析然后以一定的形式展现给用户。由于上述 HTML 代码中包含 3 个<img>标签，而<img>标签的 src 属性又指明图片的 URL 地址，因此当客户端要访问这些图片时，还需要发送 3 次 HTTP 请求。值得一提的是，其他 Web 静态资源如 CSS 文件和 JS 文件的请求响应过程同图片文件。

例 6-1 所示代码在 HTTP1.1 中的交互过程如图 6-1 所示。

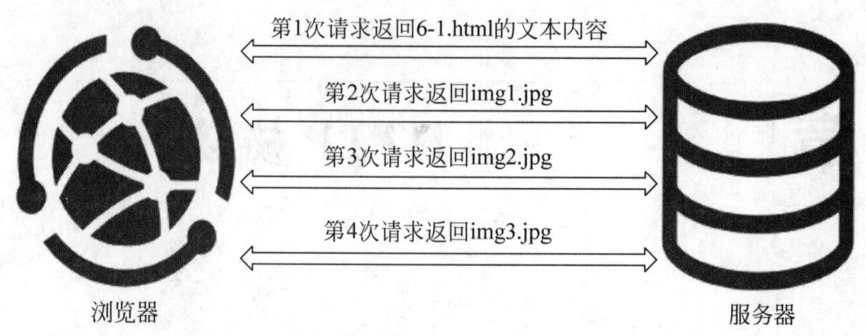

图 6-1　浏览器与服务器交互过程

HTTP 协议具有以下两个主要特点。

(1) 快速灵活。HTTP 的简单性保证了客户端与服务器端之间的通信速度很快。另外，HTTP 协议允许传输任意类型的数据，使得交互方式十分灵活。

(2) 无状态。HTTP 是无状态协议，它规定了服务器端程序对于事务处理没有记忆能力。一次交互结束后，如果要处理相同请求则必须重新发送该请求。

6.2　HTTP 消息

客户端向服务器端发送请求数据，即 HTTP 请求消息。服务器接收到请求消息后将处理后的数据返回给客户端，即 HTTP 响应消息。HTTP 请求消息和 HTTP 响应消息统称为 HTTP 消息。

在 HTTP 消息中，除了服务器的响应实体内容(HTML 页面、图片等)以外，其余信息对用户是不可见的，但这些信息对开发者来讲是至关重要的，因此需要借助一些工具来查看。以 Chrome 浏览器为例，按 F12 键打开开发者工具并选择 Network 选项，然后在浏览器中输入百度首页地址，部分显示效果如图 6-2 所示。

Elements　Console　Sources　Network　Performance　Memory　Application　Security　Audits

View:　Group by frame　Preserve log　Disable cache　Offline　Online

20 ms　40 ms　60 ms　80 ms　100 ms　120 ms　140 ms　160 ms　180 ms　200 ms　220 ms

Name	Status	Type	Initiator
www.baidu.com	302	text/html	Other
www.baidu.com	200	document	www.baidu.com/
bd_logo1.png	200	png	(index)
bd_logo1.png?qua=high	200	png	(index)
baidu_jgylogo3.gif	200	gif	(index)

21 requests | 156 KB transferred | Finish: 441 ms | DOMContentLoaded: 335 ms | Load: 388 ms

图 6-2　Chrome 浏览器开发者工具显示效果

单击图 6-2 中方框标识的一项响应实体内容，会显示该内容所涉及的完整的 HTTP 消息，如图 6-3 所示。

从图 6-3 中可以看出，一个完整的 HTTP 消息主要包括消息头(Headers)、响应实体内容(Response)和 Cookies 文件等。其中，响应实体内容主要包括 HTML 内容、CSS 内容、

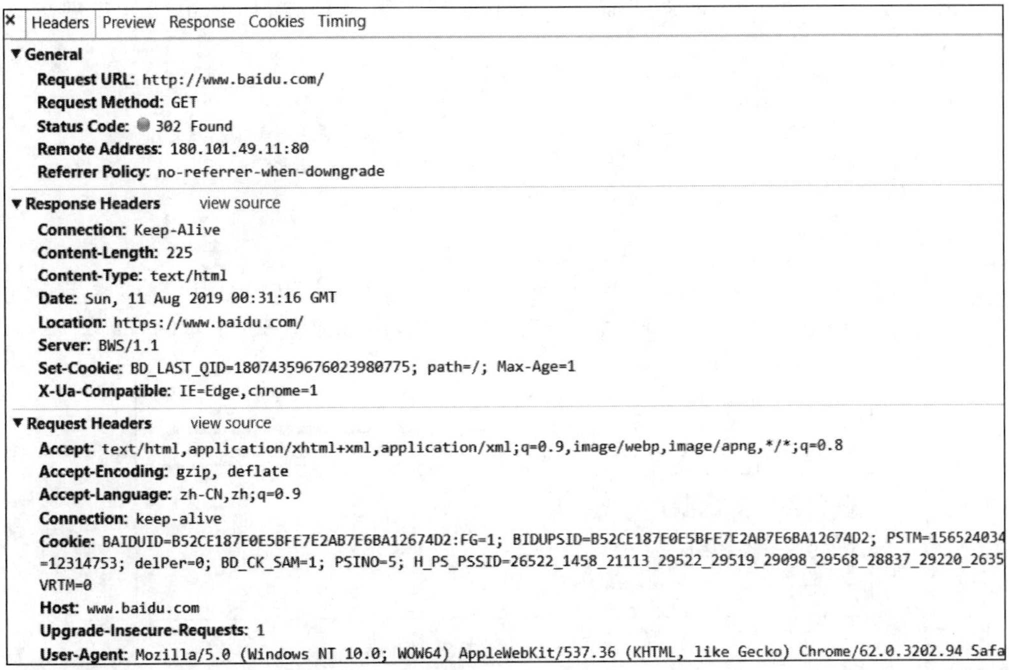

```
× Headers Preview Response Cookies Timing
▼ General
  Request URL: http://www.baidu.com/
  Request Method: GET
  Status Code: ● 302 Found
  Remote Address: 180.101.49.11:80
  Referrer Policy: no-referrer-when-downgrade
▼ Response Headers    view source
  Connection: Keep-Alive
  Content-Length: 225
  Content-Type: text/html
  Date: Sun, 11 Aug 2019 00:31:16 GMT
  Location: https://www.baidu.com/
  Server: BWS/1.1
  Set-Cookie: BD_LAST_QID=18074359676023980775; path=/; Max-Age=1
  X-Ua-Compatible: IE=Edge,chrome=1
▼ Request Headers    view source
  Accept: text/html,application/xhtml+xml,application/xml;q=0.9,image/webp,image/apng,*/*;q=0.8
  Accept-Encoding: gzip, deflate
  Accept-Language: zh-CN,zh;q=0.9
  Connection: keep-alive
  Cookie: BAIDUID=B52CE187E0E5BFE7E2AB7E6BA12674D2:FG=1; BIDUPSID=B52CE187E0E5BFE7E2AB7E6BA12674D2; PSTM=156524034
  =12314753; delPer=0; BD_CK_SAM=1; PSINO=5; H_PS_PSSID=26522_1458_21113_29522_29519_29098_29568_28837_29220_2635
  VRTM=0
  Host: www.baidu.com
  Upgrade-Insecure-Requests: 1
  User-Agent: Mozilla/5.0 (Windows NT 10.0; WOW64) AppleWebKit/537.36 (KHTML, like Gecko) Chrome/62.0.3202.94 Safa
```

图 6-3 Chrome 浏览器中的 HTTP 消息

JavaScript 内容以及图片等资源，已在前面章节中详细讲述过。Cookies 的概念会在第 10 章中详细讲述，本章主要讲述 HTTP 消息的消息头部分，主要包括一般消息头、请求消息头和响应消息头（根据 Chrome 浏览器给出的划分）。

6.2.1 一般消息头

一般消息头中包含了常见请求和响应头信息，主要包括以下几个方面。

1. Request URL

Request URL 表示客户端请求的 URL 地址，该 URL 内容主要由 3 种方式来决定：用户直接在浏览器地址栏中输入、超链接跳转以及表单提交。

2. Request Method

Request Method 表示客户端向服务器端发送请求的方式。实际开发中，常用的请求方式主要有 GET、POST、PUT、DELETE 等 4 种，每种方式都指明了操作服务器中指定资源的方式，本节主要对最常用的 GET 和 POST 方式进行详细讲解。

1) GET 方式

当用户在浏览器地址栏中输入某个 URL 地址或者单击网页上一个超链接时，浏览器将会以 GET 方式发送请求。另外，如果将网页上的 FORM 表单的 Method 属性设置为 GET 或者不设置 method 属性（默认值是 GET），当用户提交表单时，浏览器也将以 GET 方式发送请求。

GET 请求的主要特点是请求数据会以参数的形式附加在 Request URL 后发送给服务器端。

【例 6-2】 在 Tomcat 安装目录的 webapps 文件夹下创建目录 chap06,并创建页面 6-2. html。

```
<form action = "" method = "get">
    登录名(文本框): <input type = "text" name = "username" value = "wzu"> <br>
    密码(密码框): <input type = "password" name = "pwd"  value = ""> <br>
    <input type = "submit" value = "注册">
</form>
```

启动 Tomcat,并访问 http://localhost:8080/chap06/6-2. html,在出现的表单控件中填入用户名: wzu 和密码: 1234,然后单击"注册"按钮,出现如图 6-4 所示的效果。

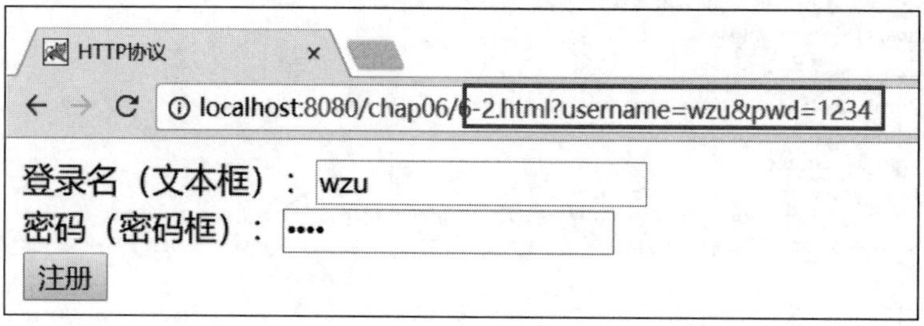

图 6-4 发送 GET 请求页面

从图 6-4 中可以看出,表单中的数据会附加在 URL 地址后发给服务器端,如果表单的 action 属性为空,则表示请求当前页面。在上述 URL 中,"?"后面的内容为参数信息。参数是由参数名和参数值构成的,中间使用等号(=)进行连接,参数之间用"&"分隔。

需要注意的是,使用 GET 方式传送的数据量有限,最多不能超过 1KB。

2) POST 方式

如果 FORM 表单的 method 属性设置为 POST,则浏览器将使用 POST 方式提交表单,并把各个表单元素及数据作为 HTTP 消息的请求头发送给服务器,而不是作为 URL 地址的参数传递。将页面 6-2. html 代码中 method 的属性改成 POST,单击"注册"按钮并打开开发者工具,效果如图 6-5 所示。

从图 6-5 中可以看出,表单数据可以在 HTTP 请求头的 Form Data 选项中查看,表示数据以实体内容的形式发送给服务器端,因此 POST 传输数据的大小无限制。另外,由于 GET 请求的参数信息都会在 URL 地址栏中明文显示,而 POST 请求方式传递的参数隐藏在请求内容中,用户不可见,因此 POST 比 GET 请求方式更加安全。

实际开发中,GET 请求主要用来查询或删除数据,POST 请求是用来增加或者修改数据。

3. Status Code

Status Code 表示 HTTP 响应的状态码,状态码由 3 位数字组成,表示请求是否被理解或被满足。其中第一个数字定义了响应的类别,有 5 种可能的取值,后两位没有具体的分类。

(1) 1XX 表示请求已接收,需要继续处理。

(2) 2XX 表示请求已成功被服务器接收、理解并接受。

(3) 3XX 为完成请求,服务器端需要进一步细化。

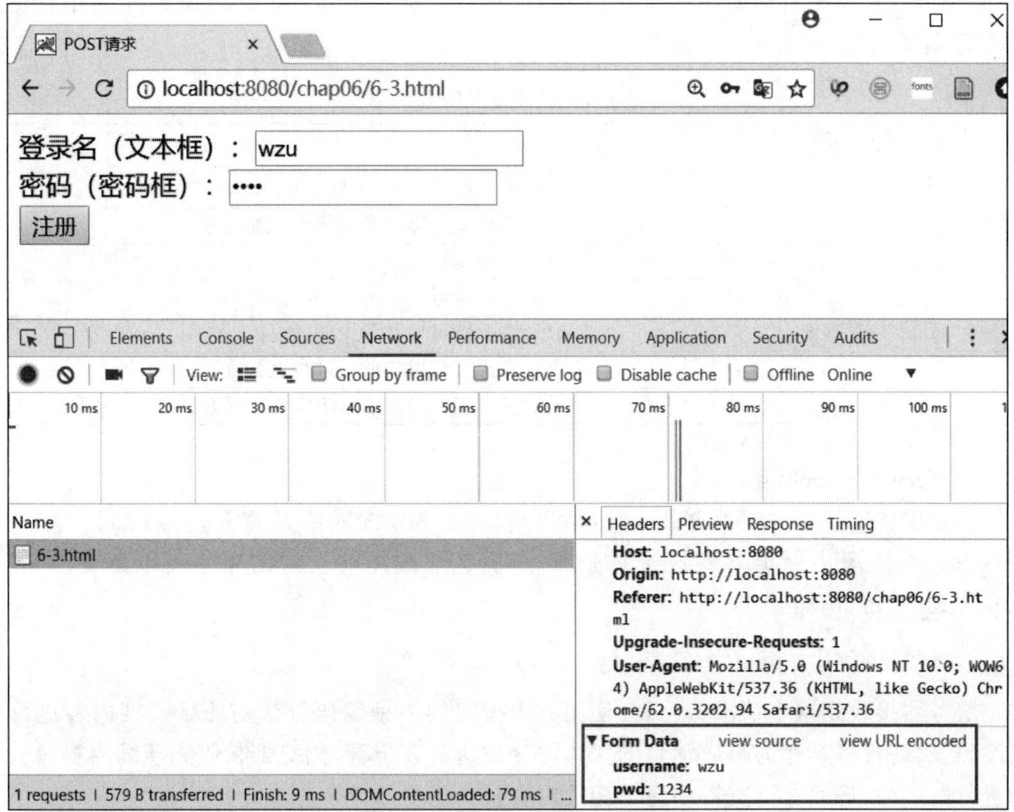

图 6-5　发送 POST 请求页面

(4) 4XX 客户端的请求有错误。

(5) 5XX 服务器端出现错误。

表 6-1 列出实际开发中几种最常见的状态码。

表 6-1　开发中常见的状态码

状态码	说　明
200	客户端请求成功,并正常返回响应结果
301	指定被请求的文档已经被移动到别处
403	服务器端理解客户端的请求,但拒绝处理。通常由于权限导致
404	服务器端不存在客户端请求的资源
500	服务器端内部错误,通常是指应用程序发生了错误
503	服务器目前过载或者处于维护状态,不能处理客户端的请求

6.2.2　请求消息头

请求消息头主要用于向服务器端传递附加消息。发送请求时,浏览器会根据功能需求的不同而发送不同请求消息头,下面主要针对一些常用的请求头字段进行讲解。

1. Accept

Accept 头字段用于表明客户端程序能够处理的 MIME 类型。MIME 是一种互联网标准,它使得浏览器能自动处理从服务器端返回的不同类型的数据。Accept 头字段中常见的 MIME 类型如表 6-2 所示。

表 6-2 常见的 MIME 类型

MIME 类型	说 明
text/html	表示客户端希望接收 HTML 文本
/	表示客户端可以接收所有格式的内容
image/*	表示客户端可以接收所有 image 格式的子类型
application/x-gzip	表示客户端可以接收 GZIP 文件
application/pdf	表示客户端可以接收 PDF 文件
video/x-msvideo	表示客户端可以接收.avi 格式的文件
audio/x-midi	表示客户端可以接收 MIDI 格式的音乐文件

2. Accept-Encoding

在数据传输过程中对其进行压缩编码可以有效节省网络带宽和传输时间。Accept-Encoding 头字段由浏览器发送给服务器,声明客户端能够支持的压缩编码类型,一般有 gzip、deflate、br,例如:

```
Accept - Encoding: gzip, deflate, br
```

服务器接收到这个请求头后,会使用其中指定的一种编码算法对原始文档内容进行压缩编码,然后再将其作为响应消息的实体内容发送给客户端,浏览器接收到压缩内容后会自动进行解压缩,进而在浏览器中显示相关内容。

3. Accept-Language

Accept-Language 头字段用于指定客户端期望服务器端返回哪个国家语言的文档,它的值可以指定多个国家的语言,例如:

```
accept - language: zh - CN,zh;q = 0.9
```

其中,zh-CN 表示简体中文,zh 表示中文,zh-CN 在 zh 前表示优先支持简体中文。q 是权重系数,且 0≤q≤1,q 值越大表示请求越倾向于获得其“;”之前的类型表示内容,若没有指定 q 值,则默认为 1,因此上述示例等价于

```
accept - language: zh - CN;q = 1,zh;q = 0.9
```

服务器只要检查 Accept-Language 请求头中的信息,按照其中设置的国家语言的权重,首先选择返回位于前面的国家语言的网页文档,如果不能返回,则依次返回后面的国家语言的网页文档。

4. Cache-Control

Cache-Control 在请求消息中用于通知位于客户端和服务器端之间的代理服务器如何使用已缓存的页面,它的值可以是 no-cache 和 max-age=0。no-cache 表示不管服务器端有没有设置 Cache-Control,都必须重新去获取请求。max-age=0 表示不管 response 怎么设置,在重新获取资源之前,先检验 Last-Modified/ETAG 属性。该机制可以帮助提高请求响应的性能,其主要思想如下所述。

(1) 客户端请求页面 P;

(2) 服务器端返回页面 P 并在 P 上加上一个 Last-Modified/ETAG 标记；

(3) 客户端连同页面及 Last-Modified/ETAG 标记一起缓存；

(4) 客户端再次请求页面 P 时，会将上次请求时服务器端返回的 Last-Modified/ETAG 一起发送给服务器端；

(5) 服务器端检查 Last-Modified/ETAG 标记，如果服务器端的资源未修改，直接返回 304 状态码和空响应体，客户端从缓存中获取资源，这样就节省了传输数据量。当服务器端代码发生改变或者重启服务器时，则重新发出资源，返回和第一次请求时类似。从而保证不向客户端重复发出资源，也保证当服务器有变化时，客户端能够得到最新的资源。

5. Connection

Connection 头字段用于指定处理完本次请求/响应后，客户端和服务器端是否还要继续保持连接，它可以指定两个值，分别为 keep-alive 和 close。

当 Connection 头字段的值为 keep-alive 时，客户端和服务器在完成本次交互后继续保持连接，当 Connection 头字段的值为 close 时，客户端和服务器在完成本次交互后关闭连接。对于 HTTP1.1 版本来说，默认采用持久连接，因此默认情况下 Connection 的值为 keep-alive。

6. Content-Length

Content-Length 头字段在请求消息中用于表示 POST 请求中请求主体的字节数。

7. Content-Type

Content-Type 头字段在请求消息中用于表示 POST 请求中数据所处的位置。例如，Content-Type：application/x-www-form-urlencoded 表示请求数据在发送到服务器之前，所有字符都会以 application/x-www-form-urlencoded 进行编码并封装在请求消息中，也就是 Form Data 中。

8. Host 和 Origin

Host 头字段用于指定请求资源所在的位置，通常包括且仅包括域名和端口号，例如 localhost:8080。Origin 用于指定请求从哪里发起的，通常包括协议名、域名和端口号，例如 http://localhost:8080。

9. Refer

浏览器向服务器发送请求，可能是直接在浏览器中输入 URL 地址来发出，也可能是单击一个网页上的超链接或提交表单而发出。对于上述第一种情况，浏览器不会发送 Refer 请求头，而对于第二种情况浏览器会使用 Refer 头字段标识发出请求的超链接所在网页的 URL。例如在 6-3.html 中单击“注册”按钮向服务器端发送 POST 请求时，浏览器会在发送的请求消息中包含 Refer 头字段，如下所示：

```
Referer: http://localhost:8080/chap06/6 - 3.html
```

在实际应用中，Refer 头字段常用于网站的防盗链。什么是盗链呢？假设一个网站的页面中想显示一些图片信息，而该网站所在的服务器中没有这些图片资源，而是通过在 HTML 文件中使用<img>标记链接到其他网站的图片资源，这便是盗链。盗链加重了被链接网站的负担并损害了其合法权益，因此应用程序可以通过 Refer 头检测出非本站链接的访问，从而进行阻止或者跳转到指定的页面。

10. User-Agent

User-Agent 通常用于指定浏览器使用的操作系统版本、浏览器及版本、浏览器渲染引擎和语言等，以便服务器针对不同类型的浏览器返回不同的内容。例如：

```
User-Agent: Mozilla/5.0 (Windows NT 10.0; WOW64) AppleWebKit/537.36 (KHTML, like Gecko)
Chrome/62.0.3202.94 Safari/537.36
```

上述请求头中，User-Agent 头字段首先列出了 Mozilla 的版本为 5.0(这里需要注意的是，不管是什么类型的浏览器通常都会带有 Mozilla 字样)，其次给出浏览器所使用操作系统的版本(Windows NT 10.0 对应 Win10，WOW64 是指操作系统的位数)，然后列出浏览器引擎的版本(由于 Chrome 浏览器用了 WebKit 内核，因此这里为 AppleWebKit/537.36)，最后给出的是浏览器的版本(这里为 Chrome 浏览器)。

6.2.3 响应消息头

1. Accept-Range

Accept-Range 用于说明服务器是否接收客户端使用带 Range 的请求，值为 none 表示服务器端告知客户端不要使用带 Range 的请求，值为 bytes 表示服务器端告知客户端可以使用以 bytes 为单位的 Range 请求。带 Range 请求主要用于断点续传，以此节省网络带宽。

2. Content-Length

Content-Length 头字段在响应消息中用于表示响应实体内容的字节数。在 HTTP1.1 中，浏览器与服务器之间保持持久连接，服务器允许客户端在一个 TCP 连接上发送多个请求，服务器必须在每个响应中发送一个 Content-Length 响应头来表示各个实体内容的长度，以便客户端能分清每个响应内容的结束位置，而不会混淆不同响应。

3. Content-Type

Content-Type 头字段在响应消息中用于指定响应实体内容的 MIME 类型，客户端通过检查该字段中的 MIME 类型，就能知道接收到的实体内容代表哪种格式的数据类型，从而进行正确的处理。

大多数服务器会在配置文件中配置文件扩展名与 MIME 类型的映射关系，从而可以根据资源的扩展名自动确定 MIME 类型。在 Tomcat 的 web.xml 文件中有大量的<mime-mapping>元素，来实现文件扩展名与 MIME 类型的映射，以下是 web.xml 文件中的某一片段。

```
<mime-mapping>
        <extension>doc</extension>
        <mime-type>application/msword</mime-type>
</mime-mapping>
```

从上面列出的元素中可以看出，扩展名为 word 的文件所映射的 MIME 类型为 application/msword。可以在 chap06 目录下创建一个内容为空的 Word 文件，文件名为 test.doc，重启 Tomcat 服务器并在地址栏输入 http://localhost:8080/chap06/test.doc，此时由于服务器会告诉浏览器响应实体的 MIME 类型为“application/msword”，因此浏览器会以文件下载的形式处理响应消息。

4. Data 和 Expires

Data 头字段用于表示 HTTP 消息产生的当前时间，它的值为 GMT 格式。Expires 用于指定当前文档的过期时间，浏览器在这个时间以后不能再继续使用本地缓存，而需要向服务器发送新的访问请求，它的值也是 GMT 格式。需要注意的是，由于浏览器的兼容问题，在设置网页不缓存时，一般将 Progma、Cache-Control 和 Expires 三个头字段一起使用。

5. Etag 和 Last-Modified

Etag 头字段用于向客户端传送代表实体内容特征的标记信息，这些标记信息称为实体标签，通过实体标签可以判断在不同时间获得的统一资源路径下的实体内容是否相同。

Last-Modified 头字段用于指定文档最后的更改时间，当客户端接收到该头字段后，将在以后的请求消息中发送一个 If-Modified-Since 请求消息头指出缓存文档的最后更新时间来决定是否需要重新发送请求。

小　结

HTTP 协议是实现客户端和服务器端通信的重要协议，也是理解整个 Web 开发过程的关键基础。本章首先介绍了 HTTP 的概念，其次对 HTTP 请求消息和响应消息进行了详细的介绍。通过本章的学习，读者要能够了解 HTTP 通信的原理，深入理解 HTTP 消息的内容和结构，而对于 HTTP 的头字段及其作用，读者只需要了解，没有必要死记硬背，在实际开发中如果有用到只需查询即可。

第7章 Servlet 技术

随着 Web 应用业务需求的不断增加,动态 Web 资源的开发变得至关重要。目前,许多公司都提供了开发动态 Web 资源的相关技术,其中比较常见的有 ASP、PHP、JSP 和 Servlet 等。其中,Servlet 技术是构建动态 Java Web 应用程序的基础。现阶段几乎所有主流的 Java Web 框架技术都是基于 Servlet 技术发展而来的,因此学好 Servlet 技术是掌握 Java Web 开发的核心,也是成为一名合格的 Java Web 技术开发人员的基本要求。本章重点讲解 Servlet 技术的原理及其应用。

7.1 Servlet 简介

Servlet 是一种运行在 Web 服务器端的 Java 应用程序,它是 SUN 公司提供的一种用于开发动态 Web 资源的技术,属于客户端请求和服务器端数据库或应用程序之间的中间层。使用 Servlet 可以收集来自网页表单的用户输入、呈现来自数据库或者其他源的数据、动态地创建网页等。图 7-1 展示了 Servlet 在 Java Web 应用程序中所处的位置。

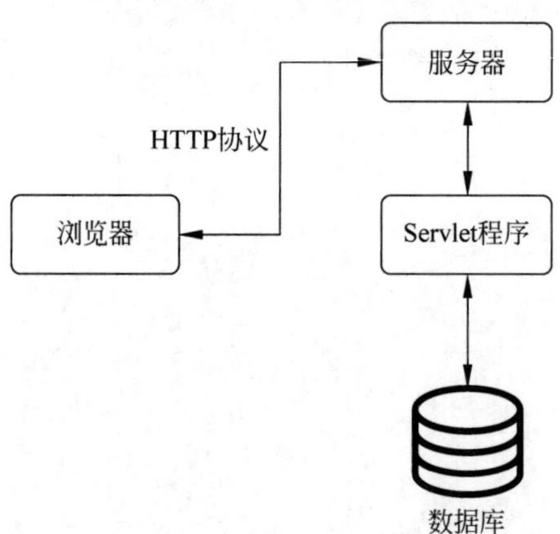

图 7-1 Servlet 在 Java Web 应用中的位置

从图 7-1 中可以看出,Web 服务器可以将浏览器发送来的请求交由 Servlet 程序处理,Servlet 程序可以通过与数据库交互来操作数据,进而动态生成响应结果返回给浏览器。将 HTTP 请求交由 Servlet 程序处理的 HTTP 服务器通常称为 Servlet 容器,它是一种提供 Servlet 功能的服务器,常见的 Servlet 容器有 Tomcat、Jetty、WebLogic 及 JBoss 等。Servlet 本质上是遵循 Servlet 规范进行编写的 Java 类,没有 main()方法,它的创建、使用、销毁都由 Servlet 容器进行管理。Servlet 和 HTTP 协议是紧密联系的，它可以处理 HTTP 协议相关的所有内容，这也是 Servlet 应用广泛的原因之一。

理解了 Servlet 的基本概念后，下面主要讲述实际开发中如何使用 Servlet 技术开发 Java Web 应用程序。

7.2 开发环境搭建

在第 1 章中提到，一个 Web 工程要被服务器所识别必须具有一定的目录结构，如果每个 Web 工程都需要手工去创建和管理目录，则会很烦琐。另外，创建好的工程也需要能方便地在 Tomcat 中部署和管理，因此需要借助 IDE 工具来敏捷开发 Web 应用程序。本书选择当前主流的 IDEA 工具来开发动态 Web 程序，以下给出开发环境的详细搭建过程。

1. 新建动态 Web 工程

在菜单栏选择 File→New→Project，左边栏选择 Java Enterprise 选项，然后在右边对话框中单击 New，然后选择 Tomcat Server，选择本地安装好的 Apache Tomcat，并勾选 Web Application 和 Create web. xml 选项，如图 7-2 所示。

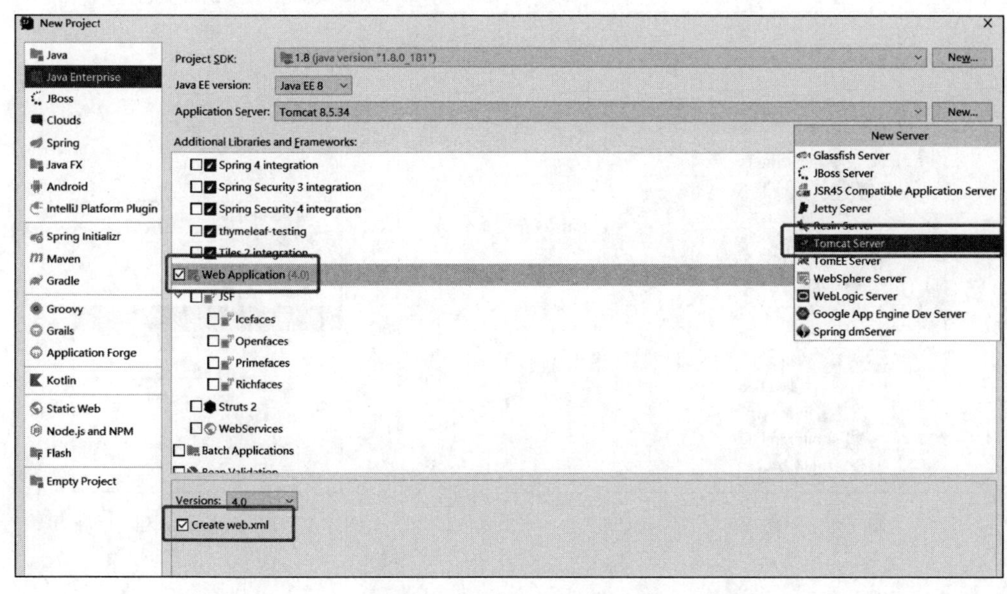

图 7-2 创建 Java Web 工程

单击 Next，随后填写 Project name 以及 Project location，如图 7-3 所示。

单击 Finish 按钮，完成动态 Web 工程的创建，创建成功后的初始工程目录如图 7-4 所示。

2. 配置

在 WEB-INF 目录下创建 classes 和 lib 文件夹，效果如图 7-5 所示。注意此处文件夹名固定，classes 用来存放编译后输出的 class 文件，lib 用于存放第三方 jar 包。

单击 File→Project Structure，在弹出对话框中，选择左边栏 Modules 选项，然后选择 Paths，选中 Use module compile output path，路径改成刚创建的 classes 文件夹，如图 7-6 所示。

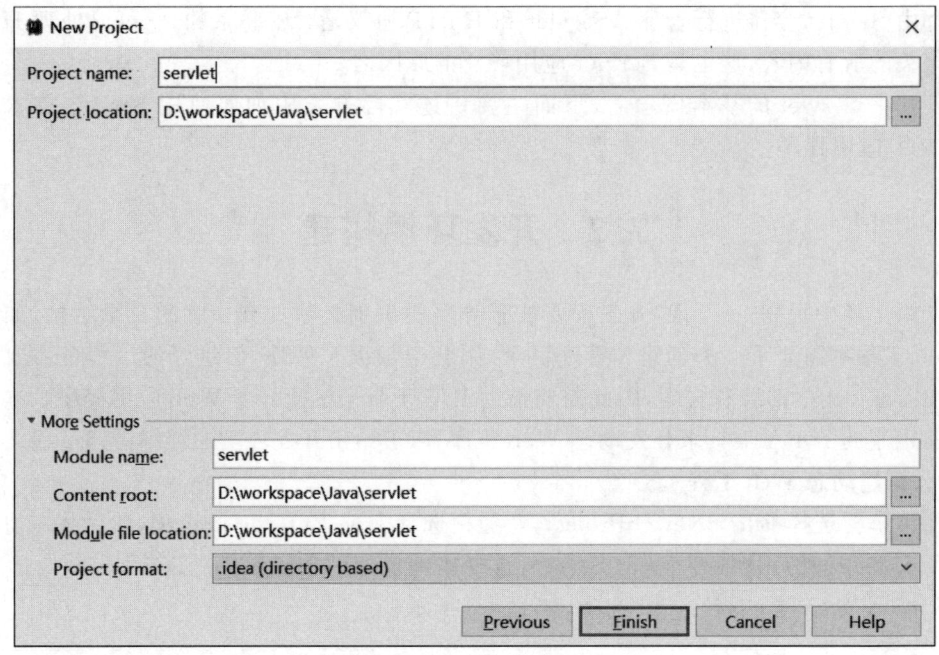

图 7-3　填写工程名和工程位置

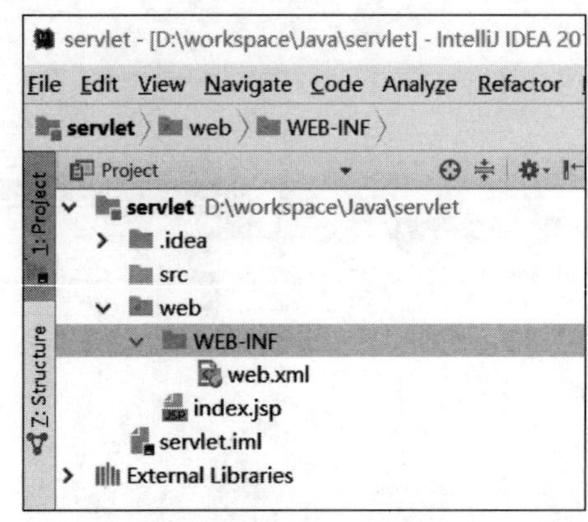

图 7-4　动态 Web 工程初始目录

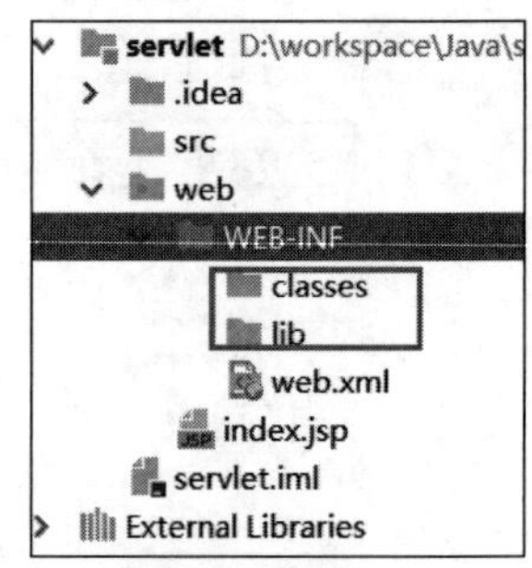

图 7-5　创建 classes 和 lib 目录

选择 Dependencies，单击“+”，选择“1 JARs or directories”，如图 7-7 所示。

选择当前工程中刚创建的 lib 文件夹，单击 OK 按钮。在弹出的对话框中选择 Jar Directory，并单击 OK 按钮，如图 7-8 所示。

至此，动态 Web 项目创建成功，可单击 IDEA 右上角三角形，在 Tomcat 服务器中部署并运行当前 Web 工程，如图 7-9 所示。

启动工程后，在浏览器出现如图 7-10 所示界面，则表示启动成功。

如果想配置 Tomcat 相关信息，可选择菜单栏的 Run→Edit Configurations 弹出相关配置信息。例如，某些时候 IDEA 默认设定当前 Project 的名字为“工程名_war_exploded”，如图 7-11 所示。

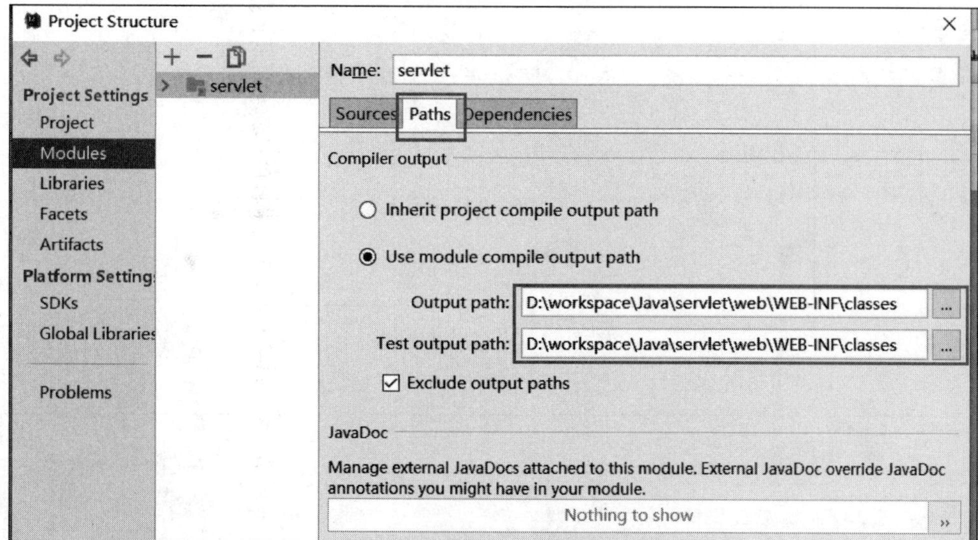

图 7-6　配置 paths 路径

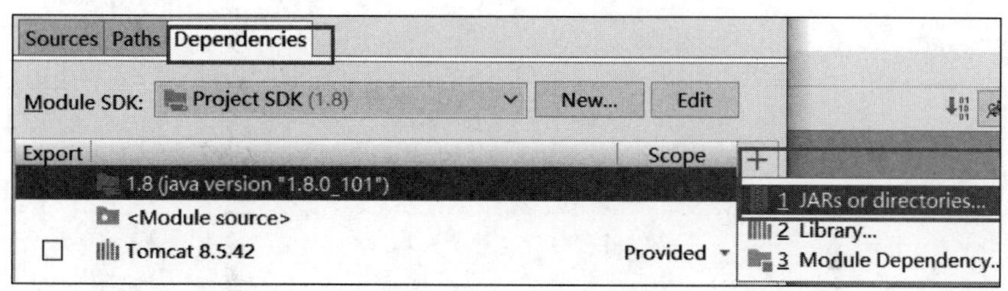

图 7-7　添加 JAR 目录

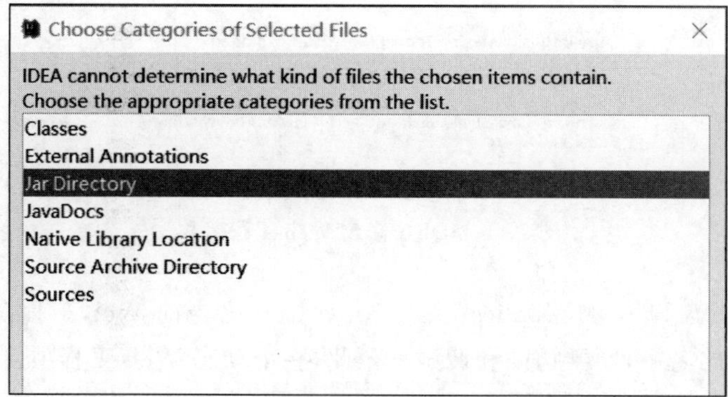

图 7-8　选择目录属性

图 7-9　启动 Web 工程

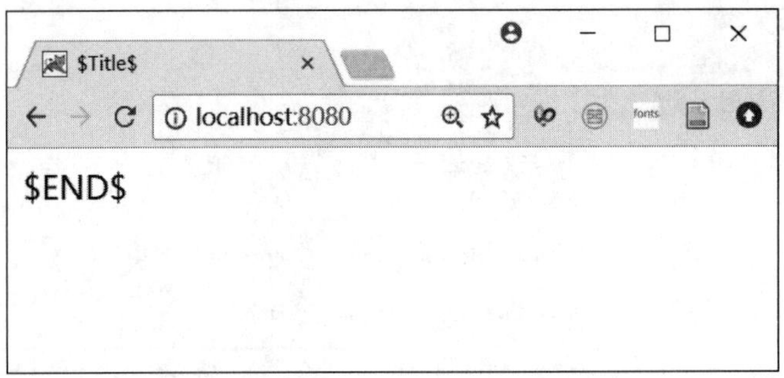

图 7-10 启动成功页面

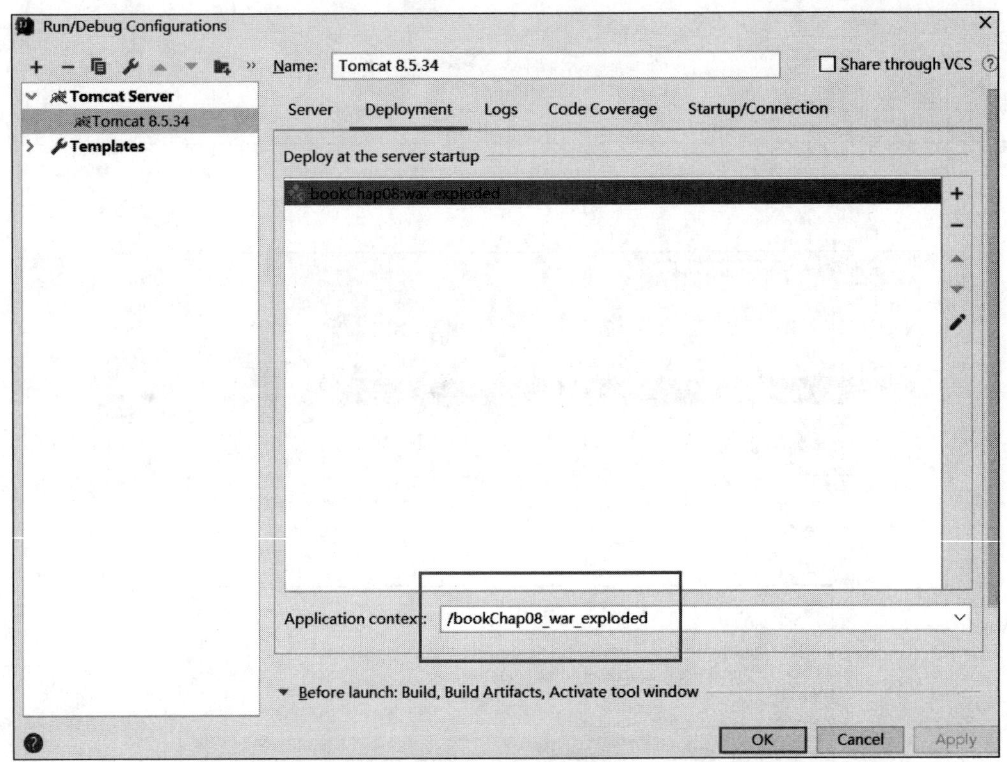

图 7-11 IDEA 修改 Web 工程名称

可通过修改图 7-11 中的 Application context 配置为当前 Web 工程命名，一般修改为“/”作为当前项目的名字，便于访问和调试。至此，整个动态 Web 工程项目创建完毕。

7.3 实现第一个 Servlet 程序

配置好开发环境后，就可以创建 Servlet 程序了。在当前工程的 src 目录下创建包，例如 com. web. chap07，在该处右击选择 servlet，在弹出的对话框中输入该 Servlet 的名字，例如 HelloServlet，单击 OK，生成的目录结构如图 7-12 所示。

IDEA 会为该 Servlet 默认生成一些代码，关键部分如 HelloServlet. java 所示：

```
@WebServlet(name = "/HelloServlet")
public class HelloServlet extends HttpServlet {
    protected void doPost(HttpServletRequest request, HttpServletResponse response) throws
ServletException, IOException {
    }
    protected void doGet(HttpServletRequest request, HttpServletResponse response) throws
ServletException, IOException {
    }
}
```

其中，HelloServlet 类继承了 HttpServlet 类，这是一个普通类被称为 Servlet 的必要条件。Servlet 容器可以识别注解@WebServlet 标识的类，其中 name 属性用于指定当前 Servlet 的名称，需要重写的 doPost()方法用于处理客户端发送的 POST 方式请求，doGet()方法用于处理客户端发送的 GET 方式请求。

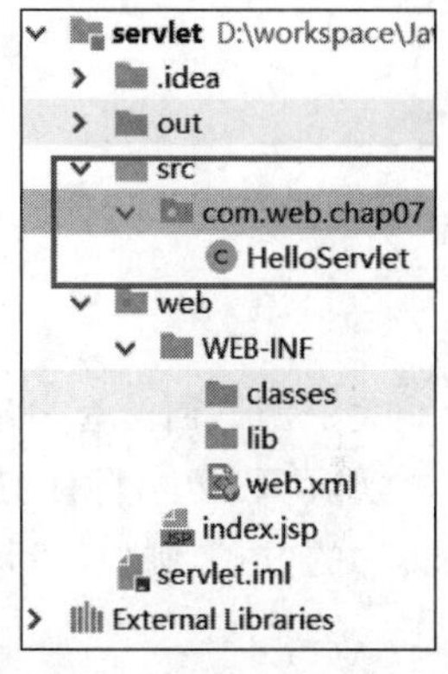

图 7-12　创建 HelloServlet 类

前面说过，Servlet 的主要作用是处理用户的请求并返回用户想要的结果，而用户的请求主要以 URL 的形式发送给服务器端，因此首先需要将 URL 映射成 Servlet 程序可处理的路径，然后在相应的请求方法里添加业务处理逻辑。例如，可将默认生成的 Servlet 代码稍加修改来实现 Servlet 的第一个 Hello World 程序，代码如例 7-1 所示。

【例 7-1】 HelloServlet.java。

```
@WebServlet(name = "HelloServlet", urlPatterns = "/hello")
public class HelloServlet extends HttpServlet {
    protected void doPost(HttpServletRequest request, HttpServletResponse response) throws
ServletException, IOException {
    }
    protected void doGet(HttpServletRequest request, HttpServletResponse response) throws
ServletException, IOException {
        System.out.println("Hello Servlet...");
    }
}
```

例 7-1 所示代码在@WebServlet 注解中添加了 urlPatterns 属性并将值设为/hello，表示客户端可以通过该 URL 路径访问该 Servlet。在 doGet()方法中添加的代码表示当该 Servlet 接收到客户端发送的 GET 方式请求时，会在控制台打印相关信息。

例如，在浏览器地址栏输入：http://localhost:8080/hello 并回车，IDEA 控制台便会输出 Hello Servlet 字样。需要注意的是，每次修改完 Servlet 程序后，需要在服务器上重新部署使得修改后的代码生效。在 IDEA 中只需单击右上角的三角形按钮，然后选择 Redeploy 即可。

例 7-1 中的请求响应过程如图 7-13 所示。

HTTP 服务器(此处为 Apache 服务器)首先接收到浏览器发送的 HTTP 请求(GET 方式)，由于不是访问静态资源，因此 Apache 服务器将请求交给 Servlet 容器处理(此处为 Tomcat 服务器)，Tomcat 服务器将请求的 URI(/hello)映射到 url-pattern 属性值为该 URI 的 Servlet，然后调用该 Servlet 的 doGet()方法处理请求(此处在服务器端控制台打印信息，

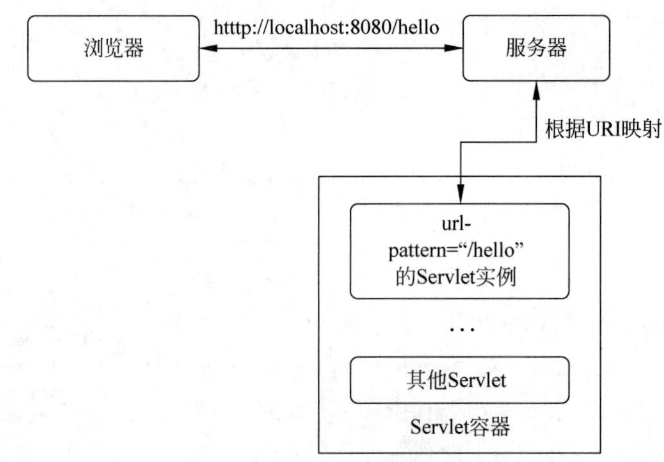

图 7-13　客户端访问 Servlet 实例流程

并无相关资源返回给客户端)。

在实际开发中,除了使用注解的方式外,常见的配置映射路径的方法还有配置 web. xml 文件的方式,例如,注释掉注解的方式并在 web. xml 中配置如下代码:

```
<servlet>
        <servlet-name>Hello</servlet-name>
        <servlet-class>com.web.chap07.HelloServlet</servlet-class>
</servlet>
<servlet-mapping>
        <servlet-name>Hello</servlet-name>
        <url-pattern>/hello</url-pattern>
</servlet-mapping>
```

配置信息中,元素< servlet >用于注册 Servlet,它的两个子元素< servlet-name >和< servlet-class>分别用来指定 Servlet 名称及其完整类名。元素< servlet-mapping >用于映射 Servlet 对外访问的虚拟路径,它的子元素< servlet-name >的值必须和< servlet >元素中的< servlet-name >相同,子元素< url-pattern >用于指定访问该 Servlet 的虚拟路径,该路径以"/"开头表示当前 Web 应用程序的根目录。

注解的方式是 Servlet3. 0 之后出现的,它使得开发人员不用将所有的 Servlet 都配置在 web. xml 文件中。试想一下,如果一个项目将成千上万个 Servlet 都配置在 web. xml 中,则 web. xml 文件维护的难度将大大增加,但将 Servlet 配置在 web. xml 文件中也具有直观,与源代码解耦的优点。因此实际开发中,常将两者结合使用。另外需要注意的是,实际开发中,对于同一个 Servlet 来讲,上述两种方式只能使用一种,不能两种同时使用,不然会因为创建多个 Servlet 实例而导致应用程序出错。

7.4　Servlet 的生命周期

在 Java 中,任何对象都有生命周期,Servlet 也不例外。所谓对象的生命周期是指对象从创建到销毁的过程。默认情况下,Servlet 对象从 Servlet 容器接收到 HTTP 请求开始创建，到服务器关闭或 Web 应用被移出容器时销毁，其详细生命周期如图 7-14 所示。

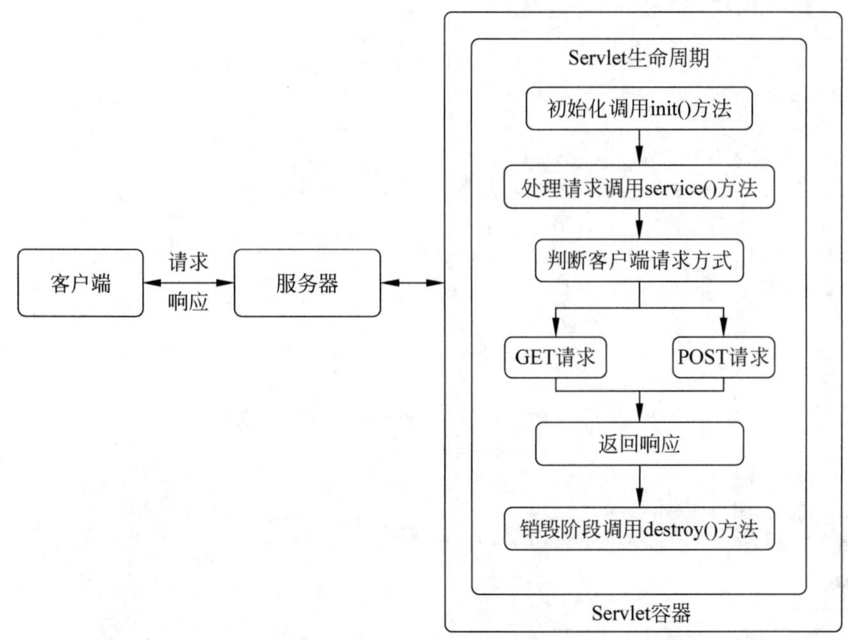

图 7-14　Servlet 生命周期

从图 7-14 中可以看出，Servlet 的生命周期大致可以分成 3 个阶段，分别为初始化阶段、运行阶段和销毁阶段。

1. 初始化阶段

当 Servlet 容器接收到客户端发来的 HTTP 请求要访问某个 Servlet 时，首先会检查内存中是否已经有了该 Servlet 对象，如果有就直接使用该 Servlet 对象，如果没有就创建 Servlet 实例对象，然后通过调用 init()方法实现 Servlet 的初始化工作。init()方法在整个生命周期过程中只被调用一次。

2. 运行阶段

运行阶段是 Servlet 生命周期中最重要的阶段，在这一阶段中，Servlet 容器会将 HTTP 请求和响应封装成 Java 对象并作为参数传给 service()方法(该方法继承自父类 HttpServlet)，service()方法会根据 HTTP 请求的类型决定调用 doGet()方法或 doPost()方法来处理业务逻辑，然后将响应结果返回给客户端。需要注意的是，Servlet 容器对于每一次访问请求，都会调用一次 service()方法，但实际开发中，通常只需要关注 doGet()和 doPost()方法中具体业务的实现，而较少关注 service()方法本身。

3. 销毁阶段

当服务器关闭或者 Web 应用被移出 Servlet 容器时，Servlet 对象被销毁。在销毁之前，容器会调用 Servlet 的 destory()方法，以便让 Servlet 对象释放它所占用的资源。需要注意的是，Servlet 对象一旦被创建就会驻留在内存中等待客户端访问，直到服务器关闭或者 Web 应用被移出容器时才会被销毁。

接下来通过例 7-2 演示 Servlet 声明周期方法的执行效果，创建新的 Servlet 具体代码如下。

【例 7-2】 LifeCircleServlet. java。

```
@WebServlet(name = "LifeCircleServlet" urlPatterns = "/lifecycle")
public class LifeCircleServlet extends HttpServlet {
    @Override
    public void init() throws ServletException {
        System.out.println("Servlet 被创建");
    }
    protected void doPost(HttpServletRequest request, HttpServletResponse response) throws
ServletException, IOException {
    }
    protected void doGet(HttpServletRequest request, HttpServletResponse response) throws
ServletException, IOException {
        System.out.println("doGet()方法被 Service()方法调用");
    }
    @Override
    public void destroy() {
        System.out.println("Servlet 被销毁");
    }
}
```

例 7-2 所示代码首先在@WebServlet 注解中配置该 Servlet 的映射路径为/lifecycle,然后重写了 init()方法和 destory()方法。当该 Servlet 被浏览器访问时,控制台效果如图 7-15 所示。

当停止服务器或者将该工程从 Tomcat 容器中移出,控制台会打印"Servlet 被销毁"。值得一提的是,除了在 Servlet 被访问时创建对象之外,还可以配置某些 Servlet 在容器启动时创建,只需要在@WebServlet 注解中添加属性 loadOnStartup=1 即可。例如,将例 7-2 的 Servlet 注解改成如下形式,则在启动 Tomcat 服务器时便会创建该 Servlet 对象,效果同图 7-15。

```
@WebServlet(urlPatterns = "/lifecycle", loadOnStartup = 1)
```

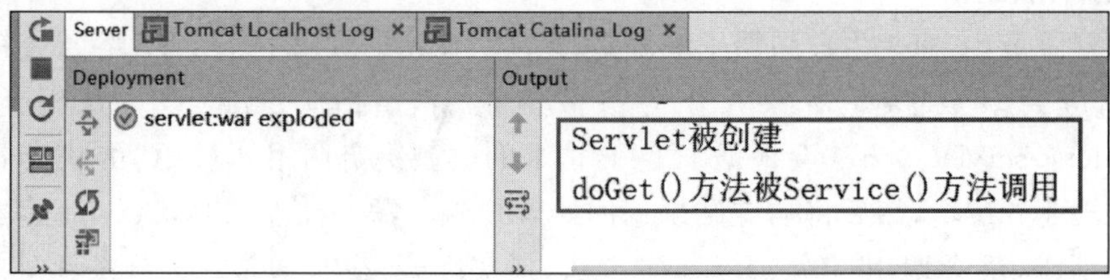

图 7-15 servlet 生命周期案例

7.5 Servlet 的常用对象

Servlet 的几个常用对象是学习 Servlet 技术的核心,在开发中经常使用,需要熟练掌握。下面详细讲解 Servlet 的几个常用对象。

7.5.1 ServletConfig 对象

在 Servlet 运行期间，经常需要一些辅助信息，例如文件使用的编码等，这些信息可以事先进行配置。当 Servlet 容器初始化一个 Servlet 时，会将该 Servlet 的配置信息封装到一个 ServletConfig 对象中，通过调用 init(ServletConfig config)方法将 ServletConfig 对象传递给 Servlet，使得 Servlet 在构造对象时可以利用配置的初始化信息。ServletConfig 对象常用的方法如表 7.1 所示。

表 7-1 ServletConfig 对象的常用方法

方 法 说 明	功 能 描 述
String getInitParameter(String name)	根据初始化参数名返回对应的初始化参数值
Enumeration getInitParameterNames()	返回一个 Enumeration 对象，其中包含所有的初始化参数名
ServletContext getServletContext()	返回一个代表当前 Web 应用的 ServletContext 对象
String getServletName()	返回 Servlet 的名字

【例 7-3】 创建 ServletConfigDemo 类：ServletConfigDemo.java。

```
@WebServlet(name = "ServletConfigDemo",
        urlPatterns = "/config",
        initParams = {
        @WebInitParam(name = "Encoding", value = "UTF - 8")
        })
public class ServletConfigDemo extends HttpServlet {
    @Override
    public void init(ServletConfig config) throws ServletException {
        System.out.println(config.getInitParameter("Encoding"));
    }
    //省略 doGet()和 doPost()方法
}
```

例 7-3 所示代码在@WebServlet 注解中的 initParams 属性配置了初始化参数信息，构造对象时通过 ServletConfig 对象调用 getInitParameter()读取该配置信息，并在控制台打印结果为 UTF-8。

初始化信息可在 web.xml 配置文件中配置，详情如下：

```
<servlet>
    <servlet-name>Config</servlet-name>
    <servlet-class>com.web.chap07.ServletConfigDemo</servlet-class>
    <init-param>
        <param-name>Encoding</param-name>
        <param-value>UTF-8</param-value>
    </init-param>
</servlet>
<servlet-mapping>
    <servlet-name>Config</servlet-name>
    <url-pattern>/config</url-pattern>
</servlet-mapping>
```

可以看出，web.xml 文件中使用一个或多个<init-param>元素对 Servlet 初始化参数进行配置。

7.5.2 ServletContext 对象

当 Servlet 容器启动时，会为每个 Web 应用创建一个唯一的 ServletContext 对象来代表当前 Web 应用，该对象不仅封装了当前 Web 应用的所有信息，而且实现了多个 Servlet 之间数据的共享。下面针对 ServletContext 对象的两个主要作用分别进行讲解。

1. 获取 Web 应用程序的初始化参数

在 web.xml 文件中，不仅可以配置 Servlet 的初始化信息，还可以配置整个 Web 应用的初始化信息，具体配置方式如下所示：

```
<context-param>
    <param-name>appName</param-name>
    <param-value>javaweb</param-value>
</context-param>
<context-param>
    <param-name>appAddress</param-name>
    <param-value>wzu</param-value>
</context-param>
```

其中，<context-param>元素位于根元素<web-app>中，它的子元素<param-name>和<param-value>分别用来指定参数的名字和参数值。下面通过一个例子来讲述如何获取这些参数值。

【例 7-4】 创建 ServletContextDemo 类：ServletContextDemo.java。

```
@WebServlet(name = "ServletContextDemo", urlPatterns = "/context")
public class ServletContextDemo extends HttpServlet {
    protected void doGet(HttpServletRequest request, HttpServletResponse response) throws
ServletException, IOException {
//获取 ServletContext 对象
        ServletContext context = this.getServletContext();
        Enumeration<String> paramNames = context.getInitParameterNames();
        while (paramNames.hasMoreElements()){
            String name = paramNames.nextElement();
            String value = context.getInitParameter(name);
            System.out.println(name + " ------- " + value);
        }
    }
}
```

例 7-4 所示代码中通过 this.getServletContext()来获取 ServletContext 对象，然后通过该对象调用 getInitParameterNames()方法获取所有初始化参数的 Enumeration 对象，最终通过遍历 Enumeration 对象，根据每一个参数名通过 getInitParameter()方法获取对应的参数值。

2. 实现多个 Servlet 的数据共享

由于一个 Web 应用中所有 Servlet 共享同一个 ServletContext 对象，因此该对象的域属性可以被该 Web 应用中的所有 Servlet 实例所访问。在 ServletContext 接口中定义了分别用于增加、删除、设置 ServletContext 域属性的 4 个方法,如表 7-2 所示。

表 7-2 ServletContext 域属性方法

方法说明	功能描述
Enumeration getAttributeNames()	返回一个 Enumeration 对象,该对象包含所有存放在 ServletContext 中的所有域属性名
Object getAttribute(String name)	根据参数指定的属性名返回相应的属性名
Void removeAttribute(String name)	根据参数指定的属性名删除相应的域属性
Void setAttribute(String name, Object obj)	设置域属性,其中 name 是属性名,obj 是属性值

例 7-5 分别创建 ServletContextShare1.java 和 ServletContextShare2.java,部分代码如下。

【例 7-5】 ServletContextShare1.java。

```
@WebServlet(name = "ServletContextShare1", urlPatterns = "/share1")
public class ServletContextShare1 extends HttpServlet {
    protected void doGet(HttpServletRequest request, HttpServletResponse response) throws
ServletException, IOException {
        this.getServletContext().setAttribute("data", 1);
    }
}
```

ServletContextShare2.java。

```
@WebServlet(name = "ServletContextShare2", urlPatterns = "/share2")
public class ServletContextShare2 extends HttpServlet {
    protected void doGet(HttpServletRequest request, HttpServletResponse response) throws
ServletException, IOException {
        ServletContext sc = this.getServletContext();
        System.out.println(sc.getAttribute("data"));
    }
}
```

首先,ServletContextShare1.java 会在 ServletContext 对象中设置域属性 data 的值为 1,然后 ServletContextShare2.java 会通过 getAttribute()方法来读取共享域 data,结果为 1,表明数据可通过 ServletContext 对象在不同 Servlet 间共享。

7.5.3 HttpServletRequest 对象

在 Servlet API 中,定义了一个 HttpServletRequest 接口,专门用来封装 HTTP 请求消息。由于 HTTP 请求消息分为请求消息头和请求消息体两部分,因此,在 HttpServletRequest 接口中定义了一系列用于获取请求消息头和请求消息体的相关方法,下面将分别对这些方法进行详细的讲解。

1. 获取请求消息头的相关方法

当客户端请求 Servlet 时,需要通过请求消息头向服务器传递附加信息。为此,在 HTTPServletRequest 接口中定义了一系列用于获取 HTTP 请求消息头字段的方法,其中常见的方法如表 7-3 所示。

表 7-3　HTTPServletRequest 对象常用方法

方法声明	功能描述
String getMethod()	获取 HTTP 的请求方式(如 GET、POST 等)
String getRequestURI()	获取 URL 请求的资源名称部分,即位于 URL 的主机和端口号之后,参数之前的部分
String getQueryString()	获取 URL 请求的参数部分,也就是 URL 中问号(?)后面的所有内容
String getContextPath()	获取 URL 中 Web 应用程序的路径。以"/"开头
String getServletPath()	获取 URL 中 Servlet 所映射的路径
Enumeration getHeaderNames()	获取所有请求消息头的名称
String getHeader(String name)	获取一个指定名称的头字段的值
String getCharacterEncoding()	获取请求消息体部分的字符集编码

例 7-6 为创建获取请求信息 Servlet。

【例 7-6】 ServletHttpServletRequest1.java。

```
@WebServlet(name = "ServletHttpServletRequest1", urlPatterns = "/request1")
public class ServletHttpServletRequest1 extends HttpServlet {
    protected void doGet(HttpServletRequest request, HttpServletResponse response) throws
ServletException, IOException {
        System.out.println(request.getMethod());
        System.out.println(request.getRequestURI());
        System.out.println(request.getQueryString());
        System.out.println(request.getContextPath());
        System.out.println(request.getServletPath());
        Enumeration<String> headerNames = request.getHeaderNames();
        while (headerNames.hasMoreElements()){
            String headerName = headerNames.nextElement();
          System.out.println(headerName + "----" + request.getHeader(headerName));
        }
    }
}
```

启动 Tomcat 服务器,在浏览器中输入 URL 地址 http://localhost:8080/request1,访问该 Servlet,控制台显示结果如图 7-16 所示。

```
Output
[2019-08-20 06:58:03,835] Artifact servlet:war exploded: Deploy took 600 milliseconds
GET
/request1
null

/request1
host----localhost:8080
connection----keep-alive
cache-control----max-age=0
user-agent----Mozilla/5.0 (Windows NT 10.0; WOW64) AppleWebKit/537.36 (KHTML, like Gecko) Chrome/
upgrade-insecure-requests----1
accept----text/html,application/xhtml+xml,application/xml;q=0.9,image/webp,image/apng,*/*;q=0.8
accept-encoding----gzip, deflate, br
accept-language----zh-CN,zh;q=0.9
cookie----JSESSIONID=0736E1C29DFED522F2478C626C7A762F
```

图 7-16　获取 HTTP 请求消息头运行结果

图 7-16 所示结果中第一个 null 表示该 URL 中没有参数，空行表示 URL 请求表示站点的根目录。

2. 获取请求消息体的相关方法

在实际开发中，经常需要获取用户提交的表单数据，例如用户名、密码、上传的文件等。此类数据通常附在 HTTP 请求消息体中发送给服务器，为方便获取表单中的请求参数，在 HttpServletRequest 接口中，定义了一系列的获取请求参数的方法，常见方法如表 7-4 所示。

表 7-4　获取请求参数的常用方法

方 法 声 明	功 能 描 述
String getParameter(String name)	该方法用于获取某个指定名称的参数值，如果请求消息中不存在指定的名称，返回 null
String[] getParameterValues(String name)	Http 请求消息中可以有多个相同名称的参数（如表单中的复选框），要获取这些参数的参数值，就可以使用该方法，该方法返回一个 String 类型的数组

表 7-4 列出了 HttpServletRequest 对象获取请求参数的两个最常见的方法，接下来，通过一个具体的案例（例 7-7）来讲解这两个方法的使用。

【例 7-7】 创建页面 form.html。

```
<form action = "/requestParameters" method = "post">
    用户名：<input type = "text" name = "username"><br/>
    密码：<input type = "password" name = "password"><br/>
    兴趣爱好：<input type = "checkbox" name = "hobby" value = "programming">编程
    <input type = "checkbox" name = "hobby" value = "star">直播
    <input type = "checkbox" name = "hobby" value = "games">游戏<br/>
    <input type = "submit">
  </form>
```

RequestParametersServlet.java。

```
@WebServlet(name = "RequestParametersServlet", urlPatterns = "/requestParameters")
public class RequestParametersServlet extends HttpServlet {
    protected void doPost(HttpServletRequest request, HttpServletResponse response) throws
ServletException, IOException {
        String name = request.getParameter("username");
        String password = request.getParameter("password");
        System.out.println("用户名：" + name);
        System.out.println("密码：" + password);
        // 获取参数名为 hobby 的值
        String[] hobbys = request.getParameterValues("hobby");
        System.out.print("爱好：");
        for (int i = 0; i < hobbys.length; i++) {
            System.out.print(hobbys[i] + " ");
        }
    }
    //省略 doGet()方法
```

RequestParametersServlet 类所示代码首先使用 getParameter()方法获取前端页面(form.html)传来的用户名和密码信息,该方法的参数为表单控件的 name 属性值,返回值为字符串类型,接着使用 getParameterValues()方法获取传来的兴趣爱好信息,该方法参数为复选框的 name 属性值,返回值为数组类型。启动服务器,访问 form.html 页面,并填写相关信息,如图 7-17 所示。

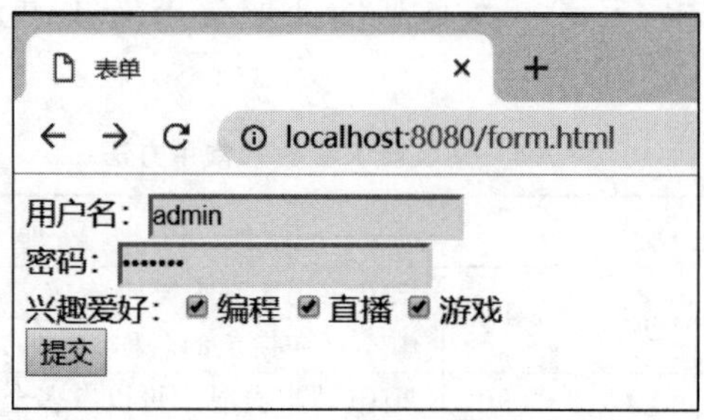

图 7-17　表单界面

单击"提交"按钮,在 IDEA 控制台打印出了各个参数的信息,如图 7-18 所示。

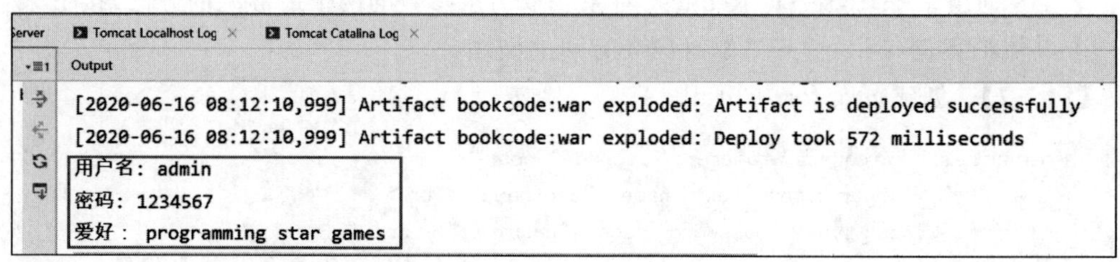

图 7-18　获取 POST 请求数据

1) 请求参数乱码问题

在填写表单时,中国国内的用户难免会输入中文,例 7-7 中如果在表单中输入用户名信息为中文"温州大学",然后再单击"提交"按钮,则控制台打印的信息如图 7-19 所示。

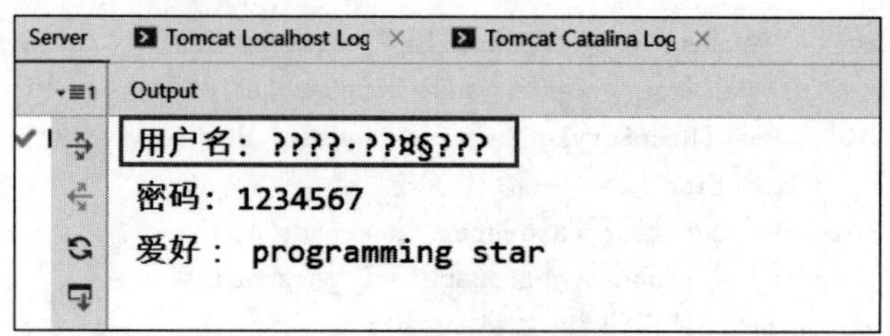

图 7-19　请求数据乱码

从图 7-19 可以看出,当输入的用户名为中文时,会出现乱码问题。这是因为浏览器在传递请求参数时,默认使用的编码方式为 UTF-8,但在解码时采用的是默认的 ISO 8859-1,因此,导致控制台打印的参数信息出现乱码。

为了解决中文乱码问题,HttpServletRequest 类提供了一个 setCharacterEncoding()方法,该方法可用于设置 request 对象的解码方式。基于上述原理,仅需在接收参数前将参数的解码方式改为 UTF-8 即可。

```
public class RequestParametersServlet extends HttpServlet {
    protected void doPost(HttpServletRequest request, HttpServletResponse response) throws
ServletException, IOException {
        request.setCharacterEncoding("UTF-8");
        // 省略接收参数代码
    }
}
```

重新部署服务器,输入中文用户名,再次提交表单,这时控制台显示正常,如图 7-20 所示。

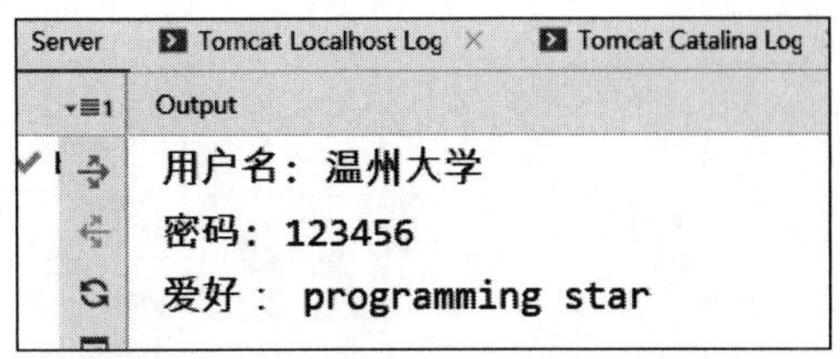

图 7-20　请求数据中文乱码问题解决

需要注意的是,这种解决乱码的方式只对 POST 请求方式有效,而对 GET 请求方式无效。例如将 form.html 表单的请求方式改为 GET,然后单击“提交”按钮,这时会发现中文依旧是乱码。要解决这一问题,需要对含中文的参数进行“先编码,后解码”的方式,如下所示:

```
// 获取请求参数
String username = req.getParameter("username");
//1 先以 iso8859-1 进行编码
//2 再以 utf-8 进行解码
username = new String(username.getBytes("iso-8859-1"), "UTF-8");
```

其中,Java 字符串方法 getBytes()将字符串以 ISO 8859-1 编码的方式转换成字节数组,然后调用 String 的构造方法以 UTF-8 的方式进行解码。这种方式能有效解决 GET 请求中文乱码问题。

2) 请求转发

在 Servlet 中,当一个 Web 资源收到了客户端请求后,如果希望服务器通知另外一个 Servlet 去处理请求,或者希望将请求的数据转发到页面上显示,可以通过获取 RequestDispatcher 对象并调用 forward()方法来实现。在 ServletRequest 接口中定义了一个获取 RequestDispatcher 对象的方法,如表 7-5 所示。

表 7-5　getRequestDispatcher()方法

方法声明	功能描述
getRequestDispatcher(String path)	返回封装了某个路径所指定资源的 RequestDispatcher 对象。其中,参数 path 必须以“/”开头,用于表示当前 Web 应用的根目录。需要注意的是,WEB-INF 目录中的内容对于 RequestDispatcher 对象也是可见的,因此,传递给该方法的资源可以是 WEB-INF 目录中的文件

获取到 RequestDispatcher 对象后,最重要的工作便是通知其他 Web 资源处理当前的 Servlet 请求,因此在 RequestDispatcher 对象中定义了 forward()方法,如表 7-6 所示。

表 7-6　forward()方法

方法声明	功能描述
forward (ServletRequest request, ServletResponse response)	该方法用于将请求从一个 Servlet 传递给另一个 Web 资源。需要注意的是,该方法必须在响应提交给客户端之前被调用,否则将跑出 IllegalStateException 异常

为了更好地了解使用 forward()方法实现请求转发,通过图 7-21 描述 forward()方法的工作原理。

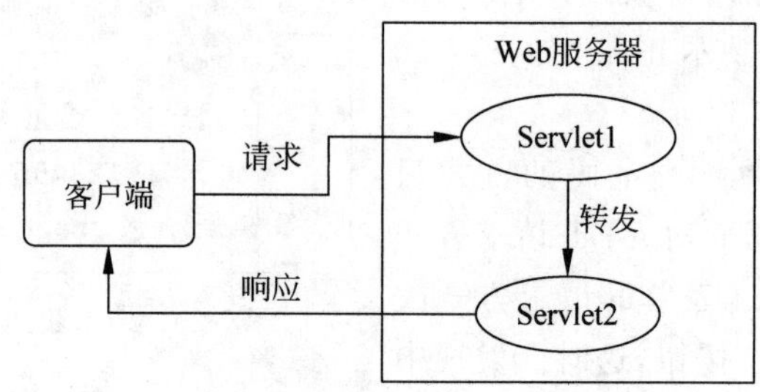

图 7-21　请求转发流程

从图 7-21 可以看出,当客户端浏览器访问 Servlet1 时,可以通过 forward()方法将请求转发给其他 Web 资源(这里为 Servlet2),其他 Web 资源处理完请求后,直接将响应结果返回给客户端浏览器。下面通过例 7-8 学习请求转发的使用。

【例 7-8】 RequestForwardServlet1. java。

```
@WebServlet(urlPatterns = "/forwardServlet1")
public class RequestForwardServlet1 extends HttpServlet {
    protected void doGet(HttpServletRequest request, HttpServletResponse response) throws
ServletException, IOException {
        // 获取请求的参数
        String username = request.getParameter("username");
        System.out.println("在 Servlet1 中查看参数: " + username);
        // 将数据保存到 request 对象中,正式场合中一般从数据库获取数据
        request.setAttribute("School","温州大学");
        //获取 RequestDispatcher 对象
          RequestDispatcher requestDispatcher =
                    request.getRequestDispatcher("/forwardServlet2");
        // 转发,当前请求和响应对象作为参数传递
        requestDispatcher.forward(request, response);
    }
}
```

RequestForwardServlet2. java。

```
@WebServlet(urlPatterns = "/forwardServlet2")
public class RequestForwardServlet2 extends HttpServlet {
    protected void doGet(HttpServletRequest request, HttpServletResponse response) throws
ServletException, IOException {
        //获取请求参数
        String username = request.getParameter("username");
        //获取 request 对象中保存的数据(多个资源可共享)
```

```
        String schName = (String) request.getAttribute("School");
        System.out.println("Servlet1 保存的数据是: " + schName);
        System.out.println("Servlet2 处理自己的业务");
    }
}
```

启动 Tomcat 服务器,在浏览器中输入 http://localhost:8080/forwardServlet1? username='jason'访问 Servlet1,控制台打印结果如图 7-22 所示。

Server	Tomcat Localhost Log	Tomcat Catalina Log
	Output	
	在 Servlet1中查看参数:jason	
	Servlet1保存的数据是: 温州大学	
	Servlet2 处理自己的业务	

图 7-22 请求转发数据处理结果

例 7-8 所示代码中,RequestForwardServlet1 首先接收了请求参数,并在 request 对象中保存了数据,接着通过请求转发的方式将同一个请求转发给 RequestForwardServlet2;由于当前并未结束,RequestForwardServlet2 接收了该请求后也获取了所保存的请求参数,并在 request 请求中通过 getAttribute()方法取出了保存的数据并打印,然后处理自身的业务。

请求转发方式在 Web 开发中使用十分普遍,读者务必理解其工作原理。下面列出请求转发方式的 5 个特点。

(1) 浏览器地址栏没有变化,当 Servlet1 将请求转发到 Servlet2 后,浏览器地址栏并没有改变。原因是请求转发属于服务器端内部的行为,作为客户端的浏览器并不知晓服务器端内部的变化。

(2) 不管服务器端请求转发了多少次,对于客户端来讲都属于一次请求。客户端从发送请求开始到接受到服务器端响应这一过程都属于一次请求范围。

(3) 转发的 Servlet 之间共享 request 域对象中的数据。例 7-8 中 Servlet1 中保存的数据,Servlet2 中也可以访问。

(4) 可以转发到 WEB-INF 目录下的页面文件中,这一应用方式在 Web 开发中更为常见,具体将在第 8 章中讲述。

(5) 不可以访问工程以外的资源。请求转发只能发生在同一个工程中的不同 Web 资源之间。

7.5.4 HttpServletResponse 对象

在 Servlet API 中,定义了一个 HttpServletResponse 类,它继承自 ServletResponse 类,专门用来封装 HTTP 响应消息。HTTP 响应消息分为状态行、响应头、消息体三部分,当 Servlet 向客户端回送响应消息时,由于 HTTP 的响应头字段有很多种,因此在 HttpServletResponse 类中定义了一系列设置 HTTP 响应头字段的方法,如表 7-7 所示。

表 7-7 常用设置响应消息头字段方法

方法声明	功能描述
void setHeader(String name, String value)	该方法用于设置 HTTP 的响应头字段,其中参数 name 用于指定响应头字段的名称,参数 value 用于指定响应头字段的值
void setContentLength(int len)	该方法用于设置响应消息的实体内容大小,单位为 B(字节)
void setContentType(String type)	该方法用于设置 Servlet 输出内容的 MIME 类型。例如,如果发送到客户端的内容是 PDF 格式的文档数据,就需要将响应头字段的类型设置为"application/pdf",如果响应内容为文本,该方法还可以设置字符编码,如 text/html;charset=UTF-8
void setCharacterEncoding(String charset)	该方法用于设置输出内容使用的字符编码

在 HTTP 响应消息中,大量的数据都是通过响应消息体传递的,因此 ServletResponse 类遵循以 I/O 流传递大规模数据的设计理念。在发送响应消息体时,定义了两个与输出流相关的方法,如表 7-8 所示。

表 7-8 response 对象输出流方法

方法声明	功能描述
getOutputStream()	该方法所获取的字节输出流对象可以直接输出字节数组中的二进制数据(网络中数据的传输一般使用字节数组的形式)
getWriter()	该方法获取的字符输出流对象为 PrintWriter 类型,该类型可以直接输出字符文本内容,因此,要想输出内容全为字符文本的网页文档,使用该方法则较为方便

例 7-9 主要展示了如何通过设置响应消息头以及 getOutputStream()方法来实现从服务器端下载 PDF 文件的功能,其他文件类型可进行相似的处理。

【例 7-9】 PdfDownloadServlet.java。

```
@WebServlet(name = "PdfDownloadServlet", urlPatterns = "/downloadPdf")
public class PdfDownloadServlet extends HttpServlet {
    protected void doGet(HttpServletRequest request, HttpServletResponse response) throws
ServletException, IOException {
        //1.设置文件 ContentType 类型
        response.setContentType("application/pdf");
        //2.设置文件头:最后一个参数是设置下载文件名(假如我们叫 a.pdf)
        response.setHeader("Content-Disposition", "attachment;fileName=" + "a.pdf");
        //获取网站部署路径(通过 ServletContext 对象),用于确定下载文件位置,从而实现下载
        String path = this.getServletContext().getRealPath("/");
        //通过文件路径获得 File 对象(假如此路径中有一个 download.pdf 文件)
        File file = new File(path + "test.pdf");
        ServletOutputStream out;
        try {
            FileInputStream inputStream = new FileInputStream(file);
            //3.通过 response 获取 ServletOutputStream 对象(out)
            out = response.getOutputStream();
            int b = 0;
            byte[] buffer = new byte[512];
```

```
            while ((b = inputStream.read(buffer))! =- 1){
                out.write(buffer,0,b);
            }
            inputStream.close();
            out.close();
            out.flush(); //强制刷新缓冲区
        } catch (IOException e) {
            e.printStackTrace();
        }
    }
}
```

要实现下载 PDF 文件功能，首先在服务器端，需要存在文件 test. pdf，此处直接将 test. pdf 文件放置于项目的根路径下，如图 7-23 所示。

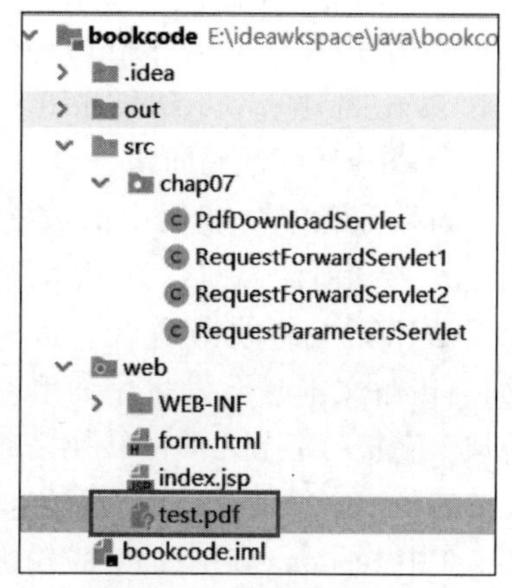

图 7-23　工程目录结构

有了 test. pdf 文件，在浏览器中输入 http://localhost:8080/downloadPdf 时，浏览器响应结果如图 7-24 所示。需要指出的是，图 7-24 的效果是安装了下载软件(Internet Download Manger)后显示的效果，不同的浏览器效果不尽相同。

单击 Start Download 按钮，便可成功下载 test. pdf 文档。

例子 7-9 说明了如何使用 getOutputStream()方法给客户端响应二进制文件，下面讲述如何使用 getWriter()方法给客户端响应文本文件，具体代码见例 7-10。

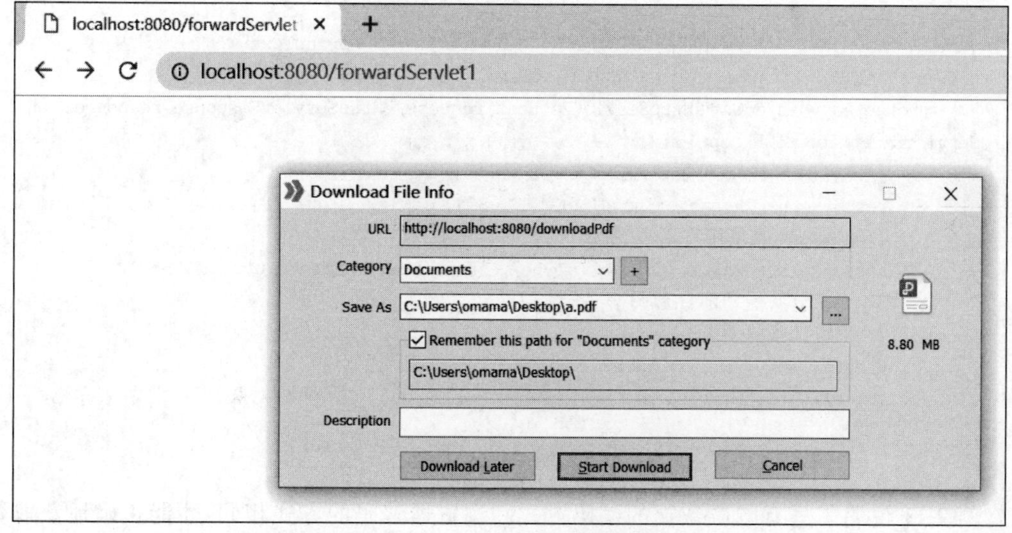

图 7-24　成功下载界面

【例 7-10】 PrintTextServlet.java。

```
@WebServlet(name = "PrintTextServlet", urlPatterns = "/printText")
public class PrintTextServlet extends HttpServlet {
    protected void doGet(HttpServletRequest request, HttpServletResponse response) throws
ServletException, IOException {
        String data = "zhejiang wzu";
        // 获取文本流对象
        PrintWriter out = response.getWriter();
        out.write(data);
    }
}
```

启动服务器，在浏览器输入 URL 地址 http://localhost:8080/printText 访问上述 PrintTextServlet，显示结果如图 7-25 所示。

图 7-25 文本流效果

1）响应数据乱码问题

如果将例 7-10 代码中的数据改成中文，如 data ＝"浙江温州"，则显示结果为乱码。原因是计算机的数据是以二进制形式存储的，当传输文本时会发生字符和字节之间的转换。字符与字节之间的转换是通过查码表完成的，将字符转换成字节的过程称为编码，将字节转换成字符的过程称为解码，如果编码和解码使用的码表不一致，就会导致乱码问题。例 7-9 中 response 对象的字符输出流默认的编码方式为 ISO 8859-1，而浏览器默认的解码方式为 GB 2312-80，两者所查的码表不同导致出现乱码问题。因此，要想解决此问题，需要使 response 对象编码方式与浏览器的解码方式保持一致。例 7-11 展示了该解决方法。

【例 7-11】 PrintTextServlet.java。

```
@WebServlet(name = "PrintTextServlet", urlPatterns = "/printText")
public class PrintTextServlet extends HttpServlet {
    protected void doGet(HttpServletRequest request, HttpServletResponse response) throws
ServletException, IOException {
        //设置 response 对象使用 utf - 8 编码
        response.setCharacterEncoding("UTF - 8");
        //通知浏览器使用 utf - 8 解码
        response.setHeader("Content - type", "text/html;charset = utf - 8");
        String data = "浙江温州";
        // 获取文本流对象
        PrintWriter out = response.getWriter();
        out.write(data);
    }
}
```

例 7-11 说明了只有响应数据的编码方式和浏览器解码的方式相同，才能正确地获取数据。通常情况下，为了使代码更为简洁，也可采用另外一种方式，具体如下：

```
@WebServlet(name = "PrintTextServlet", urlPatterns = "/printText")
public class PrintTextServlet extends HttpServlet {
```

```
    protected void doGet(HttpServletRequest request, HttpServletResponse response) throws
ServletException, IOException {
        // 该方式包含第一种方式的两个功能
        response.setContentType("text/html;charset = utf - 8");
        String data = "浙江温州";
        // 获取文本流对象
        PrintWriter out = response.getWriter();
        out.write(data);
    }
}
```

启动 Tomcat 服务器,在浏览器中输入 URL 地址 http://localhost:8080/printText,浏览器显示出了正确的中文字符,如图 7-26 所示。

HTTP 请求和响应数据所产生的乱码问题原理不同,请读者务必认真理解并掌握对应的处理方法。

2) 请求重定向

所谓请求重定向,指的是当 Web 服务器端接收到客户端的请求后,可能由于某些原因不能访问当前请求的 URL 所指向的 Web 资源,或者服务器端根据业务需求而重新指定了一个新的资源路径,让客户端重新发送请求。

可以使用 response 对象的 sendRedirect()方法来实现请求重定向,该方法定义如下:

```
public void sendRedirect(String location) throws IOException
```

参数 location 用于指定重新发送请求的 URL 地址,可以使用相对 URL,也可以使用绝对 URL。请求重定向的工作原理可以使用图 7-27 描述。

图 7-26　设置响应头后的记过

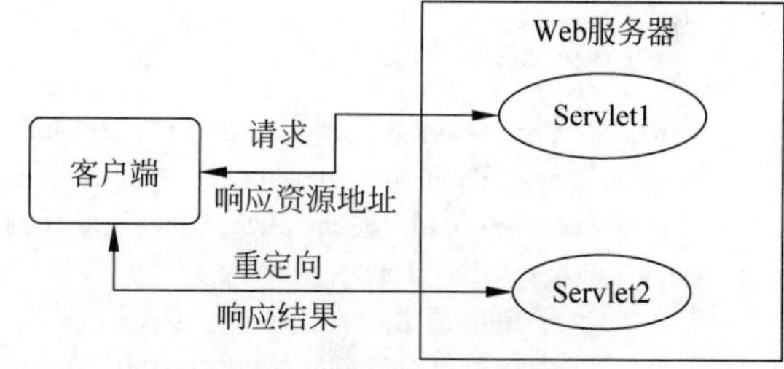

图 7-27　请求重定向原理图

如图 7-27 所示,当客户端访问 Servlet1 时,Servlet1 调用了 sendRedirect()方法将请求重定向到了 Servlet2 中。因此,客户端在收到 Servlet1 的响应资源地址后,重新向 Servlet2 发送请求,Servlet2 对请求处理完毕后,最终将响应结果回送给客户端。值得一提的是,同请求转发一样,重定向的资源可以是 Servlet,也可以是页面资源。

了解完请求重定向的原理后,通过例 7-12 所示的用户登录示例讲解重定向的具体应用。

【例 7-12】 编写登录页面 login.html 和登录成功后的 index.html 页面,当客户端输入正确的用户名、密码(此处正确的用户名和密码分别为 jason 和 123)后跳转到 index.html,否则跳转到 login.html 页面。

(1) login.html。

```
<!DOCTYPE html>
<html lang="en">
<head>
    <meta charset="UTF-8">
    <title>登录页面</title>
</head>
<body>
    <form action="/loginServlet" method="post">
        用户名: <input type="text" name="username" /><br>
        密　码: <input type="password" name="password" /><br>
        <input type="submit" value="登录" />
    </form>
</body>
</html>
```

(2) welcome.html。

```
<!DOCTYPE html>
<html lang="en">
<head>
    <meta charset="UTF-8">
    <title>首页面</title>
</head>
<body>
    欢迎您,登录成功!
</body>
</html>
```

(3) LoginServlet.java。

```
@WebServlet(name = "LoginServlet", urlPatterns = "/loginServlet")
public class LoginServlet extends HttpServlet {
    protected void doPost(HttpServletRequest request, HttpServletResponse response) throws
ServletException, IOException {
        // 解决请求中文乱码
        request.setCharacterEncoding("utf-8");
        // 获取表单参数
        String username = request.getParameter("username");
        String password = request.getParameter("password");
        //判断用户名密码是否正确
        if ("jason".equals(username) && "123".equals(password)) {
            response.sendRedirect("/welcome.html");
        }else{
            response.sendRedirect("/login.html");
        }
    }
}
```

在例子 7-12 中,如果在登录页面中输入的用户为 jason,密码为 123,则 LoginServlet 会将请求重定向到 welcome.html 页面,否则重定向到 login.html 页面。

请求重定向本质上不同于请求转发，它具备以下几个特点。

(1) 浏览器地址栏会发生变化。原因是请求重定向会告知客户端浏览器重新定位的URL地址，浏览器会根据该URL地址重新发送请求。

(2) 客户端发送了两次请求。客户端第一次请求原资源后，根据sendRedirect()方法返回的URL路径，重新发送第二次请求。

(3) 不共享request域对象中的数据。根据HTTP请求的无记忆性特点，第一次请求给服务器端发送的数据不能在第二次请求中访问。例如，例7-10中第一次请求会给服务器端发送表单数据，而在第二次请求中便无法访问该表单数据。

(4) 不能访问WEB-INF下的资源。由于WEB-INF下的资源对客户端是访问保护的，即使服务器端告知浏览器WEB-INF目录下资源路径，浏览器也无法访问。因此，要想访问WEB-INF目录下的资源，则必须使用请求转发。

(5) 可以访问当前工程以外的资源。由于请求重定向属于客户端跳转，因此只要知道目标资源的绝对路径，便可以访问，无须保证资源在同一个项目工程中。

小　　结

本章主要介绍了Java Web开发中最重要的Servlet技术，包括Servlet技术的基本使用、Servlet的生命周期以及Servlet的常用对象。其中，ServletConfig对象用于获取Servlet的配置信息；ServletContext对象用于获取Servlet容器的上下文信息；HttpServletRequest对象封装了HTTP请求消息，也提供了获取请求行、请求消息头、请求消息体、请求参数等方法，可以实现请求转发；HttpServletResponse对象封装了HTTP的响应信息，并且提供了发送响应头、响应体的方法，它可以实现文件的下载、文本数据的展示、请求重定向等。HttpServletRequest和HttpServletResponse在Web开发中至关重要，读者要仔细理解，深刻掌握。

第 8 章 JSP 技术基础

在实际开发中，经常需要动态生成 HTML 页面的内容。早期的 Web 开发中，此类动态数据通常首先需要由 Servlet 与数据库交互生成，然后通过 HttpServletResponse 对象输出到页面中。这样做的结果需要调用大量的输出语句，使得业务逻辑和信息展示混合在一起，导致程序十分臃肿。为了克服 Servlet 的这一缺陷，SUN 公司推出了 JSP 技术，本章将围绕 JSP 技术基础部分进行讲解。

8.1 JSP 概述

JSP(Java Server Page)是建立在 Servlet 规范之上的动态网页开发技术。在 JSP 文件中，HTML 代码与 Java 代码共同存在，其中，HTML 代码用来实现网页中静态内容的显示，Java 代码用来实现网页中动态内容的显示。为了区别于 HTML 文件，JSP 文件以. jsp 为扩展名，并且不能直接被浏览器打开。在新的 Web 工程中的根目录下右击新建一个 JSP 文件，如图 8-1 所示。

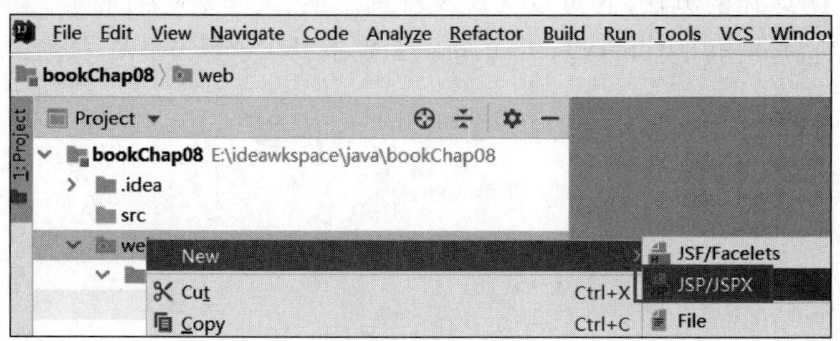

图 8-1 IDEA 工程中创建 JSP 文件

在弹出的对话框中输入 hello. jsp，并编写例 8-1 所示代码。

【例 8-1】 hello. jsp。

```
<%@ page import = "java.util.Date" %>
<%@ page contentType = "text/html;charset = UTF - 8" language = "java" %>
<html>
<head>
    <title>显示系统时间</title>
</head>
<body>
```

```
    <h2>当前访问的时间是: <% = new Date() %>></h2>
</body>
</html>
```

启动 Tomcat 服务器,并在浏览器地址栏输入 http://localhost:8080/hello.jsp,浏览器显示结果如图 8-2 所示。

图 8-2 显示系统动态时间运行结果

在例 8-1 中,隔一段时间重新刷新浏览器会显示不同的内容,这是因为 hello.jsp 是一个动态网页。其中,动态数据(例 8-1 中是系统时间)不能直接在 HTML 页面进行渲染,需要由后端服务器获取后,传输到页面后才能进行渲染,因此页面中需要特殊的独立于 HTML 标签的语法。在详细阐述 JSP 的原理之前,先使用第 7 章讲述的 Servlet 技术实现上述相同功能,在工程中创建 SystemTimeServlet 如下所示:

```
@WebServlet(name = "SystemTimeServlet", urlPatterns = "/time")
public class SystemTimeServlet extends HttpServlet {
    protected void doGet(HttpServletRequest request, HttpServletResponse response) throws
ServletException, IOException {
        Date date = new Date();
        response.setContentType("text/html; charset=UTF-8");
        PrintWriter writer = response.PrintWriter();
        writer.write("<!DOCTYPE html>\r\n");
        writer.write(" <html lang=\"en\">\r\n");
        writer.write(" <head>\r\n");
        writer.write(" <meta charset=\"UTF-8\">\r\n");
        writer.write(" <title>显示系统时间</title>\r\n");
        writer.write(" </head>\r\n");
        writer.write(" <body>\r\n");
        writer.write(" <h2>当前访问时间是: " + date + "</h2>\r\n");
        writer.write(" </body>\r\n");
        writer.write("</html>\r\n");
        writer.write("\r\n");
    }
}
```

SystemTimeServlet 首先通过 new Date()语句创建了一个系统时间对象,接着通过 response 对象获取 PrintWriter 对象,然后用 PrintWriter 将结果显示到浏览器中。该程序显示的结果同先前使用 JSP 技术实现的结果完全一致,但显然要烦琐很多。主要是因为 Servlet 不仅要进行实际的业务逻辑操作,还需要负责页面的显示,而将 HTML 标签和动态数据混合写在 Java 程序里,代码显得非常冗长并烦琐。因此,从例 8-1 可以看出,JSP 技术的主要功能是将 Servlet 中显示数据的部分与业务逻辑相分离并结合 HTML 页面,从而达到简化开发的目的。

8.2 JSP 的运行原理

JSP 的本质其实还是 Servlet，当用户通过 URL 访问 JSP 页面时，Tomcat 会根据访问路径映射到一个名称为 JspServlet 的 Servlet 进行处理。这是因为在 Tomcat 服务器的 web. xml 中(安装目录/conf/web. xml)实现了相关映射，如下所示：

```
<servlet>
    <servlet-name>jsp</servlet-name>
    <servlet-class>org.apache.jasper.servlet.JspServlet</servlet-class>
    </servlet>
<servlet-mapping>
    <servlet-name>jsp</servlet-name>
    <url-pattern>*.jsp</url-pattern>
    <url-pattern>*.jspx</url-pattern>
</servlet-mapping>
```

从 web. xml 配置信息可以发现，以. jsp 为扩展名的 URL 访问请求都交由 org. apache. jasper. servlet. JspServlet 程序处理。因此 Tomcat 服务器中的 JSP 引擎就是该 Servlet 程序，它实现了对所有 JSP 页面的解析。具体来说，当用户第一次访问 JSP 页面时，该页面会被 JspServlet 翻译成一个 Servlet 源文件，然后将此源文件编译为. class 文件。Windows 系统中 IDEA 的 jsp 生成的. java 和. class 文件所在目录默认为 C:\Users\username\.IntelliJIdea2019.3\system\tomcat\projectName\work\Catalina\localhost\ROOT\org\apache\jsp，其中 username 为系统用户名，projectName 为当前项目的工程名。例如，用户访问 hello. jsp 页面，则会在上述目录中生成 hello_jsp. java 和 hello_jsp. class 两个文件，如图 8-3 所示。

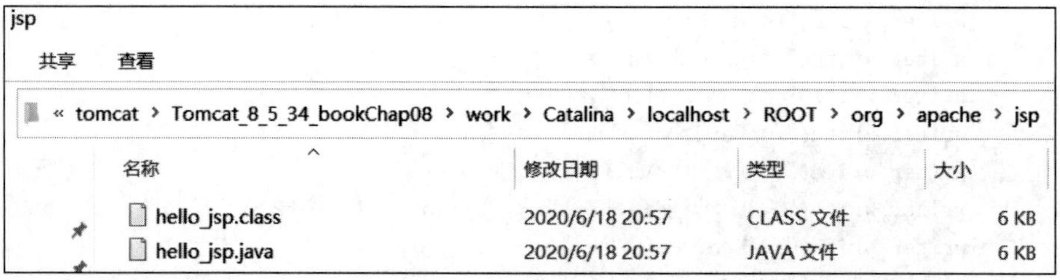

jsp

共享　查看

« tomcat › Tomcat_8_5_34_bookChap08 › work › Catalina › localhost › ROOT › org › apache › jsp

名称	修改日期	类型	大小
hello_jsp.class	2020/6/18 20:57	CLASS 文件	6 KB
hello_jsp.java	2020/6/18 20:57	JAVA 文件	6 KB

图 8-3　JSP 文件翻译生成文件所在目录

打开 hello_jsp. java 文件，查看翻译后的 Servlet 关键源代码，如下所示：

```
public final class hello_jsp extends org.apache.jasper.runtime.HttpJspBase
    implements org.apache.jasper.runtime.JspSourceDependent,
                org.apache.jasper.runtime.JspSourceImports {
// 省略模板代码
...
public void _jspService(final javax.servlet.http.HttpServletRequest request, final javax.
servlet.http.HttpServletResponse response)
      throws java.io.IOException, javax.servlet.ServletException {
   ...
```

```
    try {
          response.setContentType("text/html;charset = UTF - 8");
          ...
          out.write("\r\n");
          out.write("\r\n");
          out.write("< html >\r\n");
          out.write("< head >\r\n");
          out.write("     < title >显示系统时间</title >\r\n");
          out.write("</head >\r\n");
          out.write("< body >\r\n");
          out.write("     < h2 >当前访问的时间是: ");
          out.print( new Date());
          out.write("></h2 >\r\n");
          out.write("</body >\r\n");
          out.write("</html >\r\n");
        } catch (java.lang.Throwable t) {
          if (!(t instanceof javax.servlet.jsp.SkipPageException)){
            out = _jspx_out;
            if (out != null && out.getBufferSize() != 0)
              try {
                if (response.isCommitted()) {
                  out.flush();
                } else {
                  out.clearBuffer();
                }
              } catch (java.io.IOException e) {}
            if (_jspx_page_context != null) _jspx_page_context.handlePageException(t);
            else throw new ServletException(t);
          }
        } finally {
          _jspxFactory.releasePageContext(_jspx_page_context);
        }
      }
```

从 hello_jsp.java 所示代码中可以看出，hello_jsp.java 类继承了 org.apache.jasper.runtime.HttpJspBase 类，通过查看该类的源代码可知，HttpJspBase 类又是 HttpServlet 类的子类。由此可见，hello_jsp.java 就是一个 Servlet。另外，当用户访问 JSP 文件时，会动态调用 hello_jsp 类中实现的_jspService()方法来响应用户请求。对于 HTML 标签以及文本直接调用 out.write()方法将其作为字符串输出，而对于<% %>中的 Java 代码所输出的字符串则插入到它在 JSP 模板元素中所对应的位置，因此能在浏览器中看到 hello.jsp 文件的结果。

8.3 JSP 的基本语法

在 JSP 文件中可以嵌套很多内容，例如 JSP 指令、JSP 表达式、JSP 脚本片段、JSP 注释、JSP 内置对象及 JSP 标签等，这些内容的编写都需要遵循一定的语法规范。接下来，本节将针对在开发时经常使用的语法进行讲解。

8.3.1 JSP 指令

为了设置JSP页面中的一些信息，JSP2.0中共定义了page、include和taglib三种指令，每种指令都定义了各自的属性。下面将针对page和include指定进行讲解，taglib指定将在第11章中介绍。

1. page 指令

在JSP页面中，对页面的某些特性的描述，例如页面的编码方式、JSP页面采用的语言等，可以使用page指令来实现，其具体语法格式如下所示：

```
<% @page 属性名 = "属性值" %>
```

在上面的语法格式中，page用于声明指令名称，属性用来指定JSP页面的某些特性。page指令提供了一系列与JSP页面相关的属性，其中常用的如表8-1所示。

表 8-1　page 指令的常用属性

属性名称	取值范围	描　　述
language	java	指明解释该JSP文件时采用的语言，默认为Java
import	任何包名、类名	指定导入的包或类，import是唯一可以声明多次的page指令属性。一个import属性可以引用多个类，中间用英文逗号隔开。例如：<% @page import="java.util.Date, java.io.File"%>，在JSP页面中，以下4个包中的类可以直接使用，不需要引用： java.lang.* javax.servlet.* javax.serlvet.jsp.* javax.servlet.http.*
contentType	有效的文档类型	客户端浏览器根据该属性判断文档类型，例如： HTML格式为text/html JPG图像为image/jpeg PDF文档为application/pdf
errorPage	某个JSP页面的相对路径	指定一个错误页面，如果该JSP页面抛出一个未捕获的异常，则跳转到errorPage指定的页面
isErrorPage	true, false	指定页面是否为错误处理页面，如果为true，则该JSP内置有一个Exception对象可以直接使用。默认该属性值为false

表8-1中列举了page指令的常见属性，其中，除了import属性外，其他的属性都只能出现一次，否则会编译失败。需要注意的是，page指令的属性名称都是区分大小写的。

在page指令中提供了一个errorPage属性，该属性用于处理当前JSP页面所发生的未被捕获的异常。例8-2的page.jsp页面展示了一个未被捕获的算数运算异常，并指定了发生错误的跳转页面为error.jsp。

【例 8-2】 page.jsp。

```
<% @ page contentType = "text/html;charset = UTF - 8" language = "java" %>
<% @ page errorPage = "error.jsp" %>
<html>
<head>
```

```
    <title>发生异常页面</title>
</head>
<body>
    <%
        int x = 100/ 0;
    %>
</body>
</html>
```

error.jsp。

```
<%@ page contentType = "text/html;charset = UTF - 8" language = "java" %>
<html>
<head>
    <title>错误处理页面</title>
</head>
<body>
    <h2>抱歉! 服务器故障,请稍后访问.</h2>
</body>
</html>
```

当浏览器访问 page.jsp 时,显示的内容如图 8-4 所示。

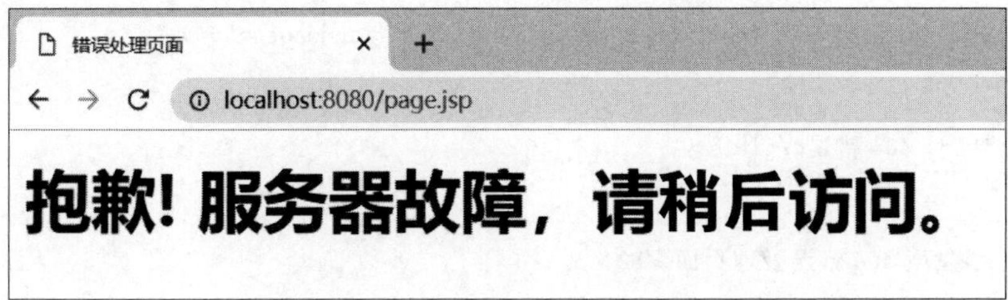

图 8-4 指定 errorPage 属性页面运行结果

如果不指定错误页面(去掉 errorPage 属性的配置),则访问结果如图 8-5 所示。

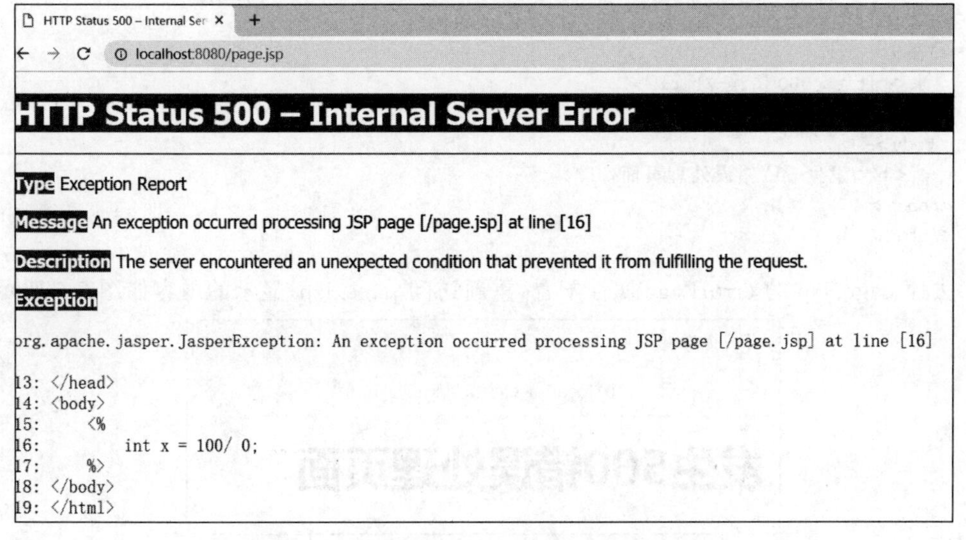

图 8-5 不指定 errorPage 属性页面运行结果

通过图 8-4 和图 8-5 的比较，很容易发现图 8-4 所提示的错误信息显得更加友好。因此，在实际开发中，通常都会使用 errorPage 属性为 JSP 页面指定错误处理的页面。

如果为每张页面都指定一个错误处理页面，则处理起来会很烦琐。为了解决这一问题，可以使用全局异常处理的方法。该方法在 web.xml 文件中使用<error-page>元素，根据发生错误的类型为整个 Web 应用程序配置全局错误处理页面，具体示例见例 8-3。

【例 8-3】 全局异常处理。

web.xml。

```
<error-page>
        <error-code>404</error-code>
        <location>/404.jsp</location>
</error-page>
<error-page>
        <error-code>500</error-code>
        <location>/500.jsp</location>
</error-page>
```

根目录下创建 404.jsp 和 500.jsp。

(1) 404.jsp。

```
<%@ page contentType="text/html;charset=UTF-8" language="java" %>
<html>
<head>
    <title>404 错误</title>
</head>
<body>
    <h2>发生 404 错误处理页面</h2>
</body>
</html>
```

(2) 500.jsp。

```
<%@ page contentType="text/html;charset=UTF-8" language="java" %>
<html>
<head>
    <title>500 错误</title>
</head>
<body>
    <h2>发生 500 错误处理页面</h2>
</body>
</html>
```

去掉 page.jsp 的 errorPage 属性配置，重新访问 page.jsp，显示的内容如图 8-6 所示。

图 8-6　发生 500 错误时跳转结果

从图 8-6 中可以看出，page.jsp 的错误处理页面自动设置为 500.jsp，因为服务器端内部出现异常会响应 500 错误码，web.xml 中根据错误码跳转到 500.jsp 页面。如果去访问一张不存在的页面，例如在浏览器输入 URL 地址 http://localhost:8080/noPage.jsp，则浏览器显示的内容如图 8-7 所示。

图 8-7　发生 404 错误响应结果

需要注意的是，如果设置了某个 JSP 页面的 errorPage 属性，则全局异常处理对该页面不起作用。因此，实际开发中，通常将全局异常处理方法和 errorPage 属性结合使用，在方便处理错误页面的同时，还能个性化定制某些特殊的错误处理页面。

2. include 指令

一些场景中，需要在 JSP 页面静态包含一个文件，如 HTML 页面或者另外一张 JSP 页面等，可以通过 include 指令来实现。该指令的具体语法格式如下所示：

```
<% @include file = "relativeURL" %>
```

file 属性用于指定被引入文件的相对路径。下面通过一个简单的案例讲述 include 指令的用法。

【例 8-4】　include 指令用法。

```
<% @ page contentType = "text/html;charset = UTF - 8" language = "java"  %>
<html>
<head>
    <title>include 指令</title>
</head>
<body>
    我是 include 页面,包含了 hello.jsp 页面
    <% @include file = "hello.jsp" %>
</body>
</html>
```

例 8-4 中 include.jsp 页面使用 include 指令静态包含了 hello.jsp 页面（例 8-1）。访问该页面后浏览器显示的结果如图 8-8 所示。

图 8-8　include 指令显示结果

从图 8-8 中可以看出，hello. jsp 中用于输出系统时间的语句显示了出来，说明 include 指令成功地将 hello. jsp 文件中的代码合并到了 include. jsp 中。另外，需要注意的是，由于 include 指令是将被包含页面的所有代码放置到指令位置，因此，为了不在一张页面中包含两套相同的标签(例 8-4 中 hello. jsp 中的< html >等标签也会被合并到指令位置)，被包含进来的页面通常只设定主体部分。

8.3.2 JSP 表达式

JSP 表达式用于将应用程序的数据输出到浏览器，它将要输出的变量或者表达式直接封装在<%＝ %>标记中，其基本语法格式如下所示：

```
<% = expression %>
```

上述语法格式中，expression 表示表达式中的变量或表达式的计算结果，它将被转换成一个字符串，然后插入 JSP 页面输出结果的相应位置处。例如<%＝ new Date() %>会将当前系统时间显示到页面某个具体位置。需要注意的是，JSP 表达式中的变量或者表达式后面不能有分号“;”。

8.3.3 JSP 脚本片段

JSP 脚本片段是指嵌套在<% %>中的 Java 程序代码，这些 Java 代码必须严格遵守 Java 语法规范，否则编译会报错。

【例 8-5】 JSP 脚本片段。

```
<%
        int x = 10;
        String str = "你好";
        List<Employee> emps = new ArrayList<>();
        for (int i = 0; i <= 5; i++) {
            emps.add(new Employee(i, "emp" + i, 18 + i, "emp" + i + "@163.com"));
        }
  %>
```

该脚本定义了一个整型变量 x，一个字符串类型变量 str，以及 List 类型的集合 emps，然后向集合中添加 5 个员工对象。这里需要在项目工程中的 src 文件夹或其子文件夹下新建一个实体(Entity)类 Employee，代码如下所示：

```
package chap08;
public class Employee {
    private int id;
    private String name;
    private int age;
    private String email;

    public Employee() {
    }

    public Employee(int id, String name, int age, String email) {
```

```
            this.id = id;
            this.name = name;
            this.age = age;
            this.email = email;
    }
        // 省略 get()和 set()方法
    }
```

从例 8-5 中可以看出，脚本片段中的 Java 代码必须严格遵守 Java 语法规范，在每条执行语句后都使用分号技术。在实际开发中，JSP 脚本片段通常需要同 HTML 标记或其他 JSP 元素嵌套使用。

【例 8-6】 将例 8-5 中定义的所有员工数据以表格的形式展现在页面中，在 script.jsp 页面中添加如下代码：

```
<table border = "1">
        <thead>
            <tr><td> ID </td><td>姓名</td><td>年龄</td><td>邮箱</td></tr>
        </thead>
        <tbody>
            <%
                for (int i = 0; i < emps.size(); i++){
                    Employee emp = emps.get(i);
            %>
            <tr>
                <td><% = emp.getId() %></td>
                <td><% = emp.getName() %></td>
                <td><% = emp.getAge() %></td>
                <td><% = emp.getEmail() %></td>
            </tr>
            <%
                }
            %>
        </tbody>
    </table>
```

script.jsp 页面所示代码在 JSP 脚本中使用 for 循环语句遍历了集合中的每一个员工对象，并使用 JSP 表达式在表格标签中输出相关信息。可以发现，在 JSP 页面中可以出现多个脚本片段，脚本片段之间可以嵌套 HTML 标签，并且脚本片段之间的代码可以相互访问，例如例 8-5 中在脚本片段定义的变量可以在例 8-6 定义的脚本片段中输出。需要注意的是，当页面结构比较复杂时，JSP 脚本片段与 HTML 标签等其他元素嵌套使用，容易使页面结构混乱，可以利用 EL 表达式和 JSTL 标签解决这一问题。关于 EL 和 JSTL 标签的内容将在后续章节中讲解。

8.3.4 JSP 注释

同任何其他编程语言一样，JSP 也有自己的注释方式，其基本语法格式如下：

```
<% -- 注释信息 -- %>
```

JSP 注释语法与 HTML 注释语法很类似。但两者的区别在于，HTML 注释会被 Tomcat 当作普通文本解释执行后发送到客户端，而 JSP 在被翻译成 Servlet 时，其页面的注释信息会被忽略。

【例 8-7】 comment.jsp。

```
<%@ page contentType = "text/html;charset = UTF - 8" language = "java" %>
<html>
<head>
    <title>JSP 注释</title>
</head>
<body>
    <% -- 这是 JSP 注释信息 -- %>
    <!-- 这是 HTML 注释信息 -->
</body>
</html>
```

启动服务器，输入 URL 地址 http://localhost:8080/comment.jsp，可以看到 comment.jsp 什么都不显示。在打开的页面中右击，在弹出的菜单中选择“查看源文件”选项，结果如图 8-9 所示。

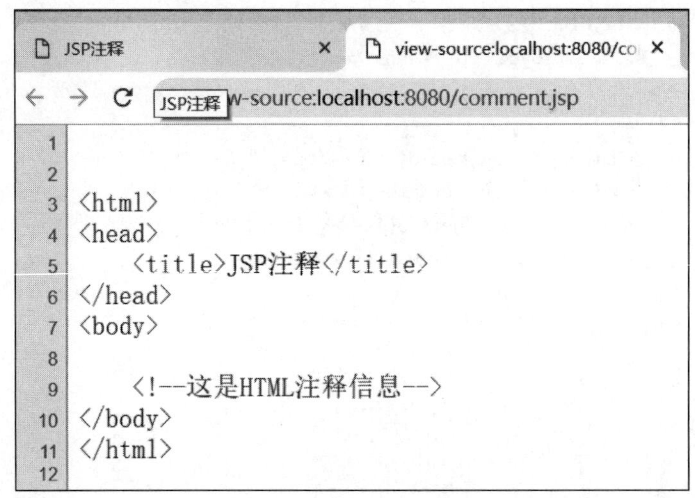

图 8-9　comment.jsp 的源代码

从图 8-9 可以看出，使用 HTML 注释的内容发送到了客户端，而 JSP 的注释则被忽略。

8.4　JSP 内置对象

在 JSP 页面中，对一些对象需要频繁调用，如果每次遇到都需要创建此类对象，则会非常麻烦。因此，JSP 提供了 9 个内置对象，它们是 JSP 默认创建的，可以直接在 JSP 页面使用。这 9 个内置对象的详细信息如表 8-2 所示。

表 8-2 JSP 内置对象

内置对象名称	描　述
out	用于页面输出
request	客户端请求对象,用于获取用户请求信息,同 HttpServletRequest 对象
response	服务端响应信息对象,同 HttpServletResponse 对象
config	服务端配置,用于获取初始化参数,同 ServletConfig 对象
session	回话对象,用于保存回话范围内的数据,同 HttpSession 对象
application	应用程序对象,用于保存所有用户共享信息,同 ServletContext 对象
page	指当前页面转化后的 Servlet 类的实例,很少使用
pageContext	JSP 的页面容器,当前 JSP 范围内有效
exception	表示 JSP 页面所发生的异常,在错误页面中才起作用

表 8-2 列举了 JSP 的 9 个内置对象及其相应的描述。其中,由于 page、config、exception 等对象在实际开发中很少直接在 JSP 页面中使用,因此本节只针对输出流对象 out,以及 4 个域对象 pageContext、request、session 和 application 进行讲解。

8.4.1 out 对象

在 JSP 页面中,经常需要使用 out 对象向客户端发送文本内容。out 对象与 response.getWriter()方法返回的 PrintWriter 对象非常相似,都是用来向客户端浏览器发送文本形式的实体内容,但区别是 PrintWriter 对象会直接向客户端输出内容,而 out 对象会将数据先插入到缓冲区中,下面看一个例子。

【例 8-8】 out 对象。

```
<%@ page contentType = "text/html;charset = UTF - 8" language = "java" %>
<html>
<head>
    <title>out 对象</title>
</head>
<body>
    <%
        out.println("out 输出 1 <br/>");
        out.println("out 输出 2 <br/>");
        response.getWriter().write("response 输出 1 <br/>");
        response.getWriter().write("response 输出 2 <br/>");
    %>
</body>
</html>
```

启动 Tomcat 服务器,输入 URL 地址 http://localhost:8080/out.jsp,访问结果如图 8-10 所示。

可以发现,尽管 out.println()语句位于 response.getWriter().write()方法之前,但它的输出内容却在后面。这是因为当 JSP 页面所有代码执行完后会默认先执行 out.flush()方法,把 out 缓冲区的内容追加到 response 缓冲区的末尾,然后执行 response 的刷新操作,依次将所有数据输出到客户端。因此,客户端先显示 response 对象输出的内容,然后再显示 out 对象输出的内容。

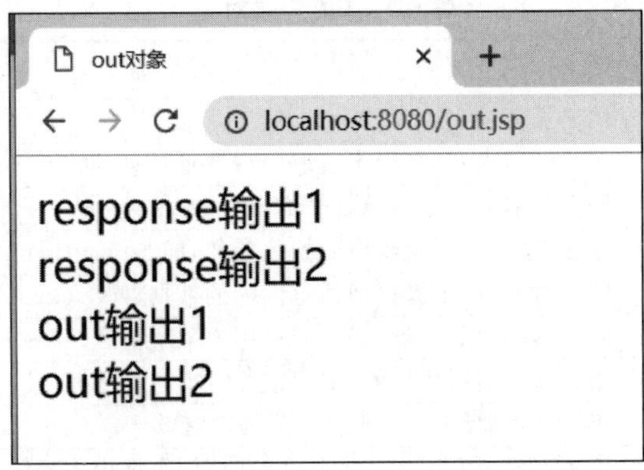

图 8-10　out 对象

8.4.2　域对象

在 JSP 中，域对象是指像 Map 集合一样可以存取数据的对象。在实际开发中，常用的做法是使用 Servlet 与后台数据库交互获取数据后，将数据存到相应的域对象中，然后在 JSP 页面使用相同的域对象显示数据。在 JSP 中，一共有 4 个常用的域对象，分别是 pageContext、request、session、application 对象。4 个域对象功能一样，都用来存取数据，不同的是它们对数据的存取范围。表 8-3 列出了 4 个域对象的类型及数据存取范围。

表 8-3　JSP 的 4 个域对象

域对象名称	类　型	数据存取范围
pageContext	PageContextImpl	当前 JSP 范围内有效
request	HttpServletRequest	一次请求内有效
session	HttpSession	一个会话范围内有效（一次会话指打开浏览器访问服务器，直到关闭浏览器为止）
application	ServletContext	整个 Web 工程范围内有效（只要 Web 工程不停止，数据都在）

接下来，通过例 8-9 的案例演示在开发中如何使用域对象存取数据。

【例 8-9】　使用 JSP 域对象存取数据。

首先创建 DomainObjectServlet.java 用于接收用户的请求：

```
@WebServlet(name = "DomainObjectServlet", urlPatterns = "/domainObject")
public class DomainObjectServlet extends HttpServlet {
    protected void doGet(HttpServletRequest request, HttpServletResponse response) throws
ServletException, IOException {
        // 获取 session 对象
        HttpSession session = request.getSession();
        // 获取 servletContext 对象即 JSP 中的 application 对象
        ServletContext servletContext = this.getServletContext();
        // 存数据
        request.setAttribute("reqKey", "保存在 request 对象中的数据");
        session.setAttribute("sessKey","保存在 session 对象中的数据");
        servletContext.setAttribute("appKey", "保存在 application 对象中的数据");
```

```
            // 请求转发
            request.getRequestDispatcher("domainObject1.jsp").forward(request, response);
        }
    }
```

当用户在浏览器中输入 URL 地址 http://localhost:8080/domainObject 时，DomainObjectServlet 首先获取到了 HttpSession 和 ServletContext 对象，然后分别在 3 个对象中设置相应的值（键-值对的形式），最终通过请求转发到 domainObject1.jsp 页面，该页面负责显示域范围内的数据，具体如下：

```
<%@ page contentType="text/html;charset=UTF-8" language="java" %>
<html>
<head>
    <title>域对象</title>
</head>
<body>
    <%
        pageContext.setAttribute("pageContextKey", "保存在 pageContext 对象中的数据");
    %>
    <%= pageContext.getAttribute("pageContextKey") %><br>
    <%= request.getAttribute("reqKey") %><br>
    <%= session.getAttribute("sessKey") %><br>
    <%= application.getAttribute("appKey") %><br>
    <a href="domainObject2.jsp">跳转到 domainObject2.jsp 页面</a><br>
</body>
</html>
```

domainObject1.jsp 页面首先使用 pageContext 对象在当前页面范围内设置了一个属性，然后分别通过 4 个域对象的 getAttribute()方法，根据所设置的 key 获取相应的 value 显示到页面上。最后附上的超链接，单击后能跳转到 domainObject2.jsp 页面，具体如下：

```
<%@ page contentType="text/html;charset=UTF-8" language="java" %>
<html>
<head>
    <title>域对象</title>
</head>
<body>
    <%= pageContext.getAttribute("pageContextKey") %><br>
    <%= request.getAttribute("reqKey") %><br>
    <%= session.getAttribute("sessKey") %><br>
    <%= application.getAttribute("appKey") %><br>
</body>
</html>
```

domainObject2.jsp 页面重新尝试获取 4 个域对象中的属性数据。下面观察实际效果，首先在浏览器地址栏中输入 http://localhost:8080/domainObject 访问 DomainObjectServlet，显示结果如图 8-11 所示。

从图 8-11 中可以看出，在 domainObject1.jsp 中正确地取得了所有域对象内保存的数据。单击超链接跳转到 domainObject2.jsp，显示结果如图 8-12 所示。

图 8-11 domainObject1.jsp 显示结果

图 8-12 domainObject2.jsp 显示结果

从图 8-12 中可以看出，仅 session 和 application 范围内的数据被正确取到了，而 pageContext 和 request 域对象范围内的数据显示为 null。原因是 pageContext 只在当前设值的页面有效，request 对象只在一次请求范围内有效(访问 DomainObjectServlet 并转发到 domainObject1.jsp 算一次请求范围，单击超链接实际上又重新发送了一次请求)。

如果关闭浏览器后再打开，在地址栏输入 URL 地址 http://localhost:8080/domainObject2.jsp，则显示结果如图 8-13 所示。

图 8-13 重启浏览器后再访问 domainObject2.jsp 页面结果

从图 8-13 中可以看出，application 对象中的数据能被正确访问，因为 application 域对象中的数据只要服务器不关闭就会一直有效。保存在 session 域对象的数据显示为 null，是由于 session 域对象内的数据仅在一次会话范围内有效。一次会话范围为从打开浏览器访问站点开始到关闭浏览器或注销结束,更多关于会话的知识将在后续章节中讲解。

8.5 JSP 标签

JSP 页面中可以嵌套一些 Java 代码来完成某种功能,但有时这种 Java 代码会使 JSP 页面混乱,不利于调试和维护,为了解决这一问题,SUN 公司在 JSP 页面中嵌套一些标签,这些标签可以完成各种通用的 JSP 页面功能,本节将主要针对<jsp:include>和<jsp:forward>这两个 JSP 标签进行讲解。

8.5.1 <jsp:include>标签

<jsp:include>标签用于把另外一个资源的输出内容插入当前页面的输出内容之中,这种在 JSP 页面执行时的引入方式称为动态包含,它的具体语法如下所示:

```
<jsp:include page = "relativeURL" flush = "true | false">
```

在上述语法格式中,page 属性用于指定被引入资源的相对路径,flush 属性指定在插入其他资源的输出内容时,是否先将当前 JSP 页面的已输出内容刷新到客户端。

【例 8-10】 <jsp:include>标签的用法。

dynInclude.jsp。

```
<%@ page contentType = "text/html;charset = UTF - 8" language = "java" %>
<html>
<head>
    <title>包含页面</title>
</head>
<body>
    dynInclude.jsp 的内容
    <jsp:include page = "beInclude.jsp" flush = "true"></jsp:include>
</body>
</html>
```

beInclude.jsp。

```
<%@ page contentType = "text/html;charset = UTF - 8" language = "java" %>
<html>
<head>
    <title>被包含页面</title>
</head>
<body>
   <% Thread.sleep(2000); %>
    beInclude.jsp 中的内容
</body>
</html>
```

启动 Tomcat 服务器,通过浏览器访问地址 http://localhost:8080/dynInclude.jsp,发现浏览器首先会显示“dynInclude.jsp 的内容”,等待 2s 后,才会显示 beInclude.jsp 页面的

输出内容。说明当前 JSP 页面会将已输出内容先刷新到客户端。如果将例 8-10 中的 flush 属性修改为 false，则浏览器会将 dynInclude. jsp 和 beInclude. jsp 的内容同时输出到浏览器。

需要注意的是，虽然 include 指令和< jsp:include >标签在功能上类似，但有本质的区别，主要有两点。

(1) <jsp:include>标签是在当前 JSP 页面执行期间插入被引入资源的输出内容。被动态引入的资源必须是一个能独立被 Web 容器调用和执行的资源，include 指令只能引入遵循 JSP 格式的文件，被引入文件与当前文件共同被翻译成一个 Servlet 源文件。

(2) <jsp:include>标签中引入的资源是在运行时才包含的，而且只包含运行结果。而 include 指令引入的资源是在编译时期包含的，包含的是源代码。

8.5.2 <jsp:forward>标签

在 JSP 页面中，有时需要将请求转发给另外一个资源，这时除了 RequestDispatcher 接口的 forward()方法可以实现外，还可以通过< jsp:forward >标签来实现，其具体语法格式如下：

```
<jsp:forward page = "relativeURL">
```

在上述语法格式中，page 属性用于指定请求转发到的资源的相对路径，该路径是相对于当前 JSP 页面的 URL。接下来通过一个案例来学习该标签的具体用法。首先编写一个用户实现转发功能的 jspForward. jsp 页面，如例 8-11 所示。

【例 8-11】 <jsp:forward>标签的用法。

jspForward. jsp。

```
<%@ page contentType = "text/html;charset = UTF - 8" language = "java" %>
<html>
<head>
    <title>jspForward 标签</title>
</head>
<body>
    <h4>跳转前内容</h4>
    <% Thread.sleep(2000); %>
    <jsp:forward page = "jspForward2.jsp"></jsp:forward>
</body>
</html>
```

jspForward2. jsp。

```
<%@ page contentType = "text/html;charset = UTF - 8" language = "java" %>
<html>
<head>
    <title>jspForward 跳转后的页面</title>
</head>
<body>
    这是使用 jspforward 标签跳转后的页面.
</body>
</html>
```

启动 Tomcat 服务器访问 jspForward.jsp 页面，浏览器并不会先显示“跳转前内容”，而是等待了 2s 后直接跳转到了 jspForward.jsp 页面，显示结果如图 8-14 所示。

图 8-14　jspforward 标签运行结果

从图 8-14 中可以看出，浏览器默认情况下是先解析完整个页面后再显示内容的，当解析到<jsp:forward>标签后直接跳转到了新页面。请读者仔细思考例 8-11 与例 8-10 的区别和联系。

8.6　JSP 开发模型

JSP 的开发模型即 JSP Model，在 Java Web 开发中，为了更方便地使用 JSP 技术，SUN 公司为 JSP 技术提供了两种开发模型：JSP Model1 和 JSP Model2。JSP Model2 模型是在 JSP Model1 模型的基础上提出来的，它提供了更清晰的代码分层，分层的目的是为了解耦。解耦使得多人合作开发大型 Web 项目变得更加容易，并且方便项目后期的维护和升级。接下来就针对这两种开发模型分别进行详细的介绍。

8.6.1　JSP Model1

早期的基于 JSP 开发的 Java Web 应用中，JSP 文件是一个独立的、能够自主完成所有任务的模块。它负责业务逻辑、控制网页流程和页面展示。但是这样一来，JSP 页面功能会因“过于复杂”而带来一系列的问题，如 HTML 代码和 Java 代码的强耦合，代码可读性差，程序难以修改和维护。为了解决上述问题，SUN 公司提供了一种 JSP 开发的架构模型：JSP Model1，其工作原理如图 8-15 所示。

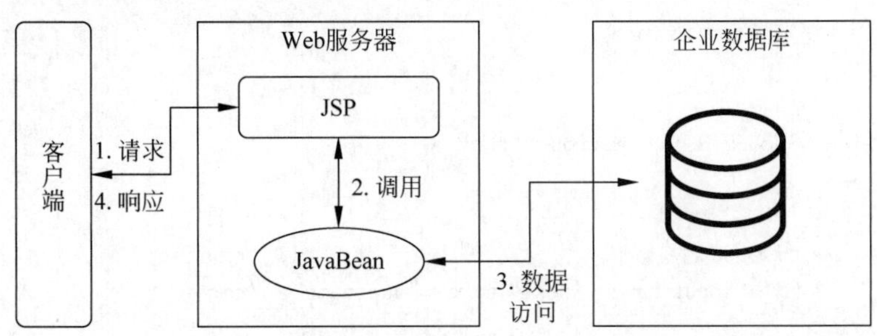

图 8-15　JSP Model1 模型的工作原理图

从图 8-15 可以看出，JSP Model1 模型采用 JSP 同 JavaBean(本质上就是一个 Java 类)相结合的技术，将页面和业务逻辑分开。其中，JSP 负责流程控制和页面显示，JavaBean 负责数据封装和业务逻辑。JSP 只负责接收用户请求和调用 JavaBean 来响应用户的请求。

这种设计实现了数据、业务逻辑和页面显示的分离，在一定程度上实现了程序开发的模块化，降低了程序修改和维护的难度。下面通过一个用户登录的案例来讲解 JSP Model1 模型的应用。

【例 8-12】 使用 Model1 完成用户登录功能。

(1) 创建用户名的实体类 User.java，表示数据库中的每一个用户：

```
public class User {
    private String username;
    private String password;
    public User() {} // 无参构造方法
    // 根据需求添加有参构造方法
    // 省略 get(),set()方法
}
```

诸如上述 User.java 的简单 Java 类在开发中通常被称为实体类，实体类的特点是仅包含成员变量、构造方法和 get()、set()方法，而不包含其他的业务方法。通常需要给实体类提供无参构造方法，有参构造方法根据需求提供。业界通常将实体类称为 Entity 类、POJO (Plain Ordinary Java Object)、简单 JavaBean 等。

(2) 创建 UserDao 类(业务逻辑类)让 JSP 层和 JavaBean 之间能够交互。其中包括了一个判断 User 对象的账号密码是否正确的方法 userLogin()：

```
public class UserDao {
    public boolean userLogin(User user) {
        return "jason".equals(user.getUsername()) & "123".equals(user.getPassword());
    }
}
```

注意此例中直接给出了正确的用户名和密码，并没有真正连接数据库。真实的数据库操作场景将在第 9 章中讲述。

(3) 使用一个 login.jsp 界面来模拟登录。

```
<%@ page contentType = "text/html;charset = UTF - 8" language = "java" %>
<html>
<head>
    <title>登录界面</title>
</head>
<body>
<form action = "doLogin.jsp" method = "post">
    <table>
        <tr>
            <td>用户名: </td>
            <td><input type = "text" name = "username"></td>
        </tr>
        <tr>
            <td>密码: </td>
            <td><input type = "password" name = "password"></td>
        </tr>
        <tr>
            <td colspan = "2"><input type = "submit" value = "提交"></td>
```

```
            </tr>
        </table>
</form>
</body>
</html>
```

login.jsp 的表单中设定了 action 属性为 doLogin.jsp，意味着用户单击“提交”按钮后，会将表单数据随着 request 请求发送给 doLogin.jsp 页面进行处理。

（4）创建 doLogin.jsp 处理登录请求。

```
<%@ page contentType = "text/html;charset = UTF - 8" language = "java" %>
<html>
<head>
    <title>处理登录请求</title>
</head>
<body>
    <jsp:useBean id = "user" class = "chap08.User" scope = "page" />
    <jsp:useBean id = "userDao" class = "chap08.UserDao" scope = "page" />
    <jsp:setProperty name = "user" property = " * " />
    <%
        if (userDao.userLogin(user)) {
            request.getRequestDispatcher("welcome.jsp").forward(request, response);
        } else {
            response.sendRedirect("login.jsp");
        }
    %>
</body>
</html>
```

doLogin.jsp 中所示代码首先使用了<jsp:useBean>标签为 User 类和 UserDao 类分别创建了 user 对象和 userDao 对象，然后使用了<jsp:setProperty>标签为 user 对象的各个属性进行赋值，其中 * 号表示将表单数据与对象的成员属性进行全局自动匹配。需要注意的是，使用该语法的前提是表单中 name 属性的值需要与实体类的 setXXX()方法中变量值一致，才能进行全局自动匹配。比如 User 类中的 setUsername()方法中的 Username 与输入框<input type="text" name="username">中的 name 属性的值 username 要保持一致，且 setXXX()中变量值第一个字母大写。

最后可以通过业务逻辑类实例的 userLogin 方法判断用户是否登录成功，如果登录成功，则请求转发到 welcome.jsp 页面；如果登录不成功，则重定向到 login.jsp 页面。

（5）创建 welcome.jsp，具体代码如下：

```
<%@ page contentType = "text/html;charset = UTF - 8" language = "java" %>
<html>
<head>
    <title>欢迎页面</title>
</head>
<body>
    <h2>登录成功，欢迎！</h2>
</body>
</html>
```

在 IDEA 中重启 Tomcat 服务器，在浏览器中输入 URL 地址 http://localhost:8080/login.jsp，并在显示页面中输入正确的用户名、密码，如图 8-16 所示。

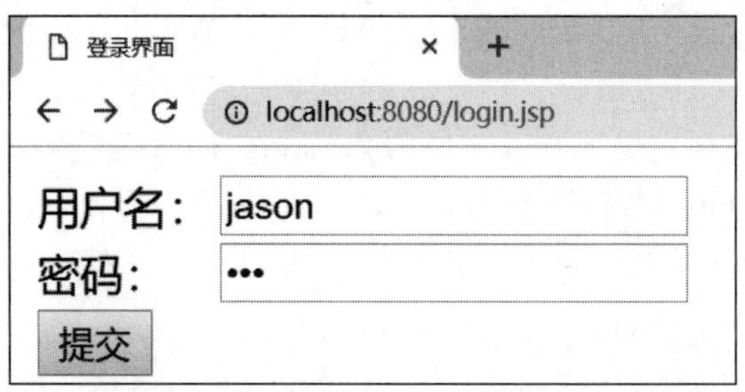

图 8-16　用户登录界面

在图 8-16 中单击“提交”按钮，成功跳转到 welcome.jsp 页面，如图 8-17 所示。

图 8-17　登录成功页面

从例 8-12 中可以发现，尽管 Model1 将一部分 Java 代码封装到 JavaBean 里，但 JSP 页面仍然需要嵌入大量的 Java 代码，代码可读性差，维护困难。

8.6.2　JSP Model2

JSP Model1 虽然将数据和部分的业务逻辑从 JSP 中分离出去，但 JSP 页面仍然需要负责流程控制和产生用户页面。对于一个业务流程复杂的大型应用程序来说，在 JSP 页面中嵌入大量的 Java 代码，不利于项目的管理及后期的升级维护。为了解决这一问题，SUN 公司提出了 JSP Model2 模型架构。该模型采用“Servlet+JSP+JavaBean”的方式将 JSP 页面中的控制流程代码分离出来，封装到 Servlet 中，从而实现了流程控制、业务逻辑和页面显示的分离。实际上 JSP Model2 模型就是 MVC 设计模式，其中模型(Model)的角色由 JavaBean 实现，视图(View)的角色由 JSP 页面实现，控制器(Controller)的角色由 Servlet 实现。值得一提的是，在 JSP Model2 中，JavaBean 通常又可分为业务服务类 JavaBean，数据访问类 JavaBean 以及简单 JavaBean(实体类)，实际开发中通常为不同类型的 JavaBean 创建不同的层次结构。接下来通过一张图描述 Model2 的工作原理，如图 8-19 所示。

从图 8-18 中可以看出，Servlet 充当了控制器的角色，它接受用户的请求，并调用 Service 层中的相关 JavaBean 来处理相应的业务，而 Service 层又调用 dao 层实现数据库的访问，访问到的数据将封装成简单 JavaBean 对象返回给控制器，最后控制器将封装好的数据转发到 JSP 页面后展示给用户。接下来，使用 JSP Model2 模式(MVC)实现用户登录的功能，请读者注意与例 8-12 的区别。

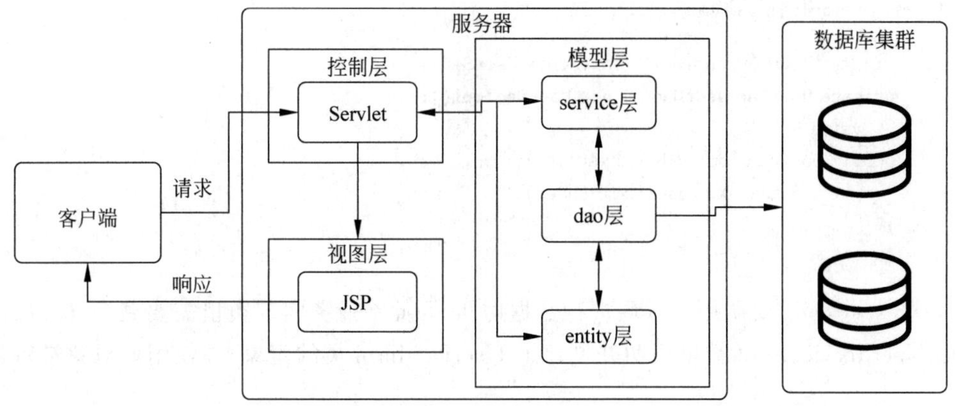

图 8-18　JSP Model2 模型的工作原理图

【例 8-13】　使用 Model2 模拟实现用户登录功能。

根据 JSP Model2 模型的思想，Web 项目通常可以分成 action 层（控制器 JavaBean），service 层（业务 JavaBean），dao 层（数据访问 JavaBean）和 entity 层（简单 JavaBean）等基本层次结构，如图 8-19 所示。

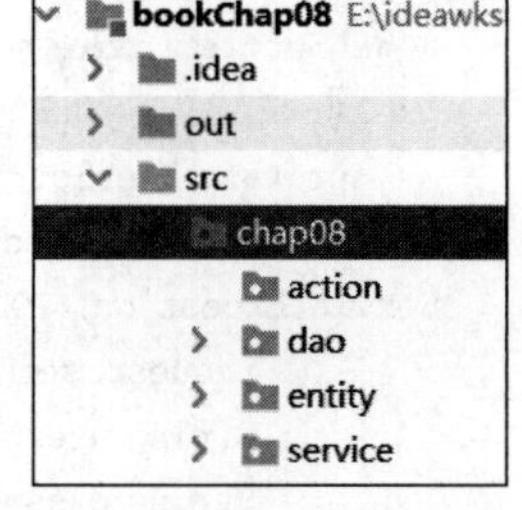

图 8-19　基于 MVC 模型 Web 项目层次结构

开发的顺序一般是确定 entity 层（简单 JavaBean）（例 8-12 中该层只有 User. java 类），然后依次按 dao→service→action→jsp 页面的顺序进行开发。另外，为了充分利用面向接口编程的优势，dao 层和 service 层一般都需要提供接口及相应的实现类。

(1) 首先在 dao 层中创建 UserDao 接口和 UserDaoImpl 实现类（此处只有一个实现类，可以提供多个实现类，比如多个数据库的不同实现，第 9 章中将详细讨论此问题）。

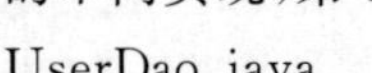
UserDao. java。

```
public interface UserDao {
    public boolean userLogin(User user);
}
```

UserDaoImpl. java。

```
public class UserDaoImpl implements UserDao{
    @Override
    public boolean userLogin(User user) {
        return "jason".equals(user.getUsername()) & "123".equals(user.getPassword());
    }
}
```

(2) 在 service 层中创建 UserService 接口及 UserServiceImpl 实现类。

UserService. java。

```
public interface UserService {
    public boolean login(User user);
}
```

UserServiceImpl. java。

```
public class UserServiceImpl implements UserService{
    private UserDao userDao = new UserDaoImpl();
    @Override
    public boolean login(User user) {
        return userDao.userLogin(user);
    }
}
```

由于 service 层要调用 dao 层进行数据访问，因此在业务实现类里需要聚合 dao 层的对象，如 UserServiceImpl 类里声明并创建了 UserDaoImpl 类的对象，并使用该对象进行数据访问。

(3) 创建控制器 LoginServlet. java 负责接收登录界面(login. jsp)提交的请求，并调用 service 层的业务方法。

LoginServlet. java。

```
@WebServlet(name = "LoginServlet", urlPatterns = "/login")
public class LoginServlet extends HttpServlet {
    private UserService userService = new UserServiceImpl();
    protected void doPost(HttpServletRequest request, HttpServletResponse response) throws
ServletException, IOException {
        request.setCharacterEncoding("utf-8");
        String username = request.getParameter("username");
        String password = request.getParameter("password");
        User user = new User();
        user.setPassword(password);
        user.setUsername(username);
        if (userService.login(user)) {
            request.getRequestDispatcher("welcome.jsp").forward(request, response);
        } else {
            response.sendRedirect("login.jsp");
        }
    }
}
```

LoginServlet 控制器主要负责接收客户端请求的参数并封装成 user 对象，然后调用 service 层的业务方法完成业务逻辑并返回数据模型(此处调用了 UserService 的 login()方法来判断当前用户名和密码是否正确)，最后将数据转发给相应的页面，由页面负责数据的渲染并呈现给用户(此处若 login()方法返回为真，则转发到 welcome. jsp 页面，否则重定向到 login. jsp 页面)。

(4) 修改 login. jsp 中表单的 action 属性为"/login"以改变表单提交的路径。在 IDEA 中重新部署项目，访问 login. jsp 页面并输入用户名和密码，单击"提交"按钮后的结果同例 8-12，这里不再列出。

从例 8-13 中可以发现，控制层主要负责接收客户端参数并控制业务逻辑的调用，service 层(业务层)主要封装了业务类，dao 层(数据层)主要负责与数据库交互，JSP 页面主要负责显示数据。这可以使控制、业务、数据、显示等功能代码相解耦，提高了项目开发和维护的效率。因此在实际场景中，主要使用 Model2 模型进行项目的开发。

小　　结

本章首先讲解了 JSP 的基本语法及其基本原理，然后介绍了 JSP 指令、JSP 表达式、JSP 脚本片段、JSP 内置对象和 JSP 标签等核心技术的基本用法，最后讲解了 JSP 的两种开发模型：JSP Model1 和 JSP Model2。其中 JSP Model2 的核心思想便是 MVC 设计模式，在实际开发中经常使用，要重点掌握。

第9章 数据库技术开发

在应用程序开发中，不可避免地要使用数据库来存储和管理数据。为了在Java语言中提供对数据库访问的支持，SUN公司提供了一套访问数据库的标准接口，即JDBC(Java Data Base Connectivity)。本章将重点讲解基于JDBC技术的Web应用程序开发。需要注意的是，掌握数据库的基本知识和标准SQL语句是学习JDBC编程的前提，因此在学习本章内容之前，首先要学习数据库相关课程。

9.1 JDBC概述

JDBC是一种Java数据库连接技术，能实现Java程序对各种数据库的访问。JDBC由一组使用Java语言编写的类和接口组成，这些类和接口称为JDBC API，位于java.sql以及javax.sql包中，其工作原理如图9-1所示。

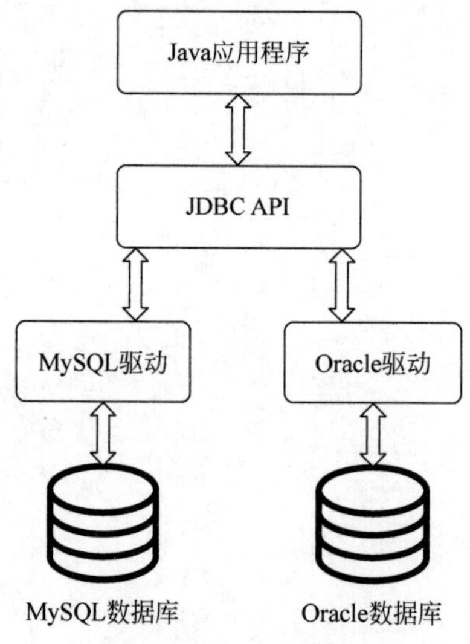

图9-1 JDBC工作原理

从图9-1中可以看出，一个JDBC程序有几个重要的组成元素，顶层是程序员编写的Java应用程序，通过调用JDBC API实现数据库的访问。数据库驱动实质上是不同数据库厂商对JDBC接口的实现，比如MySQL驱动用于连接MySQL数据库，Oracle驱动用于连接Oracle数据库，这体现了面向接口编程的思想。

9.2 JDBC 基础

在项目开发中，使用 JDBC 可以实现应用程序与数据库之间的数据通信，简单来说，JDBC 操作数据库主要有以下 3 个流程。

(1) 建立与数据库之间的访问连接。

(2) 将编写好的 SQL 语句发送到数据库执行。

(3) 对数据库返回的结果进行处理。

由于上述 3 个流程都必须使用到 JDBC API，接下来先通过一个案例来详细讲述如何使用 JDBC API 访问 MySQL 数据库。

【例 9-1】 编写 JDBC 程序读取 users 表的数据，并在控制台中打印。

(1) 在 MySQL 创建数据库、表并插入测试数据，代码如下：

```
create database jdbc;
use jdbc;
create table users(
    id int primary key auto_increment,
    username varchar(30),
    password varchar(30),
    email varchar(30)
)ENGINE = InnoDB CHARACTER SET = utf8
```

数据库和表创建成功后，向 users 表插入测试据，代码如下：

```
insert into users(USERNAME, PASSWORD, EMAIL)  values ("小明", "123", "xm@wzu.edu.cn");
insert into users(USERNAME, PASSWORD, EMAIL)  values ("小红", "234", "xh@wzu.edu.cn");
insert into users(USERNAME, PASSWORD, EMAIL)  values ("小刚", "345", "xg@wzu.edu.cn");
insert into users(USERNAME, PASSWORD, EMAIL)  values ("小睿", "456", "xr@wzu.edu.cn");
```

在 MySQL 图形化界面工具 SQLyog(https://www.webyog.com/)中使用 select 语句查询 users 表，验证数据是否插入成功，执行结果如图 9-2 所示。

id	username	password	email
1	小明	123	xm@wzu.edu.cn
2	小红	234	xh@wzu.edu.cn
3	小刚	345	xg@wzu.edu.cn
4	小睿	456	xr@wzu.edu.cn

图 9-2 users 表数据

(2) 建立与数据库之间的访问连接。首先需要使用 Class.forName()方法加载数据库驱动，数据库驱动即为数据库厂商开发的针对 JDBC 接口的实现类。比如将 MySQL 公司实现 JDBC 接口的驱动包复制到项目工程的 lib 目录中(WEB-INF/lib/)，此处使用的驱动包为 mysql-connector-java-5.1.0-bin.jar。加载数据库驱动的语句如下：

```
Class.forName("com.mysql.jdbc.Driver");
```

如果系统中不存在给定的类，则会引发 ClassNotFoundException 异常。

加载驱动程序之后，将使用 DriverManager 类的 getConnection()方法建立与数据库的连接。此方法接受3个参数,分别表示数据库URL、数据库用户名和密码。其中,数据库用户名和密码是可选的。获取数据库连接的语法如下:

```
Connection connection = DriverManager.getConnection(String url, String name, String password)
```

可以看出,获取数据库连接方法getConnection()有3个参数,它们分别表示数据库连接的URL、登录数据库的用户名和密码。数据库URL通常遵循如下形式的写法:

```
jdbc:subprotocol:subname
```

URL写法中jdbc部分是固定的,subprotocol指定连接到特定数据库的驱动程序,subname部分表示连接的服务器IP地址、端口、数据库名称以及参数等信息。以MySQL为例,其URL连接形式如下:

```
jdbc:mysql://localhost:3306/jdbc?useUnicode = true&characterEncoding = UTF - 8
```

其中,mysql表示连接MySQL数据库的驱动程序,localhost表示连接的是本地的MySQL,如果需要连接远程服务器的MySQL,则需要写入服务器的IP地址,3306表示默认占用的端口,jdbc表示要连接的数据库名称,useUnicode和characterEncoding表示用于指定编码的参数,主要用来避免中文乱码。

(3) 将编写好的SQL语句发送到数据库执行。首先通过Connection对象获取Statement对象,主要方式有两种,分别是通过调用createStatement()方法创建基本的Statement对象和通过调用prepareStatement()方法创建预编译的PrepareStatement对象。先以创建Statement对象为例,具体代码如下:

```
Statement stmt = connection.createStatement();
```

有了Statement对象后,便可以使用它来执行SQL语句。所有的Statement都有3种方法来执行SQL语句,如表9-1所示。

表9-1　Statement对象执行SQL语句三种方法

方法名称	功能描述
execute(String sql)	用于执行各种SQL语句,该方法返回一个boolean类型的值,如果为true,表示所执行的SQL语句具备查询结果
executeQuery(String sql)	用于执行SQL中的select语句,该方法返回一个表示查询结果的ResultSet对象
executeUpdate(String sql)	用于执行SQL中的insert、update和delete语句。该方法返回一个int类型的值,表示数据库中受该SQL语句影响的记录的数据

以executeQuery()方法为例,具体代码如下:

```
String sql = "select * from users";
ResultSet rs = stmt.executeQuery(sql);
```

(4) 对数据库返回的结果进行处理。如果执行的SQL语句是查询操作,执行结果将返回一个ResultSet对象,该对象保存了SQL语句查询的结果。程序可以通过该ResultSet对象取出查询结果。该对象获取数据的方法主要分为两类,一类是next()、previous()、first()、last()等移动记录指针的方法,另一类通过getString()、getObject()等获取指针所指向行中特定列的值。

以获取所有用户数据为例,代码如下:

```
while (rs.next()){
    int id = rs.getInt("id");
    String username = rs.getString("username");
    String password = rs.getString("password");
    String email = rs.getString("email");
    System.out.println(id + "--" + username + "--" + password + "--" + email);
}
```

其中,while 语句循环调用 ResultSet 对象的 next()将记录指针向下移动一行(默认指向表的标题行),判断是否存在查询结果数据。如果存在,则根据列的名称以及数据类型调用不同的 getString()方法获取数据并赋值,最终将每一行数据打印到控制台中。

(5) 回收数据库资源。使用 close()方法关闭数据库连接,释放资源,包括关闭 ResultSet 对象、Statement 对象和 Connection 对象。释放资源应按照创建的顺序逐一释放,先创建的后释放、后创建的先释放。具体代码如下:

```
rs.close();
stmt.close();
connection.close();
```

例 9-1 的完整代码如 JDBCDemo1.java 所示:

```
public class JDBCDemo1 {
    public static void main(String[] args) {
        try {
            Class.forName("com.mysql.jdbc.Driver");
              Connection connection = DriverManager.getConnection("jdbc:mysql://localhost:
              3306/jdbc","root", "root");
            Statement stmt = connection.createStatement();
            String sql = "select * from users";
            ResultSet rs = stmt.executeQuery(sql);
            while (rs.next()){
                int id = rs.getInt("id");
                String username = rs.getString("username");
                String password = rs.getString("password");
                String email = rs.getString("email");
                System.out.println(id + "--" + username + "--" + password + "--" +
email);
            }
            rs.close();
            stmt.close();
            connection.close();
        } catch (ClassNotFoundException | SQLException e) {
            e.printStackTrace();
        }
    }
}
```

运行该程序,控制台打印结果如图 9-3 所示。

```
Run:    JDBCUsers ×
"C:\Program Files\Java\jdk1.8.0_181\bin\java.exe" ...
1--小明--123--xm@wzu.edu.cn
2--小红--234--xh@wzu.edu.cn
3--小刚--345--xg@wzu.edu.cn
4--小睿--456--xr@wzu.edu.cn
```

图 9-3　控制台打印 users 表数据

9.3　JDBC 优化

由于每次操作数据库时，都需要加载数据库驱动、建立数据库连接以及关闭数据库资源等操作。因此，为了灵活地配置信息和避免代码的重复编写，可以对 9.1 节中的 JDBC 基本操作进行优化。

1. 配置文件管理连接参数

在实际开发中，通常使用配置文件的形式保存数据库的连接信息。使用配置文件方式访问数据库，则可以一次编写，随时调用。一旦数据库发生变化，只需要修改配置文件，无须修改源代码。根据这一思想，在项目根目录下创建 db.properties 文件。在该文件中采用 key-value(键-值)对的方式进行内容的组织，具体如下：

```
driver = com.mysql.jdbc.Driver
url = jdbc:mysql://localhost:3306/jdbc?useUnicode = true&characterEncoding = UTF - 8
username = root
password = root
```

2. 创建 JDBCUtils.java

该类主要用于读取配置文件、加载驱动获取数据库连接、封装关闭数据库资源等操作，具体代码如下：

```
public class JDBCUtils {
    private static String driver = null;
    private static String url = null;
    private static String username = null;
    private static String password = null;

    //static 静态代码块,加载类时执行一次且仅执行一次
    static {
        try {
            // 读取 db.properties 文件中的数据库连接信息
            InputStream in = JDBCUtils.class.getClassLoader().getResourceAsStream("db.
properties");
            System.out.println(in);
            Properties prop = new Properties();
            prop.load(in);
            // 获取数据库连接驱动
            driver = prop.getProperty("driver");
```

```java
            // 获取数据库连接 URL 地址
            url = prop.getProperty("url");
            // 获取数据库连接用户名
            username = prop.getProperty("username");
            // 获取数据库连接密码
            password = prop.getProperty("password");
            System.out.println(driver + url);
            // 加载数据库驱动
            Class.forName(driver);
        } catch (Exception e) {
            throw new ExceptionInInitializerError(e);
        }
    }
    public static Connection getConnection(){
        Connection conn = null;
        try {
            conn = DriverManager.getConnection(url, username, password);
        } catch (SQLException e) {
            e.printStackTrace();
        }
        return conn;
    }

    public static void release(Connection conn, Statement st, ResultSet rs) {
        if (rs != null) {
            try {
                // 关闭存储查询结果的 ResultSet 对象
                rs.close();
            } catch (Exception e) {
                e.printStackTrace();
            }
            rs = null;
        }
        if (st != null) {
            try {
                // 关闭负责执行 SQL 命令的 Statement 对象
                st.close();
            } catch (Exception e) {
                e.printStackTrace();
            }
        }

        if (conn != null) {
            try {
                // 关闭 Connection 数据库连接对象
                conn.close();
            } catch (Exception e) {
                e.printStackTrace();
            }
        }
    }
}
```

JDBCUtils 所示代码中的静态代码块在加载 JDBCUtils 类时执行且只执行一次，以保证获取数据库连接的效率。

3. 使用 PreparedStatement 代替 Statement

使用 PreparedStatement 对象来代替 Statement 对象主要基于以下 3 点原因。

1）代码的可读性和可维护性

假设需要向 users 表中插入一行数据，使用 Statement 对象需要对 SQL 语句进行拼接，具体如下：

```
Statement stmt = conn.createStatement();
String sql = "insert into users(username, password, email) values ('" + username + "', '" +
password + "', '" + email + "')";
stmt.executeUpdate(sql);
```

在 Web 开发中，SQL 语句需要的参数通常需要用户传入，因此使用 Statement 对象需要将此类参数拼接到后台 SQL 语句中，一旦 SQL 较为复杂，不仅代码可读性非常差，后期修改起来也十分麻烦并且容易出错。可使用 PreparedStatement 对象修改上述代码，具体如下：

```
String sql1 = "insert into users(username, password, email) values(?, ?, ?)";
PreparedStatement pstmt = conn.prepareStatement(sql1);
pstmt.setString(1, username);
pstmt.setString(2, password);
pstmt.setString(3, email);
pstmt.executeUpdate(sql);
```

PreparedStatement 接口继承自 Statement 接口，PreparedStatement 实例包含已编译的 SQL 语句，SQL 语句可具有一个或多个输入参数。这些输入参数的值在 SQL 语句创建时未被指定，而是为每个输入参数保留一个问号(?)作为占位符。

在执行 PreparedStatement 对象之前，必须设置每个输入参数的值。可通过调用 setXxx()方法来完成，其中 Xxx 是与该参数对应的类型。例如，如果参数是 String 类型，则使用的方式是 setString()。另外，setXxx()方法的第一个参数是要设置参数的序数位置，第二个参数是要设置参数的值。

2）提高性能

由于 SQL 语句有可能被重复调用，而使用 PreparedStatement 对象声明的 SQL 语句在被数据库编译后的执行代码会缓存下来，因此下次调用时不需要重新编译，只要将参数直接传入编译过的语句执行代码中(相当于一个函数)即可，从而提高了性能。

3）极大地提高了安全性

在 Statement 对象中使用 SQL 语句需要进行拼接，这样做不仅会导致代码的可读性低、可维护性差，更重要的是在 Web 环境下容易受到“SQL 注入”攻击，导致整个应用程序不安全。例如，存在一条 SQL 语句如下所示：

```
select * from users where username = '" + name + "' and password = '" + passwd + "'";
```

如果前端用户把 jason 作为 username 的值，['or'1'='1]作为 passwd 的值传进来，则后端执行的 SQL 语句变成：

```
select * from users where username = 'jason' and passwd = '' or '1' = '1'
```

因为'1'='1'肯定成立,因此前端用户可以不使用任何密码就通过验证。

接下来,通过例 9-2 来讲解优化后的 JDBC 操作。

【例 9-2】 查询用户名中有"小"字的所有用户信息。

```
public class JDBCOptimize {
    public static void main(String[] args) throws SQLException {
        Connection conn = JDBCUtils.getConnection();            //获取连接
        String sql = "select * from users where username like ?";
        PreparedStatement pstmt = conn.prepareStatement(sql);   // 预编译 SQL
        String str = "小";
        pstmt.setString(1, "%" + str + "%");                    //处理参数
        ResultSet rs = pstmt.executeQuery();                    //执行查询并返回结果集
        // 处理结果集
        while (rs.next()){
            int id = rs.getInt("id");
            String username = rs.getString("username");
            String password = rs.getString("password");
            String email = rs.getString("email");
            System.out.println(id + "--" + username + "--" + password + "--" + email);
        }
        //释放资源
        JDBCUtils.release(conn, pstmt, rs);
    }
}
```

运行 JDBCOptimize 得到的结果同例 9-1,但优化后的 JDBC 操作代码更为安全、清晰、简洁。

9.4 基于 Web 的 JDBC 开发

本节将结合第 8 章内容中介绍的 MVC 模型讲解在 Web 开发中常见的 CRUD 操作(业务数据的增、删、改、查)、分页查询以及数据库连接池的使用。

9.4.1 CRUD 操作

根据第 8 章的内容以及本章前 2 节的知识,Java Web 应用程序可以分成如图 9-4 所示的层次结构。其中,action 层主要存放 Servlet 控制器,service 层主要存放业务逻辑类,dao 层主要存放数据库交互的 JDBC 操作类,test 层主要存放相关的测试类,utils 主要存放相关的工具类,显示层的 JSP 页面主要存放到 web 层下,配置文件要存放到 src 源文件路径下(也可在 src 下新建目录)。

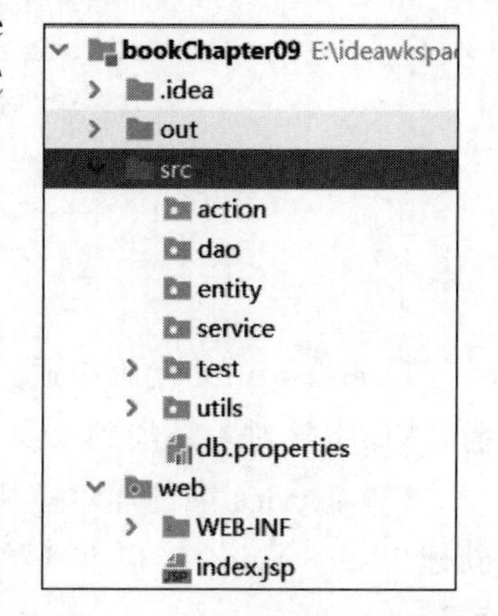

图 9-4 Web 应用层次结构

以在用户信息的 CRUD 操作为例,讲解如何在上述框架下做应用开发。

【例 9-3】 JSP 页面中显示所有用户的信息。

(1) 准备相关工具类和实体类。将 JDBCUtils. java 类放到 utils 包下,在 entity 层为 users 表创建对应的 User 实体类 User. java,如下所示:

```
public class User {
    private int id;
    private String username;
    private String password;
    private String email;
    // 省略构造方法、get(), set(), toString()方法
    ...
}
```

(2) dao 层创建对应实体类的数据访问接口和实现类。针对用户业务可以在 dao 层下独立创建 user 包，在 user 包下创建 UserDao 接口和 UserDaoImpl 实现类，如图 9-5 所示。具体代码如下所示：

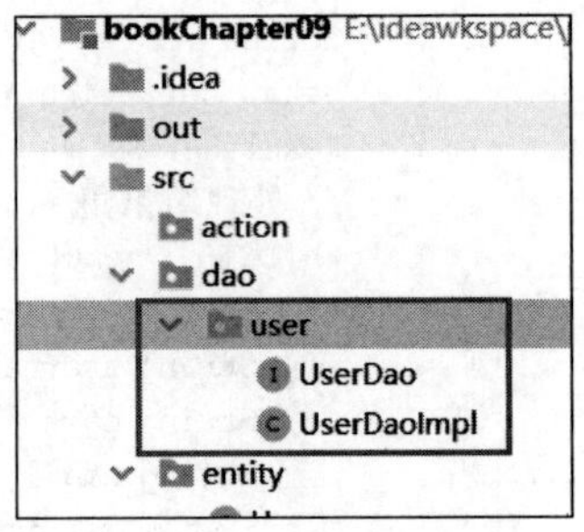

图 9-5　dao 层目录结构

UserDao. java。

```
public interface UserDao {
    List<User> findUsers();
}
```

UserDaoImpl. java。

```
public class UserDaoImpl implements UserDao{
    @Override
    public List<User> findUsers() {
        List<User> users = new ArrayList<User>();
        Connection conn = JDBCUtils.getConnection();
        String sql = "select * from users";
        PreparedStatement pstmt = null;
        try {
            pstmt = conn.prepareStatement(sql);
            ResultSet rs = pstmt.executeQuery();
            while (rs.next()){
                User user = new User(rs.getInt(1), rs.getString(2),
                        rs.getString(3), rs.getString(4));
                users.add(user);
            }
            JDBCUtils.release(conn, pstmt, rs);
        } catch (SQLException e) {
            e.printStackTrace();
        }
        return users;
    }
}
```

UserDaoImpl 代码中通过 while 循环读取用户表中的每一行数据并将其封装成一个对象，然后将该对象添加到 List 集合中，最终返回用户集合对象。

(3) service 层创建对应用户业务接口及其实现类。在 service 层下创建 user 包，然后新建 UserService 接口及 UserServiceImpl 实现类，其目录结构同 dao 层，具体代码如下所示：

UserService.java。

```
public interface UserService {
    List<User> findAllUsers();
}
```

UserServiceImpl.java。

```
public class UserServiceImpl implements UserService{
    private UserDao userDao = new UserDaoImpl();
    @Override
    public List<User> findAllUsers() {
        return userDao.findUsers(); //调用 dao 层的操作
    }
}
```

service 层通过 userDao 对象与 dao 层交互，此处查询所有用户的业务只需要单一的 dao 操作，有些业务也可包含多个 dao 操作。

(4) 在 action 层创建接受请求的 Servlet 控制器 UserFindAllServlet.java，具体如下：

```
@WebServlet(name = "UserFindAllServlet", urlPatterns = "/findAllUsers")
public class UserFindAllServlet extends HttpServlet {
    //关联 service 层
private UserService userService = new UserServiceImpl();
     protected void doGet(HttpServletRequest request, HttpServletResponse response) throws
ServletException, IOException {
        List<User> users = userService.findAllUsers();
        //将数据库获取的数据保存到 request 范围内
        request.setAttribute("users", users);
        //转发到目标页面,使得数据信息能在前端页面显示
        request.getRequestDispatcher("users.jsp").forward(request, response);
    }
}
```

UserFindAllServlet 接收客户端请求后，会调用 service 层的业务方法返回模型数据，然后通过 HttpServletRequest 对象将数据转发到前端 JSP 页面，由前端 JSP 页面负责将信息展示给用户。

(5) 在 Web 根目录下创建 users.jsp 页面展示模型数据信息，如下所示：

```
<% -- 只给出<body>部分 -- %>
<body>
    <%
        //获取后台用户数据
        List<User> users = (ArrayList)(request.getAttribute("users"));
    %>
<div><a href = "addUser.jsp">新增用户</a></div>
    <table border = "1">
        <tr>
            <td>ID</td><td>用户名</td><td>密码</td><td>邮箱</td><td>操作</td>
        </tr>
        <%
```

```
            for(int i = 0; i < users.size(); i++) {
                User user = users.get(i);
        %>
        <tr>
            <td><% = user.getId() %></td>
            <td><% = user.getUsername() %></td>
            <td><% = user.getPassword() %></td>
            <td><% = user.getEmail() %></td>
            <td><a href = "updateUser.jsp">更新</a>  <a href = "">删除</a></td>
        </tr>
        <%
            }
        %>
    </table>
</body>
```

users.jsp 页面首先通过 request 对象获取后端传来的数据，然后结合 HTML 标签、JSP 脚本及 JSP 表达式将信息展示给用户。

启动 Tomcat 服务器，在浏览器地址栏中输入 URL 地址 http://localhost:8080/findAllUsers，页面显示结果如图 9-6 所示。

显示用户

localhost:8080/findAllUsers

新增用户

ID	用户名	密码	邮箱	操作
1	小明	123	xm@wzu.edu.cn	更新 删除
2	小红	234	xh@wzu.edu.cn	更新 删除
3	小刚	345	xg@wzu.edu.cn	更新 删除
4	小睿	456	xr@wzu.edu.cn	更新 删除

图 9-6 显示所有用户信息

例 9-3 给出了 Web 开发的一般流程，其主要思想是使用 Servlet 接收用户的请求，然后通过调用 service 层获取相关的模型数据并转发到前端页面，最终由前端页面负责渲染数据，而 dao 层主要负责与数据库的交互，这一层封装的操作应该尽量保证原子性。这一思想贯穿了整个 Web 应用开发环节，请读者务必掌握。

【例 9-4】 一种新增用户的方法。

(1) 首先单击图 9-6 页面中“新增用户”超链接，跳转到 addUser.jsp，具体如下：

```
<body>
    <h2>新增用户</h2>
    <form action = "addUser" method = "post">
        输入用户名: <input type = "text" name = "username" /> <br/>
        输入密码: <input type = "password" name = "password" /> <br/>
        输入邮箱: <input type = "text" name = "email" /> <br/>
```

```
        <input type = "submit" value = "新增">
    </form>
</body>
```

在 addUser. jsp 显示页面的文本框中输入新增用户信息，如图 9-7 所示。

图 9-7　新增用户界面

单击图 9-7 中的“新增”按钮，根据 action 属性的值请求会发送给 UserAddServlet 处理，具体代码如下：

```
@WebServlet(name = "UserAddServlet", urlPatterns = "/addUser")
public class UserAddServlet extends HttpServlet {
    private UserService userService = new UserServiceImpl();
    protected void doPost(HttpServletRequest request, HttpServletResponse response) throws
ServletException, IOException {
        request.setCharacterEncoding("UTF - 8");
        //获取用户请求数据
        String username = request.getParameter("username");
        String password = request.getParameter("password");
        String email = request.getParameter("email");
        User user = new User(0, username, password, email);
        userService.addUser(user);
        response.sendRedirect("addUserSuc.jsp");
    }
}
```

UserAddServlet 首先会获取请求的数据，并将它们封装成 user 对象，注意 id 可以填写任意值(此处为 0)，然后调用 service 层的业务方法来添加用户。本例中 service 层只需要添加并实现相应的业务方法 addUser()即可，具体代码类似例 9-4，此处不再赘述。

(2) dao 层操作，在 UserDao 接口及其实现类 UserDaoImpl 中添加如下方法：

UserDao. java。

```
public interface UserDao {
    // 省略其他方法
    void insert(User user);
```

```
}
```

UserDaoImpl.java。

```
public class UserDaoImpl implements UserDao{
    //省略其他方法
    public void insert(User user) {
        Connection conn = JDBCUtils.getConnection();
        String sql = "insert into users(username, password, email) values(?, ?, ?)";
        PreparedStatement pstmt = null;
        try {
            pstmt = conn.prepareStatement(sql);
            pstmt.setString(1, user.getUsername());
            pstmt.setString(2, user.getPassword());
            pstmt.setString(3, user.getEmail());
            pstmt.executeUpdate();
            JDBCUtils.release(conn, pstmt, null);
        } catch (SQLException e) {
            e.printStackTrace();
        }
    }
}
```

UserDaoImpl 类中 JDBC 操作根据 Servlet 封装的 user 对象，获取 PreparedStatement 对象所需的参数信息。

【例 9-5】 一种更新用户的方法，例如单击“小明”所在行的“更新”超链接，跳转到更新用户界面，如图 9-8 所示。

图 9-8　更新用户界面

从图 9-8 可以看出，更新用户需要将用户原始属性信息自动填写到相应的文本框中，这样做的好处是用户只需要填写需要更新的信息。要实现上述功能，需要将被单击用户的 id 传给服务端，由指定的 Servlet 负责根据此 id 获取相关用户的信息，并传给 JSP 页面显示。

首先在 users.jsp 中的“操作”超链接中指定 href 属性，具体如下：

```
<a href="/findUserById?id=<%=user.getId()%>">更新</a>
```

上述 URL 描述了该超链接请求的地址，<%= user.getId()%>表示获取当前用户的id 值。

新建 UserFindByIdServlet.java 来映射上述 URL 请求，具体代码如下：

```
@WebServlet(name = "UserFindByIdServlet", urlPatterns = "/findUserById")
public class UserFindByIdServlet extends HttpServlet {
    private UserService userService = new UserServiceImpl();
protected void doGet (HttpServletRequest request, HttpServletResponse response) throws
ServletException, IOException {
//获取当前用户的 id 值
        int id = Integer.parseInt(request.getParameter("id"));
        User user = userService.findUserById(id);
        request.setAttribute("user", user);
        request.getRequestDispatcher("updateUser.jsp").forward(request, response);
    }
}
```

UserFindByIdServlet 正确接收到用户的 id 值后，需调用 service 层的业务方法查询该用户的所有信息。接着，service 层调用 dao 层的数据访问操作（此处同样省略 service 层的代码），在 UserDao 接口及其实现类 UserDaoImpl 中添加如下方法：

```
public interface UserDao {
//省略其他方法
    User findUserById(int id);
}
public class UserDaoImpl implements UserDao{
    // 省略其他方法
    public User findUserById(int id) {
        Connection conn = JDBCUtils.getConnection();          // 获取连接
        String sql = "select * from users where id = ?";      // 准备 SQL 语句
        PreparedStatement pstmt = null;
        User user = null;
        try {
            pstmt = conn.prepareStatement(sql);               // 预编译 SQL
            pstmt.setInt(1, id);                              // 根据 ID 设置参数
            ResultSet rs = pstmt.executeQuery();              // 执行查询
            if (rs.next()){                           // 如果该用户存在,则获取字段并封装成对象
                user = new User(rs.getInt(1), rs.getString(2),
                        rs.getString(3), rs.getString(4));
            }
            JDBCUtils.release(conn, pstmt, rs);               // 释放资源
        } catch (SQLException e) {
            e.printStackTrace();
        }
        return user;                                          // 返回 User 对象
    }
}
```

成功获取用户数据后，UserFindByIdServlet 将当前用户保存到 request 对象中并转发到 updateUser.jsp，由该页面负责显示数据，具体代码如下：

```
<body>
    <%
        User user = (User)(request.getAttribute("user"));
    %>
    <h2>更新用户</h2>
    <form action="/updateUser" method="post">
        <input type="hidden" name="id" value="<% = user.getId() %>" />
        输入用户名: <input type="text" name="username" value="<% = user.getUsername() %>" />
<br/>
        输入密码: <input type="password" name="password" value="<% = user.getPassword() %>" />
<br/>
        输入邮箱: <input type="text" name="email" value="<% = user.getEmail() %>" />
<br/>
        <input type="submit" value="更新">
    </form>
</body>
```

updateUser.jsp 页面首先获取 request 对象中的 user 对象数据,并将该对象的属性数据通过<input>标签的 value 属性显示到文本框中。接下来修改该用户的信息,假如将"小明"修改为"大明",其余信息保持不变,单击"更新"按钮提交。根据表单 action 属性值,新建 UserUpdateServlet 接收"更新"请求,具体代码如下:

```
@WebServlet(name = "UserUpdateServlet", urlPatterns = "/updateUser")
public class UserUpdateServlet extends HttpServlet {
    private UserService userService = new UserServiceImpl();
    protected void doPost(HttpServletRequest request, HttpServletResponse response) throws
ServletException, IOException {
        request.setCharacterEncoding("UTF-8");
        int id = Integer.parseInt(request.getParameter("id"));
        String username = request.getParameter("username");
        String password = request.getParameter("password");
        String email = request.getParameter("email");
        User user = new User(id, username, password, email);
        userService.updateUser(user);
        response.sendRedirect("updateUserSuc.jsp");
    }
}
```

更新成功后,跳转到更新成功页面。更新用户有点类似于新增用户,区别是 JDBC 操作不同。接着,service 层调用 dao 层的数据访问操作(省略 service 层代码),在 UserDao 接口及其实现类 UserDaoImpl 中添加如下方法:

```
public interface UserDao {
// 省略其他方法
    void updateUser(User user);
}
public class UserDaoImpl implements UserDao{
     // 省略其他方法
     public void updateUser(User user) {
        Connection conn = JDBCUtils.getConnection();
```

```
        String sql = "update users set username = ?, password = ?, email = ? where id = ?";
        PreparedStatement pstmt = null;
        try {
            pstmt = conn.prepareStatement(sql);
            pstmt.setString(1, user.getUsername());
            pstmt.setString(2, user.getPassword());
            pstmt.setString(3, user.getEmail());
            pstmt.setInt(4, user.getId());
            pstmt.executeUpdate();
            JDBCUtils.release(conn, pstmt, null);
        } catch (SQLException e) {
            e.printStackTrace();
        }
    }
}
```

【例 9-6】 一种删除用户的方法。为了防止用户误删除数据，当单击“删除”超链接时，需要弹出对话框确认。该功能需要 JavaScript 辅助实现，具体如下。

首先在 users.jsp 中的“删除”超链接中指定 href 属性，如下所示：

```
<a href = "javascript:deleteUser('<% = user.getId() %>')">删除</a>
```

当单击“删除”超链接后，上述代码会执行 JavaScript 函数：deleteUser(id)，并将当前用户的 id 值作为参数传入，具体如下：

```
<script>
    function deleteUser(id) {
    if (confirm("确定要删除嘛?")) {
         location.href = "/userDelete?id=" + id;
      }
    }
</script>
```

弹出对话框界面如图 9-9 所示。

图 9-9　单击“删除”按钮界面

用户单击“确定”按钮后，页面会向 URL 路径为“/userDelete”的 Servlet 发送请求，并将当前用户的 id 属性值作为请求参数传过去。新建 UserDeleteByIdServlet 来处理该请求，具体如下：

```
@WebServlet(name = "UserDeleteByIdServlet", urlPatterns = "/userDelete")
public class UserDeleteByIdServlet extends HttpServlet {
    private UserService userService = new UserServiceImpl();
    protected void doGet(HttpServletRequest request, HttpServletResponse response) throws
ServletException, IOException {
        int id = Integer.parseInt(request.getParameter("id"));
        userService.deleteUserById(id);
        response.sendRedirect("delUserSuc.jsp");
    }
}
```

UserDeleteByIdServlet 在接收到用户的请求后，首先获取 id 请求参数的属性值，接着调用业务层方法删除该用户，删除成功后跳转到删除成功 JSP 页面(delUserSuc.jsp)。dao 层的代码实现如下所示：

```
public interface UserDao {
//省略其他方法
    void deleteUserById(int id);
}
public class UserDaoImpl implements UserDao{
     //省略其他方法
     public void deleteUserById(int id) {
        Connection conn = JDBCUtils.getConnection();
        String sql = "delete from users where id = ?";
        PreparedStatement pstmt = null;
        try {
            pstmt = conn.prepareStatement(sql);
            pstmt.setInt(1, id);
            pstmt.executeUpdate();
            JDBCUtils.release(conn, pstmt, null);
        } catch (SQLException e) {
            e.printStackTrace();
        }
    }
}
```

本节详细讲解了 Web 应用中最常见的 CRUD 操作，其他许多类似的业务都包含类似的功能，请读者务必自己动手实践并仔细体会。

9.4.2 分页查询

在 Web 开发过程中，最常见的操作就是从数据库中查询数据，然后在浏览器显示出来。当数据少时，可以在一个页面内显示完成。然而，如果查询记录是几百条、上千条呢？直接一个页面是显示不完的，这时，就可以使用分页技术。与 Oracle 数据库相比，基于 MySQL 数据库进行分页查询要简单得多，其基本思想是根据起始行号和行数获取相应的数据，SQL

语句语法如下所示：

```
select * from tb_name limit beginIndex, totalRows;
```

上述语法中 tb_name 表示表的名称，beginIndex 表示起始行号(从 0 开始)，totalRows 表示获取数据的行数。例如，假设 users 表中总共有 100 行数据，每一页显示 10 行，则一共可分成 10 页数据。第 1 页的数据可以从第 0 行开始取(beginIndex＝0)，共取 10 行(totalRows＝10)，第 2 页的数据可以从第 10 行开始取(beginIndex＝10)，共取 10 行(totalRows＝10)，以此类推。因此，可以根据当前页码(pageNow)和每页显示数据的行数(pageCount)，来确定分页查询的 SQL 语句，具体如下：

```
select * from tb_name limit (pageNow - 1) * pageCount, pageCount;
```

上述语法中 tb_name 表示表的名称，pageNow 表示当前页码，pageCount 表示每一页显示数据的行数。可以看出，只要能够确定 pageNow 和 pageCount 便可获取分页的数据。接下来，通过一个例子来讲解如何在 JSP 页面中实现分页展示所有用户的信息。

【例 9-7】 分页显示所有用户信息。

首先看一下分页后的效果页面，如图 9-10 所示。

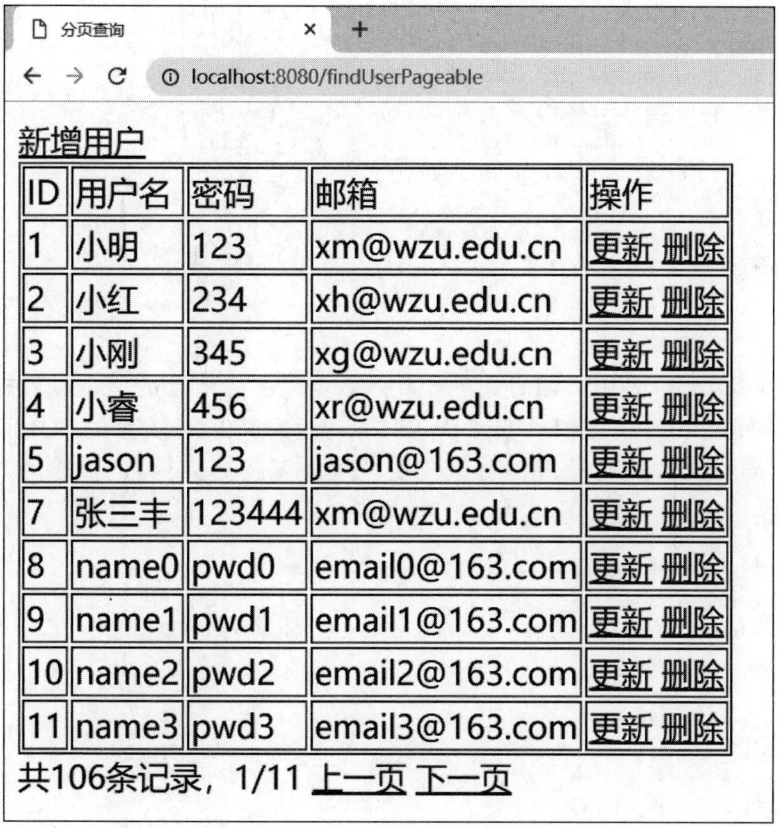

分页查询

localhost:8080/findUserPageable

新增用户

ID	用户名	密码	邮箱	操作
1	小明	123	xm@wzu.edu.cn	更新 删除
2	小红	234	xh@wzu.edu.cn	更新 删除
3	小刚	345	xg@wzu.edu.cn	更新 删除
4	小睿	456	xr@wzu.edu.cn	更新 删除
5	jason	123	jason@163.com	更新 删除
7	张三丰	123444	xm@wzu.edu.cn	更新 删除
8	name0	pwd0	email0@163.com	更新 删除
9	name1	pwd1	email1@163.com	更新 删除
10	name2	pwd2	email2@163.com	更新 删除
11	name3	pwd3	email3@163.com	更新 删除

共106条记录，1/11 上一页 下一页

图 9-10 分页显示所有用户信息

除了分页查询的结果信息，一般页面中包含的信息还有：总记录数(图中为 106 条)、当前页码(图中为 1)、总页数(图中为 11)等，单击“上一页”或“下一页”按钮，可实现翻页功能。

实现思路：默认条件下页面显示第一页数据（pageNow＝1），pageCount 为自定义参数（本例 pageCount＝10），Servlet 首先根据这两个参数与数据库交互显示分页数据。另外，要显示总页数，需要获取一共有多少行数据（totalRows）；单击“上一页”或“下一页”时，发送 get 请求将 pageNow－1 或 papeNow＋1 传给后端 Servlet 处理后获取分页数据；当前页不能小于 1 或者大于总页数。

接下来分步骤讲解如何基于 Java Web 实现上述页面效果。

(1) 使用 PreparedStatement 批处理添加测试数据。为了实现分页效果，需要添加足够多的测试数据，而添加多条数据需要使用批量增加的方法来提高效率。当向同一个数据表中批量添加数据时，可以使用 PreparedStatement 实现批处理，与 Statement 相比，PreparedStatement 更为灵活。它既可以使用完整的 SQL，也可以使用带参数的不完整 SQL。但是，对于不完整 SQL，其具体的内容是采用“?”占位符形式出现的，设置时要按照“?”顺序设置具体内容。在 test 层创建 JDBCBatch.java，如下所示：

```
public class JDBCBatch {
    public static void main(String[] args) throws SQLException {
        Connection conn = JDBCUtils.getConnection();
        String sql = "insert into users(username, password, email) values(?, ?, ?)";
        PreparedStatement pstmt = conn.prepareStatement(sql);
        for (int i = 0; i < 100; i++) {
            pstmt.setString(1, "name" + i);
            pstmt.setString(2, "pwd" + i);
            pstmt.setString(3, "email" + i + "@163.com");
            pstmt.addBatch(); //添加成批
        }
        pstmt.executeBatch(); //批处理
        JDBCUtils.release(conn, pstmt, null);
    }
}
```

程序运行后，users 表中会同时添加 100 条数据。需要注意的是，能够进行批处理的 SQL 语句必须是 INSERT、UPDATE、DELETE 等返回值为 int 类型的 SQL 语句。

(2) dao 层中添加分页查询方法及其实现，具体如下：

UserDao.java。

```
public interface UserDao {
    //省略其他方法
    List<User> findAllUsersPageable(int pageNow, int pageCount);
    int getTotalRows();
}
```

UserDaoImpl.java。

```
//省略其他方法
//获取分页数据
public List<User> findAllUsersPageable(int pageNow, int pageCount) {
        List<User> users = new ArrayList<User>();
        Connection conn = JDBCUtils.getConnection();
        String sql = "select * from users limit ?, ?";          //分页查询 SQL
```

```
        PreparedStatement pstmt = null;
        try {
            pstmt = conn.prepareStatement(sql);
            pstmt.setInt(1, (pageNow - 1) * pageCount);         //设定分页参数
            pstmt.setInt(2, pageCount);
            ResultSet rs = pstmt.executeQuery();
            while (rs.next()){
                User user = new User(rs.getInt(1), rs.getString(2),
                        rs.getString(3), rs.getString(4));
                users.add(user);
            }
            JDBCUtils.release(conn, pstmt, rs);
        } catch (SQLException e) {
            e.printStackTrace();
        }
        return users;
}
//获取总记录数
public int getTotalRows() {
        Connection conn = JDBCUtils.getConnection();
        String sql = "select count( * ) from users";
        PreparedStatement pstmt = null;
        int count = 0;
        try {
            pstmt = conn.prepareStatement(sql);
            ResultSet rs = pstmt.executeQuery();
            while (rs.next()){
                count = rs.getInt(1);
            }
            JDBCUtils.release(conn, pstmt, rs);
        } catch (SQLException e) {
            e.printStackTrace();
        }
        return count;
    }
```

(3) service 层添加数据层访问方法及其实现,代码如下:

UserService.java。

```
public interface UserService {
//省略其他方法
    List < User > findAllUsersPageable(int pageNow, int pageCount);
    int getTotalUserCount();
}
```

UserServiceImpl.java。

```
public class UserServiceImpl implements UserService{
    //省略其他方法
    public List < User > findAllUsers() {
        return userDao.findUsers(); //调用 dao 层的操作
}
```

```
	public int getTotalUserCount() {
		return userDao.getTotalRows();
	}
	}
```


(4) 创建 UserFindAllPageableServlet 分页查询所有用户信息,具体如下:

```
@WebServlet(name = "UserFindAllPagableServlet", urlPatterns = "/findUserPageable")
public class UserFindAllPageableServlet extends HttpServlet {
    private UserService userService = new UserServiceImpl();
    protected void doGet(HttpServletRequest request, HttpServletResponse response) throws
ServletException, IOException {
        String pageInfo = request.getParameter("pageNow");
        if (pageInfo == null){                                    //默认当前页为 1
            pageInfo = "1";
        }
        int pageNow = Integer.parseInt(pageInfo);                 //当前页
        int pageCount = 10;                                       //每页显示记录数
        int totolRows = userService.getTotalUserCount(); //获取总记录数
        //计算总页数
        int totalPages = (totolRows % pageCount == 0) ? (totolRows / pageCount) :
(totolRows / pageCount + 1);
        // 处理页面异常
        if (pageNow < 1){
            pageNow = 1;
        }
        if (pageNow > totalPages){
            pageNow = totalPages;
        }
        // 封装成 Page 对象,方便前端读取
        Page page = new Page(pageNow, pageCount, totalPages, totolRows);
        // 获取分页数据
        List<User> users = userService.findAllUsersPageable(pageNow, pageCount);
        // 保存模型信息,模型包括用户数据和页面对象数据
        request.setAttribute("users", users);
        request.setAttribute("page", page);
        request.getRequestDispatcher("usersPage.jsp").forward(request, response);
    }
}
```

UserFindAllPageableServlet 首先获取当前页面信息,如果为 null,则表示当前页码为 1;否则为用户单击的页码。调用业务方法获取所有用户总记录数(totolRows)后,便可计算总页数(totalPages);对当前页码进行异常处理后,便可将分页信息封装成 Page 对象(便于前端页面读取数据),具体如下所示:

```
public class Page {
    private int pageNow;
    private int pageCount;
    private int totalPage;
private int totalRows;
    //省略构造方法和 get()、set()方法
    ...
}
```

有了 Page 对象后，该控制器将分页数据和 Page 对象一起转发给前端页面 userPage.jsp，具体如下：

```
<%
    //获取分页数据
    List<User> users = (ArrayList)(request.getAttribute("users"));
    Page p = (Page) (request.getAttribute("page"));  //获取 Page 对象
%>
...
<table border = "1">
   ... // 与 users.jsp 相同
</table>
    共<% = p.getTotalRows() %>条记录,<% = p.getPageNow() %>/<% = p.getTotalPage() %>
    <a href = "/findUserPageable?pageNow = <% = p.getPageNow() - 1 %>">上一页</a>
    <a href = "/findUserPageable?pageNow = <% = p.getPageNow() + 1 %>">下一页</a>
  ...
</body>
```

userPage.jsp 页面在 users.jsp 的基础上首先添加了获取 request 域对象中 Page 对象的代码，然后在<table>标签下方通过获取 Page 对象的各个属性来显示相关的分页信息。

9.5 数据库连接池

在 JDBC 操作中，每次创建和断开 connection 对象都会消耗一定的时间和 IO 资源。这是因为应用程序与数据库之间建立连接时，数据库端要验证用户名和密码，并且需要为这个连接分配资源，应用程序则要把代表连接的 connection 对象加载到内存中。因此，建立数据库连接的开销很大，尤其在大型的 Web 应用中，可能同时会有成百上千的访问数据库的请求。如果 Web 应用程序为每一个客户请求分配一个数据库连接，将导致性能急剧下降。

为了避免频繁地创建数据库连接，工程师们提出了数据库连接池技术。数据库连接池负责分配、管理和释放数据库连接，它允许应用程序重复使用现有的数据库连接，而不是重新创建连接。数据库连接池的基本原理如图 9-11 所示。

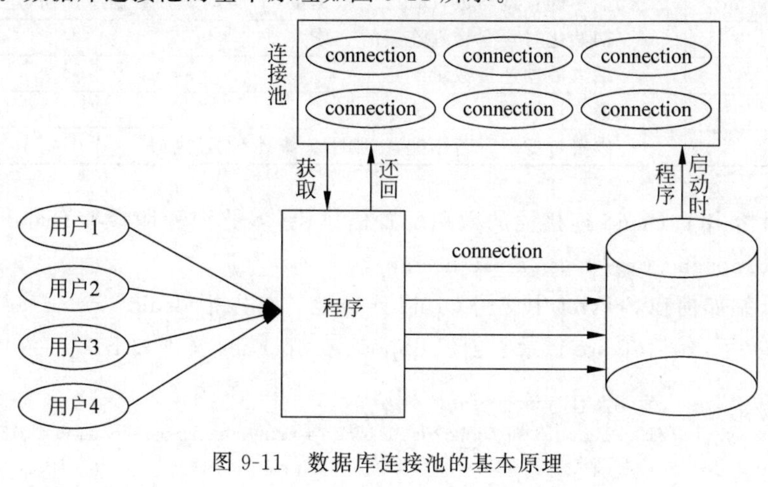

图 9-11　数据库连接池的基本原理

从图 9-11 中可以看出,数据库连接池在初始化时将创建一定数量的数据库连接放到连接池中,当应用程序访问数据库时并不是直接创建 connection,而是向连接池"申请"一个 connection。如果连接池中有空闲的 connection,则将其返回,否则创建新的 connection。当请求完成之后,应用程序调用 close()方法,将 connection 对象放回池中供其他线程使用,从而减少创建和断开数据库连接的次数,提高数据库的访问效率。

在 Web 开发中,常用的数据库连接池技术有 DBCP、C3P0、proxool 和 Druid,本节着重介绍阿里巴巴的 Druid 连接池技术。

9.5.1 数据源

在讲解数据库连接池技术之前,还需要了解一下数据源的概念。JDBC 专门提供了一个负责与数据库建立连接的接口 javax. sql. DataSource,业界习惯把实现了该接口的类称为数据源。当在应用程序中访问数据库时,不必编写连接数据库的代码,直接引用 DataSource 获取数据库的连接对象即可。在数据源中可以建立多个数据库连接,这些数据库连接会保存在数据库连接池中。需要访问数据库时,只需要从数据库连接池中获取空闲的数据库连接,当程序访问数据库结束时,数据库连接会放回数据库连接池中。

9.5.2 Druid 连接池

Druid 为阿里巴巴的数据源(数据库连接池),它不仅集成了 C3P0、DBCP、proxool 等连接池的优点,还加入了日志监控机制,能有效地监控数据库连接池和 SQL 的执行情况。Druid 的 DataSource 实现类为 com. alibaba. druid. pool. DruidDataSource。其重要的配置参数如表 9-2 所示。

表 9-2 Druid 数据源的重要配置参数

配　置	说　明
url	连接数据库的 URL,不同的数据库不一样
username	连接数据库的用户名
password	连接数据库的密码
driverClassName	如不配置该参数,Druid 会根据 URL 自动识别数据库驱动,建议配置
initialSize	初始化时建立物理连接的个数
maxActive	最大活动连接数量
minIdle	最小连接数
filters	内置过滤器。若不配置,则不会统计 SQL 执行

表 9-2 只给出了 Druid 连接池的常用配置信息,更多的配置请参考 Druid 的官方文档 https://druid. apache. org/docs/latest/design/。

接下来介绍如何在 Servlet 中使用 Druid 连接池。首先把 druid-1. 1. 9. jar 包复制到项目的 lib 文件夹下,然后在 src 目录下创建 dbpool. properties 文件如下:

```
driverClassName = com.mysql.jdbc.Driver
url = jdbc:mysql://localhost:3306/jdbc?useUnicode = true&characterEncoding = UTF - 8
username = root
password = root
```

```
initialSize = 10
maxActive = 10
minIdle = 10
filters = stat
```

dbpool.properties 配置文件给出了 Druid 连接池常用的配置参数信息。跟 JDBCUtil 类似,这里创建一个 DruidUtil 工具类来读取配置信息并获取 connection 对象,具体如下:

```
public class DruidUtil {
    static DruidDataSource dataSource;
    static {
        Properties prop = new Properties();
        try {
        prop.load(DruidUtil.class.getClassLoader().getResourceAsStream("dbpool.properties"));
        dataSource = (DruidDataSource) DruidDataSourceFactory.createDataSource(prop);
        //dataSource.addFilters("stat,log4j,wall");
        } catch (IOException e) {
            e.printStackTrace();
        } catch (Exception e) {
            e.printStackTrace();
        }
    }
    public static Connection getConn() {
        try {
            return dataSource.getConnection();
        } catch (SQLException e) {
            e.printStackTrace();
        }
        return null;
    }
    //省略 release()方法,同 JDBCUtil
}
```

有了 DruidUtil 类后,便可以使用它来替换掉原先使用的 JDBCUtil。另外,Druid 还可以在 Web 端监控数据库及 SQL 执行情况,只需要在 web.xml 文件中配置相关的 servlet 参数即可,具体如下:

```
<servlet>
        <servlet-name>StatViewServlet</servlet-name>
        <servlet-class>com.alibaba.druid.support.http.StatViewServlet</servlet-class>
        <init-param>
            <!-- 允许清空统计数据 -->
            <param-name>resetEnable</param-name>
            <param-value>true</param-value>
        </init-param>
        <init-param>
            <!-- 用户名 -->
            <param-name>loginUsername</param-name>
            <param-value>admin</param-value>
        </init-param>
        <init-param>
```

```
            <!-- 密码 -->
            <param-name>loginPassword</param-name>
            <param-value>admin</param-value>
        </init-param>
    </servlet>
    <servlet-mapping>
        <servlet-name>StatViewServlet</servlet-name>
        <url-pattern>/druid/*</url-pattern>
    </servlet-mapping>
```

启动服务器，在浏览器地址栏输入 URL 地址 http://localhost:8080/druid，出现如图 9-12 所示界面。

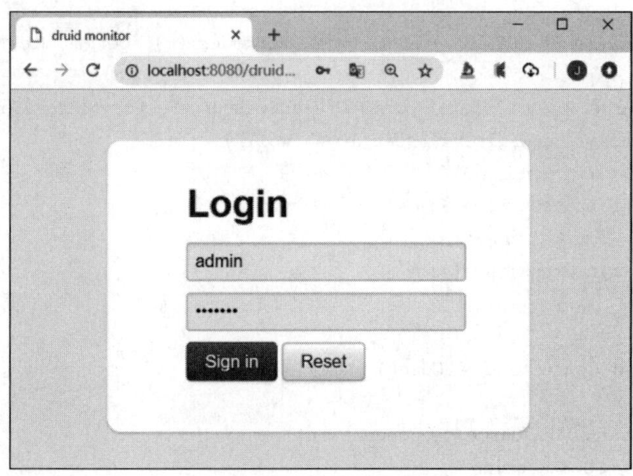

图 9-12　Druid 登录界面

在登录界面中输入在 web.xml 中配置的用户名及密码，进入到 Druid 主界面，如图 9-13 所示。

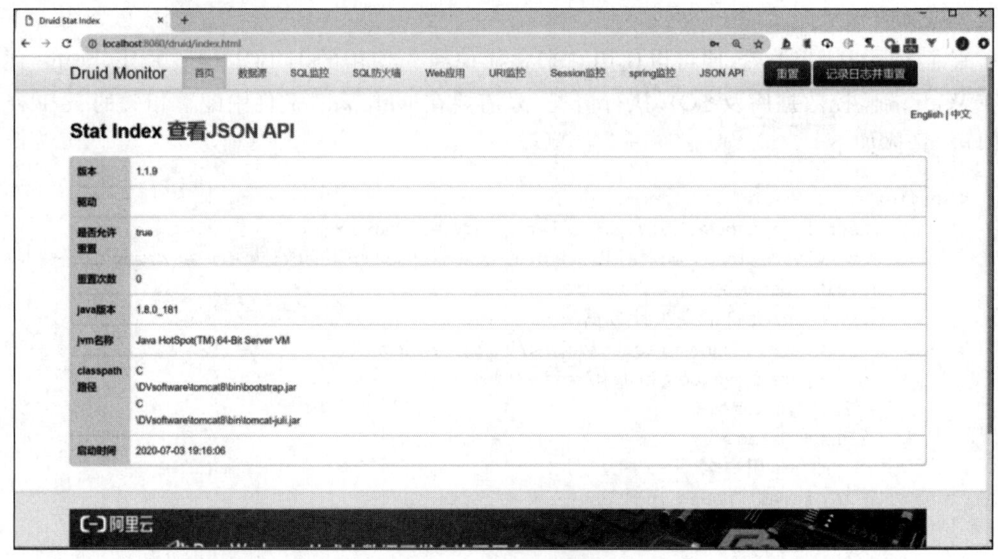

图 9-13　Druid 主界面

小　结

本章主要讲解了 JDBC 在 Web 开发中的应用，主要包括业务数据的 CRUD 操作及分页查询的相关知识。另外，还介绍了数据库连接池技术，其中着重讲解了阿里巴巴的 Druid 数据库连接池技术。通过本章的学习，读者可以熟悉如何用 JDBC 开发 Web 应用以及通过数据源获取数据库连接的开发流程。

第10章 会话技术基础

当用户通过浏览器访问 Web 应用时，服务器通常需要对用户的状态进行跟踪。例如，用户将多件商品添加到购物车时，会与服务器产生多次的请求和响应。由于 HTTP 为无状态协议，因此服务器必须根据请求用户的身份，确保商品被添加到同一辆购物车中。在 Web 开发中，服务器跟踪用户信息的技术称为会话技术，本章将针对会话技术进行详细讲解。

10.1 会话概述

会话是指用户从浏览器访问服务器开始，到访问服务器结束，浏览器关闭为止所产生的请求和响应的总和。例如，用户访问某电商网站，浏览一款手机并将它添加到购物车，接着再浏览一款笔记本电脑并将它添加到购物车，然后下单并付款，最后关闭浏览器的这一过程可称之为一次会话。其中，购买的 2 件商品需要添加到同一辆购物车中才能保证订单正确，因此该购物车对象必须让多个请求共享。在前面章节所学的对象中，HttpServletRequest 对象和 ServletContext 对象都可以对数据进行保存，但在购物车这一问题上，这两个对象都不行，具体原因如下。

(1) 用户每次发送 HTTP 请求，Web 服务器都会创建一个 HttpServletRequest 对象，该对象只能保存本次请求所传递的数据。由于购买多件商品需要发送多次不同的请求，因此不能将购物车对象保存在 HttpServletRequest 对象中。

(2) ServletContext 对象的作用域是整个 Web 应用，因此，多个用户会共享某个特定的 ServletContext 对象。这样会导致多个不同的用户共享同一辆购物车，这显然也是不可行的。

为了保存会话过程中产生的数据，在 Servlet 技术中，提供了两个用于保存会话数据的对象，分别是 Cookie 和 Session。下面将分别讲解这两个对象的详细用法。

10.2 Cookie 对象

10.2.1 Cookie 概述

Cookies 可以简单地理解为服务器暂存在浏览器中的一些信息文件，它将在网站上所输入的一些内容，或者一些选项记录下来。当下一次访问同一个网站时，服务器就会主动去查询这个 Cookie 资料，如果存在的话，将会根据其中的内容提供一些特别的功能，比如保存服务器用户名、密码等。Cookie 的基本原理如图 10-1 所示。

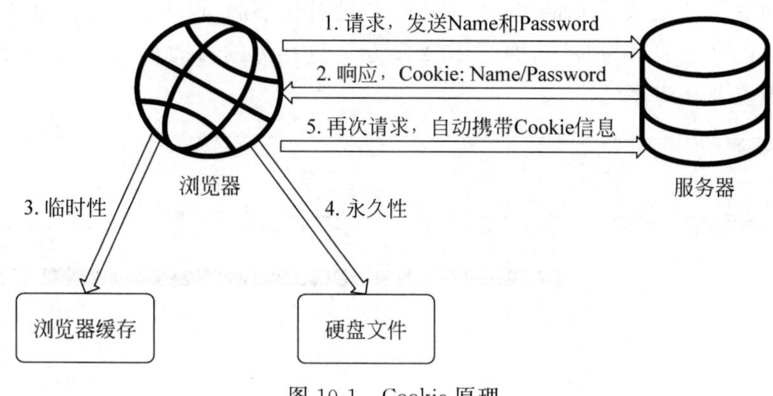

图 10-1　Cookie 原理

图 10-1 以用户名、密码信息为例描述了 Cookie 在浏览器和服务器之间的传输过程，具体如下。

(1) 浏览器首先通过用户名和密码请求登录到服务器；

(2) 服务器获取用户名、密码并以 Cookie 的形式写回客户端；

(3) 客户端可以临时性地将 Cookie 保存在浏览器缓存中，也可以永久性地以文件的形式保存在硬盘里；

(4) 后续访问服务器时，可自动携带 Cookie 信息；

(5) 根据自动携带的 Cookie 信息，服务器可以获取跟当前站点相关的用户名、密码信息自动填入输入框，而不需用户重新输入。

10.2.2　Cookie 案例

在介绍 Cookie 常见的应用场景前，需要先了解 Cookie 的常用 API 方法，具体如表 10-1 所示。

表 10-1　常用 Cookie API

方法声明	功能描述
public Cookie(String name, String value)	Cookie 的构造方法，参数 name 用于指定 Cookie 的名称，value 用于指定 Cookie 的值，类似一种 map 结构
String getValue()	用于获取 Cookie 的值
String getName()	用于获取 Cookie 的名称
void setValue(String newValue)	用于设置 Cookie 的值
void setMaxAge(int expirty)	用于设置 Cookie 在浏览器上保持有效的秒数
void setPath(String uri)	用于设置 Cookie 的有效路径

了解了 Cookie 的常见 API 后，下面先看一个经典的案例。

【例 10-1】　登录界面免输入用户名和密码。

实现思路：根据图 10-1 可知，其基本思想是在用户首次登录成功后，服务端向客户端浏览器写入了分别保存了用户名和密码的 2 个 Cookie 对象；再次登录时，登录页面获取客户端自动发送的 Cookie 对象并将值填入相应的文本框中。

本章中的案例与之前不同的是，在 IDEA 创建并配置好 Web 工程后，修改项目上下文路径为“/chap10”(之前都为“/”)，如图 10-2 所示。这样做的目的是为了在后续章节中介绍一些新的知识点及相应用法。

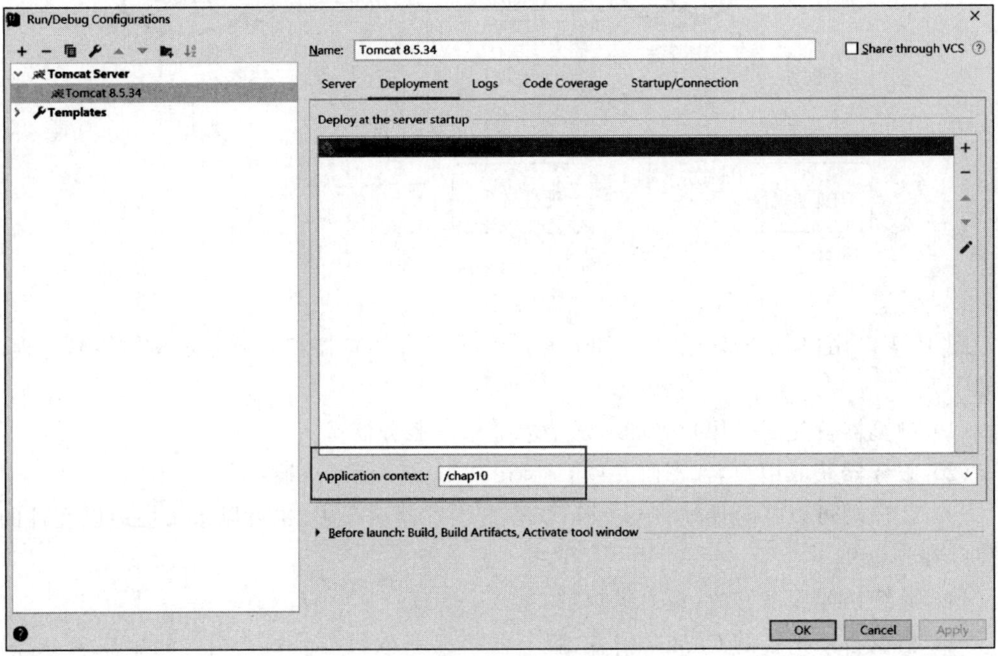

图 10-2　修改项目上下文路径

(1) 先看一下登录页面的操作，具体如 login.jsp 所示：

```
<body>
<%
    String username = "";
    String password = "";
    Cookie[] cookies = request.getCookies();    //获取客户端自动发送的所有 Cookie 对象
    if(cookies!= null && cookies.length > 0){
        for(int i = 0;i < cookies.length;i++){ //循环遍历所有 Cookie 对象
            // 获取名字为 username 的 Cookie 的值
          if("username".equals(cookies[i].getName())){
                username = cookies[i].getValue();
            // 获取名字为 password 的 Cookie 的值
          }else if("password".equals(cookies[i].getName())){
                password = cookies[i].getValue();
            }
        }
    }
 %>
<h2>登录</h2>
    <hr/>
    <form action = "<% = request.getContextPath() %>/login" method = "post">
```

```
        用户名<input type="text" placeholder="用户名" name="username" value="<%=
username%>"><br/><br/>
        密码<input type="password" placeholder="密码" name="password" value="<%=
password%>"><br/><br/>
        <input type="submit" value="登录">
    </form>
</body>
```

login.jsp 代码中<%= request.getContextPath() %>表示动态获取项目的上下文路径(本章为/chap10),request 域对象的 getCookies()方法可以获取客户端自动发送的所有 Cookie 对象,首次访问该页面时,名字为 username 和 password 的 Cookie 对象不存在,因此文本框为空(字符串值为"")。

(2) 利用 Servlet 向客户端写入 Cookie。登录成功后,可用 Servlet 将特定值的 Cookie 对象写入客户端中,从而使得再次访问登录页面时,名字为 username 和 password 的 Cookie 对象存在,进而自动获取相应的值到文本框中,Servlet 具体代码下:

```
@WebServlet(name = "LoginServlet", urlPatterns = "/login")
public class LoginServlet extends HttpServlet {
    protected void doPost(HttpServletRequest request, HttpServletResponse response) throws
ServletException, IOException {
        request.setCharacterEncoding("UTF-8");
        String username = request.getParameter("username");
        String password = request.getParameter("password");
        //模拟登录
        if ("jason".equals(username) && "123".equals(password)) {
            //成功,则创建 Cookie 对象
            Cookie uCookie = new Cookie("username", username);
            Cookie pCookie = new Cookie("password", password);
            // 设置 Cookie 有效时间为 1 个月,此后失效
            uCookie.setMaxAge(60 * 60 * 24 * 30);
            pCookie.setMaxAge(60 * 60 * 24 * 30);
   /** 设置 Cookie 路径(服务器根目录),本项目中只有 URL 包含"/chap10"的请求才会自动发送以
下 Cookie 对象 */
            uCookie.setPath(request.getContextPath());
            pCookie.setPath(request.getContextPath());
            // 写入客户端
            response.addCookie(uCookie);
            response.addCookie(pCookie);
    request.getRequestDispatcher("welcome.jsp").forward(request,response);
        }else {
            response.sendRedirect("login.jsp");
        }
    }
}
```

LoginServlet 首先判断用户名、密码等请求参数是否符合指定的值,如果符合则表示登录成功。登录成功后需要将该用户名和密码信息以 Cookie 的形式写入客户端浏览器。该过程包括创建 Cookie 对象,设置 Cookie 对象的有效时间,设置 Cookie 对象的有效路径等,最后还需通过 HttpServletResponse 对象的 addCookie()方法写入到客户端。

(3) 观察 Cookie 信息。再次请求访问 login.jsp 页面，单击 F12 打开开发者模式并选择 Application 选项中的 Cookies，效果如图 10-3 所示。

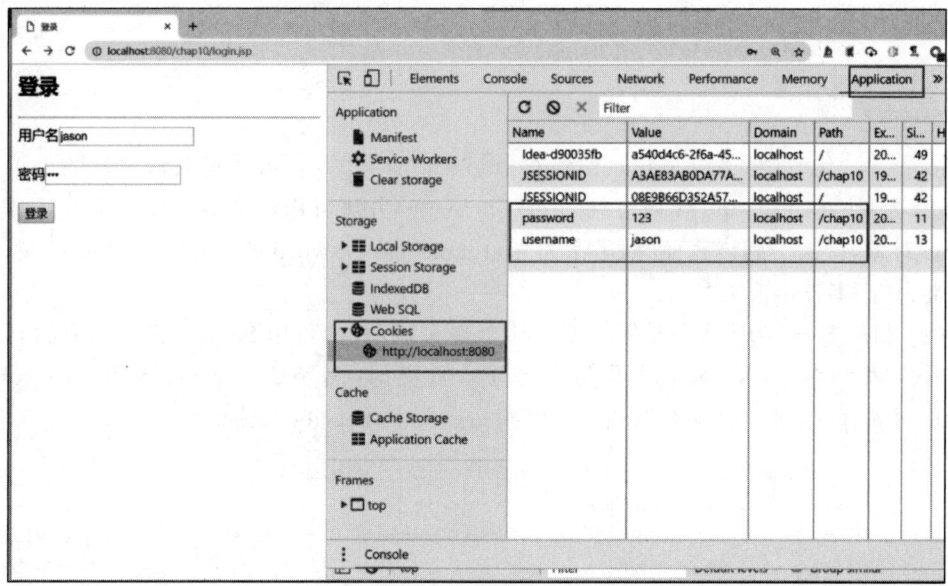

图 10-3　再次访问 login.jsp 登录界面

从图 10-3 中可以看出，该页面自动填入了正确的用户名密码。另外，在 HTTP 请求的 Cookies 信息中也可以查到对应的 2 个 Cookie 对象，说明该 HTTP 请求自动携带了路径为"/chap10"的 Cookie 信息。

10.3　Session 对象

10.3.1　Session 概述

Cookie 技术可以将用户的信息保存在各自的客户端中，从而在多次请求下实现数据的共享。与 Cookie 技术不同的是，Session 技术是一种将会话数据保存到服务端的技术，Session 在用户第一次访问服务器的时候自动创建，直到关闭浏览器时销毁，这期间用户与服务器之间的所有请求和响应都共享一个 Session。

一般客户端和服务端通过一个 SessionID 来进行沟通，为了防止不同的用户之间出现冲突和重复，SessionID 一般是一个 32 字节或者 48 字节的随机字符串，如图 10-3 中的 JSESSIONID。接下来通过图 10-4 来描述 Session 对象的使用原理。

图 10-4 中，浏览 A 和用户 B 都请求调用了 Serlvet1，服务器为用户 A 创建了 ID＝110 的 Session 对象，为用户 B 创建了 ID＝119 的 Session 对象。同时，服务器会将创建的 SessionID 自动以 Cookie 的形式返回给用户 A 和用户 B 的浏览器。当用户 A 访问 Servlet2 时，浏览器自动在请求消息头中将 Cookie(JSESSIONID＝110)信息回送给服务器，服务器根据 ID 属性找到为用户 A 所创建 Session 对象；当用户 B 访问 Servlet2 时，浏览器自动在请求消息头中将 Cookie(JSESSIONID＝119)信息回送给服务器，服务器根据 ID 属性找到

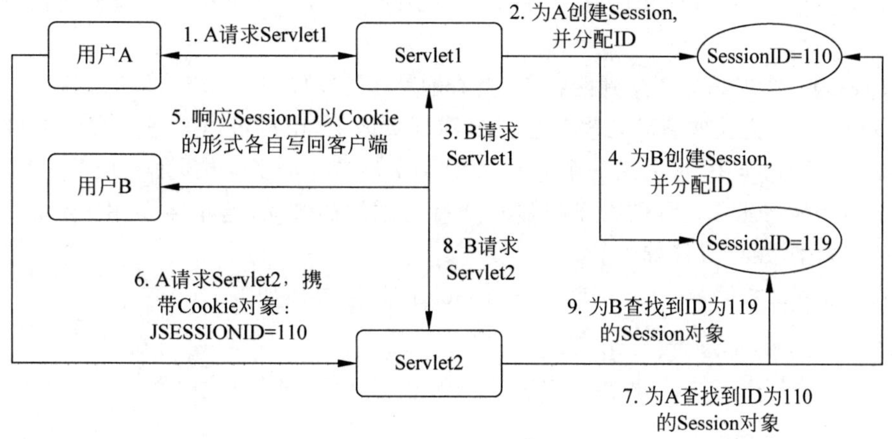

图 10-4　Session 原理

为用户 B 所创建 Session 对象。这样一来，存储在 Session 对象中的数据便可以在同一个用户不同请求之间共享。

基于以上描述，容易看出 Session 和 Cookie 的主要区别主要有以下几点。

(1) 存放位置不同。Cookie 数据存放在客户端(浏览器)；Session 数据一般存放在服务器端的内存中，但是 SessionID 存储在客户端 Cookie 中。

(2) Cookie 由浏览器存储在本地，安全有风险，不宜存储敏感信息，如账号密码等。

(3) Session 会在一定时间内保存在服务器上，访问较多时，影响服务器性能。

10.3.2　Session 案例

在介绍 Session 常见的应用场景前，需要先了解下 Session 的常用 API 方法。Session 是与每个请求消息紧密相关的，为此，HttpServletRequest 类中定义了用于获取 Session 对象的 API，具体如下：

```
public HttpSession getSession()
```

该方法会先判断是否已经存在一个相关的 HttpSession 对象，如果不存在则创建一个新的 HttpSession 对象，否则返回 null。HttpSession 接口中定义的操作会话数据的常用方法，具体如表 10-2 所示。

表 10-2　HttpSession 常用 API

方法声明	功能描述
String getId()	用于返回与当前 HttpSession 对象关联的会话 ID
void setAttribute(String name, Object value)	用于将一个对象与一个名称关联后存储到当前 HttpSession 对象中
String getAttribute()	用于从当前 HttpSession 对象中返回指定名称的属性
void removeAttribute()	用于从当前 HttpSession 对象中删除指定名称的属性
void setMaxInactiveInterval(int interval)	用于设置当前 HttpSession 对象超时间隔时间
boolean isNew()	判断当前 HttpSession 对象是否是新创建的

对上述 HttpSession 对象的常用 API 有一定的了解后，下面看一个经典的案例：购物车管理。

【例 10-2】 实现添加产品到购物车、查看购物车等功能。

实现思路：首先获取商品列表数据并显示到页面上，用户可以发送多次请求将所需要的商品添加到购物车中，可以用一个 Map 结构封装购物车对象，并添加相应的 API 实现购物车的添加产品功能。查看购物车时显示所有已添加的产品，这里需要用 Session 对象存取会话范围内的数据，具体如下。

(1) 准备测试数据，在 dao 层创建 EProductDB 类，具体如下：

```
public class EProductDB {
    private static Map < String,EProduct > productsMap = new HashMap <>();
    static {
        //模拟数据
        EProduct p1 = new EProduct("1001", "CHERRY 键盘", 698.0f, 100, 1);
        EProduct p2 = new EProduct("1002", "MAC 电脑", 13998.0f, 500, 1);
        EProduct p3 = new EProduct("1003", "SIEMENS 洗衣机", 9900.0f, 200, 1);
        EProduct p4 = new EProduct("1004", "GREE 空调", 5500.0f, 80, 1);
        EProduct p5 = new EProduct("1005", "HUAWEI 手机", 3800.0f, 300, 1);
        EProduct p6 = new EProduct("1006", "DELL 服务器", 50000.0f, 200, 1);
        //2.将商品放到 Map 集合中
        productsMap.put(p1.getPid(), p1);
        productsMap.put(p2.getPid(), p2);
        productsMap.put(p3.getPid(), p3);
        productsMap.put(p4.getPid(), p4);
        productsMap.put(p5.getPid(), p5);
        productsMap.put(p6.getPid(), p6);
    }
    // 获取所有产品集合
    public static Collection < EProduct > getEProducts(){
        return productsMap.values();
    }
    // 根据产品 ID 获取产品
    public static EProduct getEProduct(String id){
        return productsMap.get(id);
    }
}
```

EProductDB 类将测试数据封装到了 Map 结构中，通过类方法 getEProducts()可以获取所有产品数据。

(2) 将测试数据显示到 list.jsp 页面，具体如下：

```
< table border = "1">
    < tr >
        < td>商品 id</td>< td>商品名称</td>< td>商品单价</td>< td>商品库存</td>< td>
是否购买</td>
    </tr >
    < %
        // 获取测试数据
        Collection < EProduct > products = EProductDB.getEProducts();
```

```
        // 在表格中循环显示各个测试数据
        for (EProduct p : products) {
    %>
        <tr>
            <td><% = p.getPid() %></td>
            <td><% = p.getPname() %></td>
            <td><% = p.getPrice() %></td>
            <td><% = p.getQuantity() %></td>
            <td>
            <a href = "<% = request.getContextPath() %>/cartAdd?pid = <% = p.getPid() %
>">加入购物车</a>
            </td>
        </tr>
    <%
        }
    %>
</table>
<div>
    <a href = "cartShow.jsp" class = "btn btn - primary">查看购物车</a>
</div>
```

启动 Tomcat,在浏览器输入 URL 地址:http://localhost:8080/chap10/list.jsp,显示结果如图 10-5 所示。

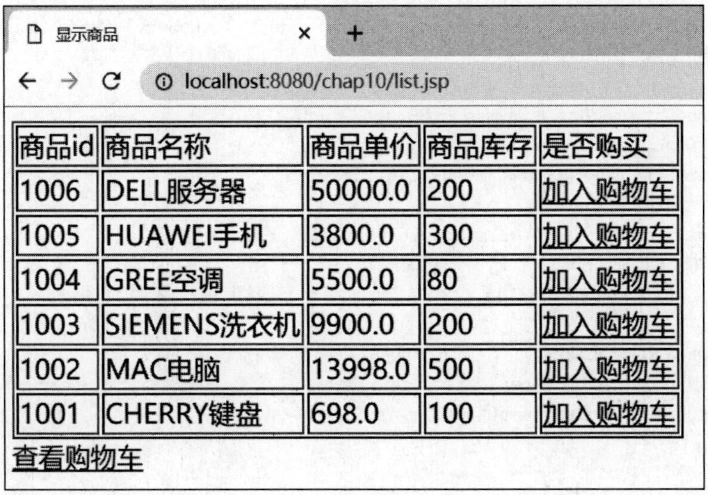

显示商品

localhost:8080/chap10/list.jsp

商品id	商品名称	商品单价	商品库存	是否购买
1006	DELL服务器	50000.0	200	加入购物车
1005	HUAWEI手机	3800.0	300	加入购物车
1004	GREE空调	5500.0	80	加入购物车
1003	SIEMENS洗衣机	9900.0	200	加入购物车
1002	MAC电脑	13998.0	500	加入购物车
1001	CHERRY键盘	698.0	100	加入购物车

查看购物车

图 10-5　电子商品列表页面

(3) 创建购物车容器类 Cart,该类用于封装购物车的基本功能,具体如下:

```
public class Cart {
    //底层为 Map 结构
    private Map < String, EProduct > maps;
    public Cart() {
        maps = new HashMap <>();
}
    //添加产品到购物车
```

```
        public void add(EProduct p){
            if (maps.get(p.getPid()) == null) {
                maps.put(p.getPid(), p);
            }else {
                EProduct product = maps.get(p.getPid());
                product.setpNums(product.getpNums() + 1); //购买数量加 1
                maps.put(p.getPid(), product);
            }
        }
        public Map < String, EProduct > getMaps() {
            return maps;
        }
        public void setMaps(Map < String, EProduct > maps) {
            this.maps = maps;
        }
    }
```

Cart.java 所示代码只给出了本例所需的“添加”产品到购物车功能,完整的购物车类还应包含删除、查询等功能,读者可自行实现。

(4) 在图 9-5 中单击“加入购物车”超链接,会发送请求到以“/cartAdd”为 URL 路径的 Servlet 处理,具体如下:

```
@WebServlet(name = "CartAddServlet", urlPatterns = "/cartAdd")
public class CartAddServlet extends HttpServlet {
    protected void doGet(HttpServletRequest request, HttpServletResponse response) throws
ServletException, IOException {
        String pid = request.getParameter("pid");
        EProduct product = EProductDB.getEProduct(pid);
        // 获取 HttpSession 对象
        HttpSession session = request.getSession();
        // 获取购物车对象
        Cart cart = (Cart) session.getAttribute("cart");
        if (cart == null) {
            cart = new Cart(); //如果 cart 为 null 表示首次使用,需创建
        }
        cart.add(product);      //添加对应产品到购物车
        session.setAttribute("cart", cart);
        response.sendRedirect("addSuc.jsp");
    }
}
```

CartAddServlet 首先根据 get 请求参数 pid,获取对应产品的对象信息,然后通过 HttpSession 获取购物车对象(如果该对象为空则表示首先使用购物车,因此需先创建购物车对象),接着将对应产品对象加入到购物车中。由于 Session 对象由多个 request 共享,因此多次单击“加入购物车”发送的请求会共享同一个购物车,只需在页面上获取该购物车对象,并显示数据即可。

(5) 创建 cartShow.jsp 页面,显示购物车数据,具体如下:

```
< body >
    <%
        Cart cart = (Cart)(session.getAttribute("cart"));
```

```
    if (cart == null) {
%>
    <h2>购物车为空,请<a href = "list.jsp">返回</a>添加商品</h2>
<%
    } else {
        //获取所有产品
        Collection<EProduct> products = cart.getMaps().values(); %>
    <table border = "1">
        <tr>
            <td>商品 id</td><td>商品名称</td><td>商品单价</td><td>购买数量</td>
        </tr>
<%
        for (EProduct p : products) {
%>
            <tr>
                <td><% = p.getPid() %></td>
                <td><% = p.getPname() %></td>
                <td><% = p.getPrice() %></td>
                <td><% = p.getpNums() %></td>
            </tr>
<%
        }
%>
<%
    }
%>
    </table>
    <div class = "">
        <a href = "list.jsp">返回继续购物</a>
    </div>
</body>
```

cartShow.jsp 页面首先通过 Session 对象获取购物车 Cart 对象,如果 Cart 为空表示还没有往购物车添加商品,显示效果如图 10-6 所示。否则,根据用户添加产品的内容显示相应效果。假设添加了产品包括"服务器""洗衣机 2 个""电脑""键盘"等 4 件产品,则购物车显示效果如图 10-7 所示。

图 10-6　购物车为空时的显示效果

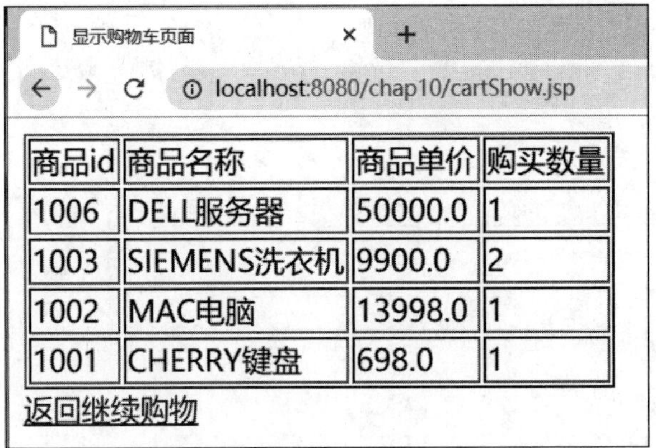

图 10-7 购物车有产品时的显示效果

需要注意的是，由于 cartShow.jsp 页面的代码将 JSP 脚本和 HTML 标签混合，会使编码十分烦琐并且容易出错，解决这一问题可以使用 EL 表达式和 JSTL 标签，我们将在第 11 章再详细讨论。

由于 Session 对象在 Web 开发中十分重要，下面再看一个经典的案例。

【例 10-3】 使用 Session 对象实现用户登录、注销和内部页面访问功能。

实现思路：用户使用正确的用户名（假设为 jason）、密码登录成功后，请求重定向到欢迎页面 welcome.jsp，欢迎页面能够显示该用户的用户名信息。由于上述过程客户端发送了多次请求，不能使用 request 对象传递数据，因此需要在登录成功后在 Session 对象中保存该用户的信息，从而使得 welcome.jsp 页面能够动态获取用户名。另外，内部页面表示只有成功登录后才有权限访问的页面，该功能只需在访问内部页面时先判断 Session 对象中有无用户信息即可。最后，注销功能使 Session 对象失效，实现步骤具体如下。

（1）登录页面 login.jsp 同例 10-1。

（2）向 LoginServlet 中的 doPost()方法中添加如下粗体代码，具体如下：

```
if ("jason".equals(username) && "123".equals(password)) {
    ...
    HttpSession session = request.getSession();
    session.setAttribute("username", username);
    response.sendRedirect(welcome.jsp);
...
}
```

LoginServlet 中，当用户输入正确的用户名和密码后，在 Session 对象中保存了该用户的用户名信息。

（3）修改 welcome.jsp 代码，具体如下：

```
<body>
    <h1>登录成功,欢迎您,<% = session.getAttribute("username") %>!</h1>
    <a href="<% = request.getContextPath() %>/logout"> 注销 </a>
    <div>
        这是页面主内容.
    </div>
```

```
</body>
```

welcome.jsp 页面使用 Session 对象的 getAttribute()方法获取保存的用户信息并显示到页面中。在登录页面输入正确的用户名和密码，跳转到 welcome.jsp 页面，如图 10-8 所示。

图 10-8　登录成功页面

(4) 注销用户：单击“注销”，转到 login.jsp 页面，并使 Session 失效。手动注销 Session 需调用 Session 对象的 invalidate()方法，具体如下：

```
@WebServlet(name = "LogoutServlet", urlPatterns = "/logout")
public class LogoutServlet extends HttpServlet {
    protected void doGet(HttpServletRequest request, HttpServletResponse response) throws
ServletException, IOException {
        HttpSession session = request.getSession();
        session.invalidate(); //注销 session
        response.sendRedirect("/login.jsp");
    }
}
```

另外一种比较通用的设置 Session 失效时间的方法，是在项目的 web.xml 中配置，具体如下：

```
<session-config>
    <session-timeout>30</session-timeout>
</session-config>
```

这里的 30 表示 Session 的超时时间，单位为分钟，如果用户登录后在 30 分钟内没有与服务器交互，那么当前用户的 Session 将失效。可以配置一个更大的数值(比如 60)，就可以延长 Session 的超时时间，如果将该值改为 0 或负数的话，则表示 Session 永不失效。

(5) 在内部页面 inner.jsp 上添加 Session 控制，具体如下：

```
<body>
    <%
        String username = (String) session.getAttribute("username");
        if (username == null) {
            response.sendRedirect("login.jsp");
        }
```

```
    %>
    <h2>内部资料，请欣赏!</h2>
</body>
```


inner.jsp 页面首先获取 Session 对象中的 username 属性，如果为空则直接跳转到登录页面，否则表明用户已经成功登录，可访问页面内容。

登录成功后，在不关闭浏览器的前提下，在地址栏输入 URL 地址 http://localhost:8080/chap10/inner.jsp，显示效果如图 10-9 所示。

图 10-9 内部页面

由于登录成功后在 Session 对象保存了用户名信息，因此在 inner.jsp 页面中使用 session.getAttribute("username")非空，可以正常显示。

小 结

本章主要讲解了 Cookie 对象和 Session 对象的用法，其中 Cookie 是早期的会话跟踪技术，它将信息保存到客户端浏览器中。浏览器访问站点时会携带这些 Cookie 信息，达到鉴别身份的目的。Session 本质上是通过 Cookie 实现的，但它将信息保存在服务器端。另外，Session 能够存储复杂的 Java 对象，因此功能更加强大，使用更加方便。如果客户端不支持 Cookie 或者禁用了 Cookie，仍然可以通过使用 Session 来实现同样的功能。

第 11 章　EL 表达式和 JSTL 标签

使用 JSP 技术做开发，为了获取域对象中存储的数据通常需要将 JSP 脚本和 HTML 标签混合使用，这样会使 JSP 页面混乱、难以维护。为此，JSP2.0 规范中提供了 EL 表达式和 JSTL 标签对 JSP 页面进行优化。本章将主要讲解 EL 表达式和 JSTL 标签在开发中常见的用法。

11.1　EL 表达式

11.1.1　EL 表达式基础

EL(Expression Language)表达式是一种借鉴了 JavaScript 和 XPath 的表达式语言。EL 定义了一系列的隐含对象和操作符，使开发人员能够很方便地访问页面内容以及不同作用域的对象，而无须在 JSP 页面中嵌入 Java 代码，从而使得页面结构更加清晰，代码可读性更高，也更加便于维护。其语法格式如下：

```
${表达式}
```

其中的"表达式"部分必须符合 EL 语法要求。EL 语法很简单，它最大的特点就是使用方便。例如，要从 Session 的范围中，取得 user 对象的 username 属性，用 JSP 脚本片段的方式实现如下：

```
User user = (User)session.getAttribute("user");
<h2>欢迎您,<%= user.getUserName() %></h2>
```

上述代码首先在 Session 对象中获取 user 对象，然后通过 JSP 表达式获取用户名。

EL 表达式通常由域范围对象、对象和属性三部分组成，与 Java 代码一样用"."操作符来访问对象的属性，具体如下：

```
${sessionScope.user.username}
```

上述 EL 表达式中，sessionScope 表示在 Session 域范围内搜索 user 对象，如果存在则获取 user 对象的 username 属性，否则不输出任何内容。需要注意的是，与 JSP 表达式不同的是，EL 表达式对象如果为空，则输出 null，这一特点在很多场景中非常有用。

[]操作符的使用方法与"."操作符类似，也可以用来访问对象的属性，例如下述代码与前面两种方式等价。

```
${sessionScope["user"]["username"]}
```

当要存取的属性名称中包含一些特殊字符,如"."或"-"等并非字母或数字的符号时,就一定要使用[]。例如,user 对象中的用户名属性为 user-Name,则只能使用 ${user["user-Name"]},而不能使用 ${user.user-Name}。另外,使用[]还能动态获取属性的值,例如,EL 表达式 ${sessionScope.user[data]}中,data 是一个变量,假若 data 的值为"email",上述表达式等价于 ${sessionScope.user.email};假若 data 的值为"name",它就等价于 ${sessionScope.user.name}。

11.1.2 EL 表达式的作用域访问对象

EL 表达式分别提供了 4 种作用域访问对象来实现数据的读取,具体如表 11-1 所示。

表 11-1 EL 的作用域访问对象

名　称	说　明
pageScope	与 pageContext 对象相关联,主要用于获取页面范围内的数据
requestScope	与 Request 对象相关联,主要用于获取请求范围内的数据
sessionScope	与 Session 对象相关联,主要用于获取会话范围内的数据
applicationScope	与 Application 对象相关联,主要用于获取应用程序范围内的数据

在实际开发中,使用 EL 表达式访问某个属性时,一般需要指定查找的范围,如果程序中未指定查找范围,那么系统会自动按照 Page→Request→Session→Application 的顺序进行查找。例如 ${username},因为上述表达式没有指定哪一个作用域范围中的 username 属性,所以它默认会先从 Page 作用域中查找,再依序查找 Request、Session、Application 作用域范围,假如在此途中找到 username 就直接回传,否则在页面上显示空白。接下来具体看一个例子。

【例 11-1】 elScope.jsp。

```
<body>
    <% pageContext.setAttribute("username", "班主任"); %>
    <% request.setAttribute("username", "教导主任"); %>
    <% session.setAttribute("username", "校长"); %>
    <% application.setAttribute("username", "教育部长"); %>
    指定范围的情况:<br>
    ====== ${pageScope.username} <br>
    ====== ${requestScope.username} <br>
    ====== ${sessionScope.username} <br>
    ====== ${applicationScope.username} <br>
    不指定范围的情况:<br>
    ====== ${username}:
</body>
```

访问 elScope.jsp 页面显示结果如图 11-1 所示。

从图 11-1 中可以看出,使用 pageScope、requestScope、sessionScope 和 applicationScope 对象成功获取到了相应 JSP 域对象中的属性值。而不指定访问范围时,则读取了 pageScope 范围内的 username 值。

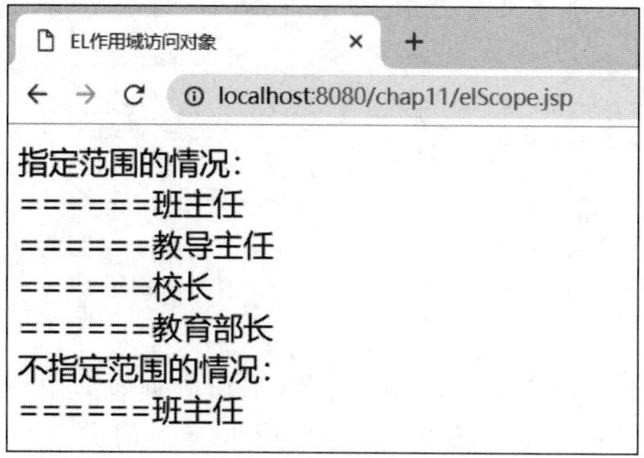

图 11-1 elScope.jsp 显示效果

11.1.3 EL 中其他内置对象

除了表 11-1 所示用于指定域的 4 个内置对象之外，EL 中还存在其他常用的内置对象。具体如表 11-2 所示。

表 11-2 EL 其他内置对象

内置对象	功能描述
param	用来获取特定属性的请求参数，例如：${param.name}等价于 request.getParameter(String name)
paramValues	用来获取特定属性的所有参数值，例如：${paramValues.name}等价于 request.getParameterValues(String name)
header	用来获取特定 HTTP 请求的头字段信息，例如：${header["User-Agent"]}表示获取用户的浏览器版本信息
headerValues	用来获取特定 HTTP 请求的头字段信息，该头字段可能包含多个不同的值
cookies	用来获取客户端的 Cookie 信息

接下来，通过一个例子来重点讲解这几个内置对象的用法。

【例 11-2】 EL 其他内置对象的用法。

(1) 首先创建一张简单注册页面，具体如下：

```
<body>
    <form action = "doReg.jsp" method = "post">
        用户名: <input type  = "text" name = "username"><br>
        性别: <input type = "radio" name = "sex" value = "男">男
        <input type = "radio" name = "sex" value = "女">女 <br>
        爱好: <input type = "checkbox" name = "like" value = "体育">体育
        <input type = "checkbox" name = "like" value = "音乐">音乐
        <input type = "checkbox" name = "like" value = "美术">美术
        <br>
        <input type = "submit" value = "提交"><input type = "reset" value = "重填">
    </form>
</body>
```

创建 doReg.jsp 接收上述页面发送的请求，具体如下：

```
<body>
    <% request.setCharacterEncoding("UTF-8"); %>
    用户名: ${param.username} <br>
    性别: ${param.sex} <br>
    爱好: ${paramValues.like[0]} <br>
    浏览器信息: ${header["User-Agent"]} <br>
    编码信息: ${headerValues["Accept-Encoding"][0]}<br>
</body>
```

doReg.jsp 页面中使用了 param 对象读取了注册页面的用户名和性别信息，使用 paramValues 对象读取了第一个爱好信息，使用 header 对象读取了浏览器信息，使用 headerValues 读取了数组中第一个编码信息。

在如图 11-2 所示的注册页面中单击“提交”按钮，显示结果如图 11-3 所示。

图 11-2　注册页面

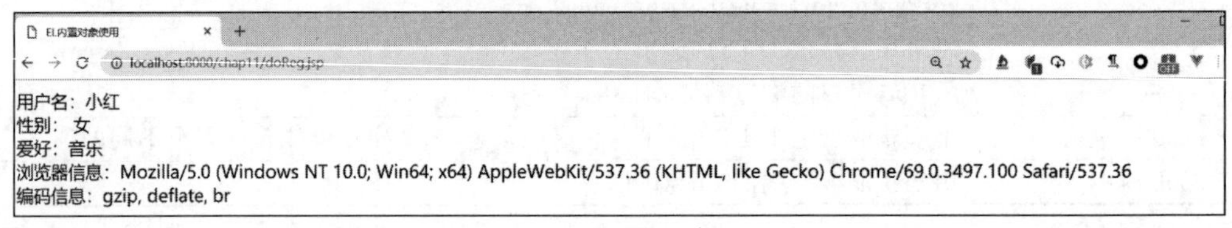

图 11-3　显示结果

11.2　JSTL 标签

11.2.1　JSTL 标签基础

使用 EL 表达式已经实现了页面输出的优化，但 EL 表达式无法实现逻辑处理，如循环、条件判断等，因此还需要与 Java 代码混合使用。JSP 标准标签库（Java server pages Standard Tag Library，JSTL）包含了在开发 JSP 时经常使用的标准标签，这些标签提供了一种不用嵌套 Java 代码就可以实现复杂 JSP 开发的途径。

要想在 JSP 页面中使用 JSTL 标签，必须完成以下准备工作。

（1）下载 JSTL 所需的 jstl.jar 和 standard.jar 等 jar 包，并复制到项目 lib 文件夹中；

(2) 在 JSP 页面中添加标签指令，指令代码如下(prefix 可修改)。

```
<%@ taglib uri = "http://java.sun.com/jsp/jstl/core" prefix = "c" %>
```

其中 uri 的值"http://java.sun.com/jsp/jstl/core"表示 JSTL 的核心标签库；prefix 属性表示标签库的缩写(一般设值为 c，也可指定其他值)，使得在页面引用具体标签库时更加简便。除核心标签库外，JSTL 标签还包含国际化/格式化标签库(http://java.sun.com/jsp/jstl/fmt)、XML 标签库(http://java.sun.com/jsp/jstl/xml)、数据库标签库(http://java.sun.com/jsp/jstl/sql)、函数标签库(http://java.sun.com/jsp/jstl/functions)等。本章主要讲解实际开发中经常使用的标签，具体如表 11-3 所示。

表 11-3 常用 JSTL 标签

标签	说明
<c:out />	输出文本内容到 out 对象，常用于显示特殊字符
<c:set />	在作用域中设置变量或对象属性的值
<c:remove />	在作用域中移除变量的值
<c:if />	实现 if 条件判断结构
<c:choose />	须结合<c:when>和<c:otherwise>，实现 switch-case 结构
<c:forEach />	实现循环结构
<fmt:formatDate />	格式化时间

11.2.2 JSTL 标签应用

本节主要针对表 11-3 所列出的标签内容分别介绍其用法。

1. <c:out>标签

<c:out>标签用来显示数据，类似于 JSP 中的<%= %>输出方式，但是功能更强大，主要体现在以下两点。

(1) 在输出时可以对数据内容中的 HTML 标签进行转义。

(2) 可以在输出时设定默认值，以便有更好的用户体验。

<c:out>标签的语法格式如下：

```
<c:out value = "value" default = "default" excapeXml = "true|false" />
```

其中，value 表示需要输出显示的表达式；default 表示默认输出显示的值；excapeXml 表示是否对输出的内容进行转义。

【例 11-3】 out.jsp。

```
<body>
    <%
        String items[] = new String[2];
        items[0] = "JSTL OUT 标签测试";
        items[1] = "<h2>有 HTML 标记的内容</h2>";
        request.setAttribute("items", items);
    %>
    输出默认值：<c:out value = "${b}" default = "JSTL OUT" /><br>
    Item0：<c:out value = "${items[0]}">JSTL OUT 标签</c:out><br>
```

```
    Item1(转义):<c:out value="${items[1]}" /><br>
    Item1(不转义)<c:out value="${items[1]}" escapeXml="false"/><br>
</body>
```


访问 out.jsp 页面，页面输出效果如图 11-4 所示。

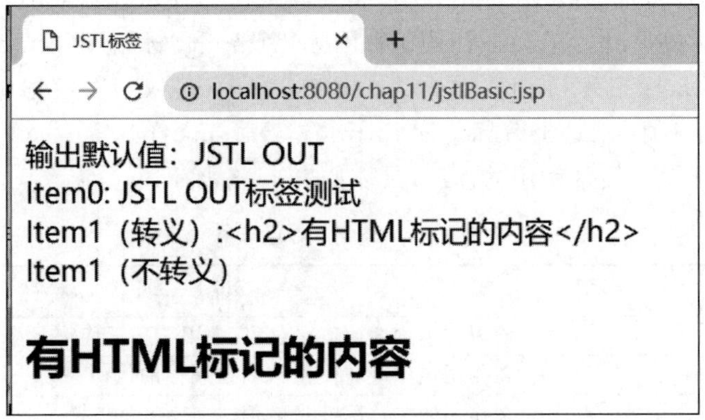

图 11-4　<c:out>标签输出效果

由于${b}为 null，因此会输出从输出 default 属性指定的值。从 Item1 的结果可以看出，默认<c:out>标签会转义 value 值中的字符（按照原样输出），如果将 escapeXml 设为 false，则浏览器会解析 HTML 标签。

2. <c:set>和<c:remove>标签

JSTL 中分别使用<c:set>和<c:remove>对属性进行设置和清除。<c:set>标签是用来在某个范围（request、session 或者 application）内设置某个对象的属性值，语法格式如下：

```
<c:set var="name" value="value" [scope="page|request|session|application"] />
```

其中，var 表示变量名称；value 表示变量的值；scope 是可选属性，表示变量存在的作用域范围。<c:remove>标签的作用与<c:set>标签的作用正好相反，它用于删除作用域范围内的变量，其语法格式如下：

```
<c:remove var="name" [scope="page|request|session|application"] />
```

其中，var 表示变量名称；scope 是可选属性，表示变量存在的作用域范围。

【例 11-4】 setRemove.jsp。

```
<body>
    <c:set var="var" value="page 变量" scope="page" />
    <c:set var="var" value="request 变量" scope="request" />
    <c:set var="var" value="session 变量" scope="session" />
    <c:remove var="var" scope="page" />
    <c:out value="${pageScope.var}" default="默认变量"/><br>
    <c:out value="${requestScope.var}"/><br>
    <c:out value="${sessionScope.var}"/><br>
</body>
```

例 11-4 所示代码中分别在 Page、Request、Session 域范围内设置了名为 var 的变量，然后通过<c:remove>标签删除了 Page 域内的变量，访问该页面显示如图 11-5 所示结果。

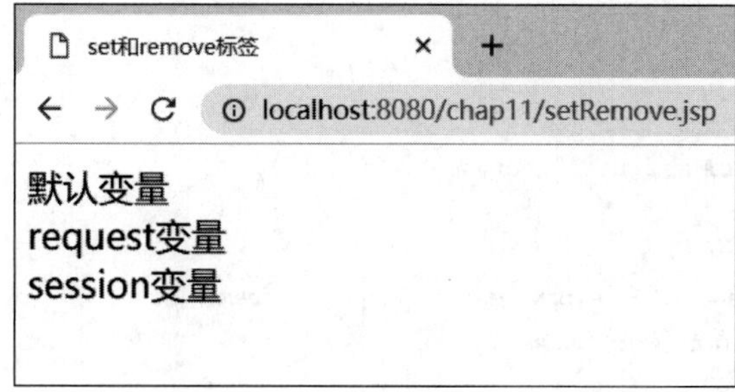

图 11-5　<c:set>和<c:remove>标签

3. <c:if>标签

<c:if>条件标签可以用来替代 Java 中的 if 语句，其语法格式如下：

```
<c:if test = "condition" var = "var" [scope = "page|request|session|application"] />
```

其中，test 属性用于设置逻辑表达式，当逻辑表达式"condition"为 true 时，执行<if>标签中的代码，否则不执行任何操作。var 属性用于指定逻辑表达式中变量的名称，scope 是可选属性，用于指定 var 变量的作用范围，默认为 Page 作用域。

【例 11-5】 if.jsp。

```
<body>
    <%
        User user = new User(1, "jason","123", "jason@gmail.com");
        request.setAttribute("user",user);
        request.setAttribute("number", 4);
    %>
    <c:if test = "${not empty user}">遍历集合</c:if>
    <c:if test = "${number mod 2 == 0}">${number}是偶数</c:if>
</body>
```

例 11-5 所示代码中首先在 request 对象中设置了 2 个属性，分别为 user 对象和 number 字符串。${not empty user}表示 user 对象是否为空，非空显示"遍历集合"，否则不显示任何信息。${number mod 2==0}表示 number 模 2 是否等于 0，是则显示"偶数"，否则不显示任何信息。上述例子显示效果如图 11-6 所示。

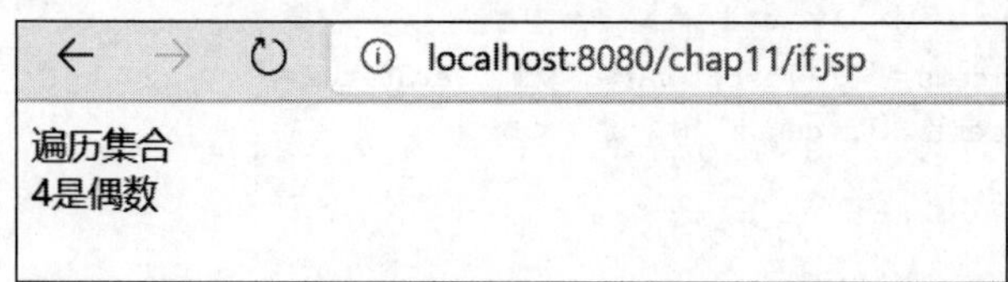

图 11-6　<c:if>标签

4. <c:choose>标签

使用<c:if>标签不能表达 if-else 逻辑结构，因此 JSTL 核心标签库提供了<c:choose>标签，该标签必须与<c:when>和<c:otherwise>一起使用。

【例 11-6】 choose.jsp。

```
<body>
    <%
        session.setAttribute("username", "jason");
    %>
    <c:choose>
        <c:when test="${empty sessionScope.username}">
            <h2>请先登录</h2>
        </c:when>
        <c:otherwise>请欣赏!</c:otherwise>
    </c:choose>
</body>
```

例 11-6 所示代码首先在 Session 对象中保存了属性 username,<c:when>标签用于判断 Session 域范围内是否存在 username 属性,如果存在则执行<c:otherwise>标签内容。值得注意的是,<c:choose>中<c:when>标签可以存在多个,类似于 Java 中的 switch-case 语句。

5. <c:forEach>标签

在 JSP 页面的开发中,用到最多的就是对集合对象进行循环迭代操作。为此,core 标签库提供了一个<c:forEach>标签专门用于迭代集合对象,如 Set、List、Map 等。其语法格式如下:

```
<c:forEach var="var" items="items" varStatus="status"
```

其中,items 表示要迭代的集合对象的名称; var 表示迭代过程中当前元素的名称; varStatus 表示当前循环的状态变量。

【例 11-7】 forEach.jsp。

```
<body>
    <%
        List<String> list = new ArrayList<>();
        list.add("aaa");
        list.add("bbb");
        list.add("ccc");
        request.setAttribute("list", list);
    %>
    <c:forEach items="${list}" var="str" varStatus="s">
        ${s.index} ${s.count} ${str}<br>
    </c:forEach>
</body>
```

例 11-7 所示代码中<c:forEach>标签循环遍历 list 集合,并同时输出集合中每个元素的状态变量属性。"str"表示当前元素,"index"表示集合元素的索引下标(从 0 开始),"count"表示当前的循环次数(从 1 开始)。访问该页面,效果如图 11-7 所示。

6. <fmt:formatDate />标签

在 JSTL 中,可以使用格式化标签<fmt:formatDate>来格式化展示日期,其基本语法如下:

图 11-7 <c:forEach>标签

```
<fmt:formatDate value="date" pattern="yyyy-MM-dd HH:mm:ss">
```

其中,value 表示时间对象;pattern 表示日期的显示格式。

【例 11-8】 dateFormat.jsp。

```
<%
    Date date = new Date();
    pageContext.setAttribute("date", date);
%>
  <span>发布时间:<fmt:formatDate value="${pageScope.date}" pattern="yyyy年MM月dd日"/><br>
  <span>发布时间:<fmt:formatDate value="${pageScope.date}" pattern="yyyy年MM月dd日HH点mm分ss秒"/><br>
```

例 11-8 所示代码中首先在 pageContext 域对象中保存了 date 属性,然后用<fmt:formatDate>分别对系统创建的日期进行不同格式的输出,结果如图 11-8 所示。

图 11-8 <fmt:dateFormat />标签

小 结

本章主要讲解了 EL 表达式和 JSTL 标签的基本使用,包括 EL 表达式的基本语法、EL 表达式的内置对象以及 JSTL 的几个常用标签的用法等。通过本章的学习,容易知道 EL 表达式和 JSTL 标签能起到规范页面代码,增加程序可读性及可维护性的作用。

第 12 章　过滤器和监听器

在 Web 开发过程中，为了实现某些特殊的功能，经常需要对请求和响应消息进行统一处理，例如，记录用户的访问日志、应用程序的统一编码处理、验证用户身份等。过滤器(Filter)作为 Servlet 2.3 中新增的技术，可以实现用户在访问某个资源之前，对访问的请求和响应进行统一的处理。另外，开发中经常需要利用监听器对 Web 应用进行监听和控制，来增强 Web 应用的事件处理能力。本章将针对 Servlet 的过滤器和监听器进行详细的讲解。

12.1 过　滤　器

当一个应用程序中有很多页面都需要进行相同功能的显示控制时，使用过滤器可以极大地提高控制效果，同时也降低开发成本，提高工作效率。

12.1.1 过滤器简介

过滤器的基本功能就是可以动态地拦截请求和响应，从而在执行目标 Servlet 的业务代码前后处理或实现一些特殊的功能，其运行原理如图 12-1 所示。

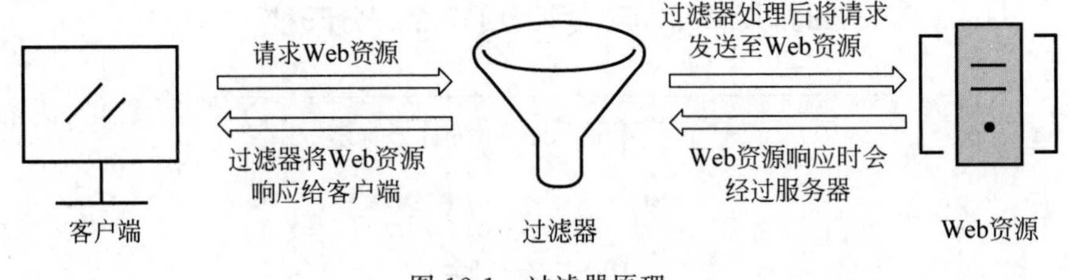

图 12-1　过滤器原理

从图 12-1 可以看出，客户端访问 Web 资源时，发送的请求会被过滤器拦截并处理后再将请求发送至目标资源，目标 Web 资源处理后将响应结果回送到过滤器，过滤器再次对响应结果进行处理后才会发送给客户端。

在 Java Web 中，过滤器本质上是一个实现了 javax.servlet.Filter 接口的类，该接口中定义了 3 个方法，具体如表 12-1 所示。

表 12-1　过滤器常见方法

方 法 声 明	功 能 描 述
Init(FliterConfig config)	该方法用来初始化过滤器,FilterConfig 对象用于读取初始化参数信息
doFilter (ServletRequest request, ServletResponse response, FilterChain chain)	doFilter 方法被 Servlet 容器调用,同时分别指向这个请求/响应链中的 ServletRequest、ServletResponse 和 FilterChain 对象的引用,该方法主要用来处理客户端请求,并将处理任务传递给链中的下一个资源(通过调用 Filter Chain 对象引用上的 doFilter 方法)
destroy()	容器在垃圾收集之前调用 destroy()方法,以便能够执行任何必需的清理代码

12.1.2　过滤器的基本使用

了解了 Filter 接口的基本 API 后,接下来通过一个案例来快速了解下 Filter 的开发过程。

【例 12-1】 第一个过滤器。

(1) 在 IDEA 中创建新的 Web 工程 bookChapter12,在 src 目录下创建 filter 包,并在该包下创建 FirstFilter 过滤器,具体如下:

```
@WebFilter(filterName = "FirstFilter", urlPatterns = "/*",
        initParams = {
        @WebInitParam(name = "ok", value = "initParam1"),
        @WebInitParam(name = "error", value = "initParam2")
        } )
public class FirstFilter implements Filter {
    public void destroy() {
        System.out.println("过滤器销毁..");
}
    public void doFilter(ServletRequest req, ServletResponse resp, FilterChain chain) throws
ServletException, IOException {
        System.out.println("到达目标资源前先经过这里");
        chain.doFilter(req, resp); // 将请求发送到下一个资源
        System.out.println("返回响应前先经过这里");
    }
    public void init(FilterConfig config) throws ServletException {
        String p1 = config.getInitParameter("ok");
        String p2 = config.getInitParameter("error");
        System.out.println(p1 + "====" + p2);
    }
}
```

其中标注了@WebFilter 注解的类为一个过滤器,该注解的 urlPatterns 属性值"/*"表示该过滤器会拦截所有的请求,initParams 属性可定义过滤器的初始化参数,@WebInitParam 注解表示定义一个 key-value 对形式的初始化参数。init()方法通过容器传过来的 FilterConfig 对象读取初始化参数,并将参数值打印到控制台。doFilter()方法在请求到达目标资源前打印"到达目标资源前先经过这里"到控制台,然后通过 FilterChain 对象的 doFilter()方法将请求发送到下一个资源,最后在响应回送到客户端前打印"返回响应前先

经过这里”到控制台。当停止服务器时会调用 destroy()方法。

(2) 创建 TestFilterServlet 程序测试上述过滤器,具体如下:

```
@WebServlet(name = "FilterTestServlet", urlPatterns = "/test")
public class FilterTestServlet extends HttpServlet {
    protected void doGet(HttpServletRequest request, HttpServletResponse response) throws
ServletException, IOException {
        System.out.println("目标资源代码执行中...");
    }
}
```

启动 Tomcat 服务器,在浏览器中输入 URL 地址 http://localhost:8080/chap12/test,可以看到在控制台输出如图 12-2 所示结果。

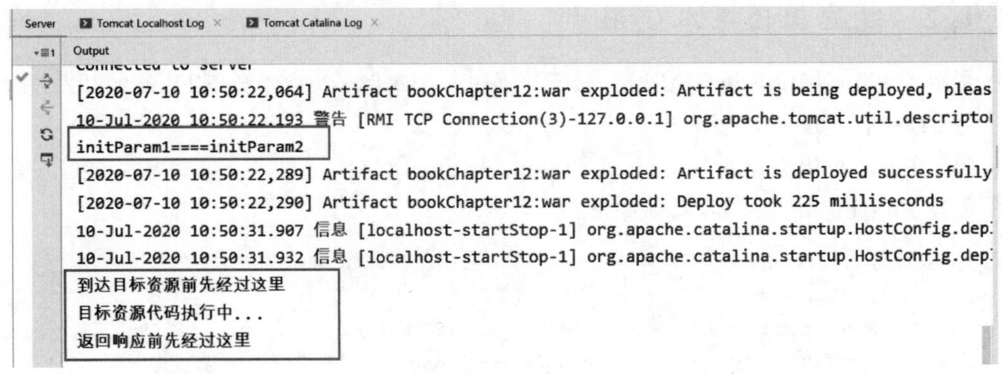

图 12-2 第一个过滤器执行结果

从图 12-2 所示结果可知,服务器启动后会自动调用过滤器的 init()方法。由于 FirstFilter 会拦截所有用户的请求(urlPatterns = "/*"),因此在访问 TestFilterServlet 时,容器会先调用 doFilter()方法,由该方法控制请求在真正到达 TestFilterServlet 之前先执行相应的业务逻辑(打印“到达目标资源前先经过这里”),然后通过调用 FilterChain 的 doFilter()方法将请求发送给 TestFilterServlet,TestFilterServlet 调用 doGet()方法(打印“目标资源代码执行中...”),之后,服务端会将响应结果回送给 FirstFilter,容器会继续执行 doFilter()方法后的业务逻辑(打印“返回响应前先经过这里”)。

12.1.3 Filter 的分类

根据 HTTP 请求资源方式的不同,过滤器可分成不同的类别,具体如表 12-2 所示。

表 12-2 过滤器分类表

类 型	作 用
REQUEST	默认值,浏览器直接请求资源
FORWARD	服务端转发访问资源
INCLUDE	包含访问资源
ERROR	错误跳转资源
ASYNC	异步访问资源

例 12-1 中 FirstFilter 由于没有配置其类型，默认属于 REQUEST 类型的过滤器。可以通过@WebFilter 注解的 dispatcherTypes 属性配置过滤器的类型。下面看一个 FORWARD 类型的过滤器。

【例 12-2】 ForwardFilter.java。

```
@WebFilter(filterName = "ForwardFilter",urlPatterns = "/*",
                    dispatcherTypes = DispatcherType.FORWARD)
public class ForwardFilter implements Filter {
    //省略 destory()方法
    public void doFilter(ServletRequest req, ServletResponse resp, FilterChain chain) throws
ServletException, IOException {
        System.out.println("Forward 类型过滤器拦截请求");
        chain.doFilter(req, resp);
        System.out.println("Forward 类型过滤器拦截响应");
    }
    //省略 init()方法
}
```

ForwardFilter 过滤器只会拦截服务端转发的请求，而不会拦截客户端直接发送的请求。比如访问例 12-1 中 FilterTestServlet 的请求便不会被此过滤器拦截。下面创建一个 ForwordFilterServlet.java 程序，该程序用于将请求转发给 test.jsp 页面，具体如下：

```
@WebServlet(name = "ForwordFilterServlet",urlPatterns = "/forward")
public class ForwordFilterServlet extends HttpServlet {
    protected void doGet(HttpServletRequest request, HttpServletResponse response) throws
ServletException, IOException {
        request.getRequestDispatcher("test.jsp").forward(request, response);
    }
}
```

在工程中注释掉其他的过滤器，只保留 ForwardFilter 过滤器，然后重新启动 Tomcat 服务器后，直接访问 test.jsp 页面，可以观察到控制台没有打印任何信息。说明该过滤器不会拦截 REQUEST 类型的请求，而如果在地址栏输入 URL 地址 http://localhost:8080/chap12/forward，控制台打印如图 12-3 所示结果。

图 12-3　FORWARD 过滤器

从图 12-3 所示结果可以看出，当服务端通过 forward()方法转发到 test.jsp 页面时，被过滤器拦截了。其他几种类型的过滤器用法类似，请读者自行尝试。

12.1.4 Filter 链

在一个 Web 应用程序中可以注册多个 Filter 程序，每一个 Filter 程序都可以针对某一个 URL 进行拦截。如果多个 Filter 程序都对同一个 URL 进行拦截，那么这些 Filter 就会组成一个 Filter 链。通过前面的学习可以知道，过滤器主要通过调用 FilterChain 对象中的 doFilter()方法将请求发送给下一个“资源”，这里的资源可以是目标资源也可以是另一个 Filter 程序。Filter 链的原理说明如图 12-4 所示。

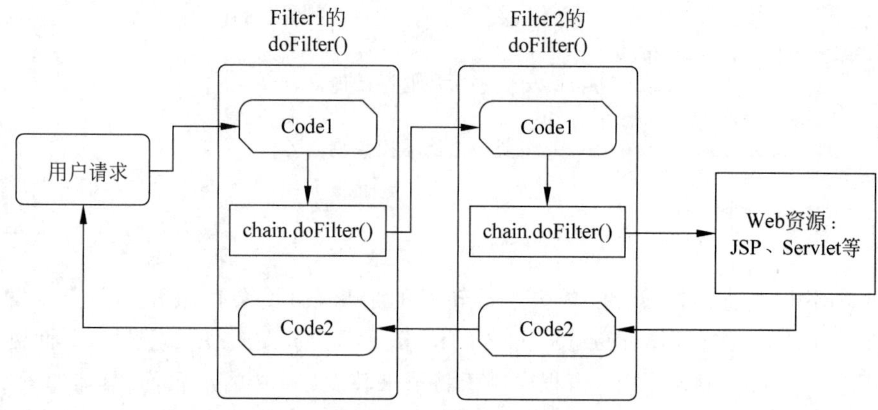

图 12-4　过滤器链原理图

在图 12-4 中，假设存在两个过滤器过滤同一个 URL 请求，则当用户访问目标 Web 资源时需要经过两个过滤器 Filter1 和 Filter2。首先 Filter1 执行 Code1 代码然后调用 doFilter()方法将请求传给 Filter2，Filter2 执行自己的 Code1 代码后也调用 doFilter()方法将请求传给目标 Web 资源，目标资源完成业务逻辑后回送响应信息，同样，响应信息会先后经过 Filter2 的 Code2 和 Filter1 的 Code2 代码处理后响应给用户。

关于过滤器先后顺序的问题，根据过滤器配置的方式有所不同。

（1）注解配置：按照类名的字符串比较规则比较，值小的先执行，如 AFilter 和 BFilter，由于在字母表中字母 A 排在字母 B 前面，因此 AFilter 就先执行了。

（2）web.xml 配置：根据< filter-mapping >定义的元素位置排序，定义在上面的先执行。

如果将例 12-2 中 ForwardFilter 的 DispatcherType 改成 REQUEST，同时打开 FirstFilter。直接在浏览器输入 URL 访问 test.jsp 页面，控制台打印信息如图 12-5 所示。

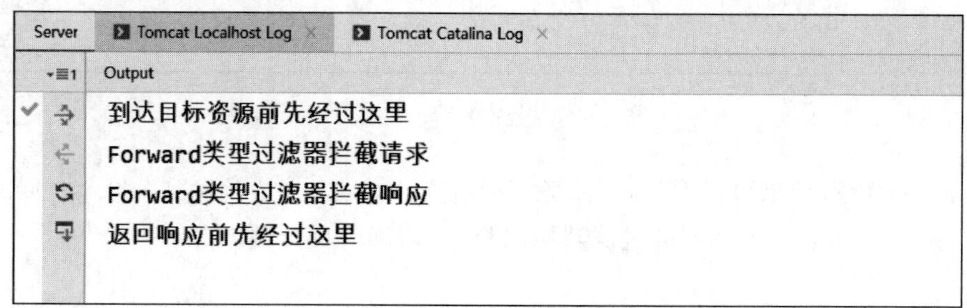

图 12-5　Filter 链结果

从图 12-5 中可以看出，请求先被过滤器 FirstFilter 拦截，然后再被过滤器 ForwardFilter 拦截，响应先经过过滤器 ForwardFilter，再经过过滤器 FirstFilter。

12.1.5 应用案例

在对过滤器的原理有一定的了解后，下面介绍几个实际开发中过滤器经典的应用场景。

【例 12-3】 使用 Filte 解决字符编码问题。

分析：根据第 7 章的知识，已知 Web 开发中经常会遇到字符乱码问题。要解决该问题需要每次在接受请求参数前、响应消息发送到客户端前进行字符编码的设置。但是在大型项目中，这样做会重复很多不必要的代码，并且不利于软件系统的升级和维护。如果使用过滤器则可以完美地解决 Web 应用程序的编码问题，编码过滤器如 EncodingFilter 类所示：

```
@WebFilter(filterName = "EncodingFilter", urlPatterns = "/*")
public class EncodingFilter implements Filter {
    //省略 destroy()和 init()方法
public void doFilter(ServletRequest req, ServletResponse resp, FilterChain chain) throws
ServletException, IOException {
        HttpServletRequest request = (HttpServletRequest)req;
        HttpServletResponse response = (HttpServletResponse)resp;
        //在放行之前处理编码
        request.setCharacterEncoding("utf-8");
        response.setHeader("content-type" , "text/html;charset=utf-8");
        chain.doFilter(request, response);
    }
}
```

EncodingFilter 首先需要将 ServletRequest 类型的请求对象和 ServletResponse 类型的响应对象分别转化为 HttpServletRequest 类型和 HttpServletResponse 类型，然后分别在过滤器放行到目标资源之前对转换后的请求响应对象设置编码。需要注意的是，EncodingFilter 过滤器并未实现处理 GET 类型请求乱码的功能，请读者根据第 7 章知识自行实现这一功能。

【例 12-4】 统一解决用户登录后访问内部页面问题。

分析：根据例 10-3 内容，要实现用户登录后才能访问内部页面的功能，需要在内部页面中判断 Session 对象中是否已经存在用户登录信息。但是在大型项目中，站点的内部页面可能有成千上万，如果按照之前的做法，必然会引起大量重复性的代码，不利于后期站点的升级和维护。而通过创建过滤器便可统一、方便地解决此问题，具体如 LoginFilter 所示：

```
@WebFilter(filterName = "LoginFilter",urlPatterns = "/*")
public class LoginFilter implements Filter {
    //省略 destroy()和 init()方法
    public void doFilter(ServletRequest req, ServletResponse resp, FilterChain chain) throws
ServletException, IOException {
        HttpServletRequest request = (HttpServletRequest) req;
        HttpServletResponse response = (HttpServletResponse) resp;
        HttpSession session = request.getSession();
        String username = (String) session.getAttribute("username");
        //判断如果没有取到用户信息，就跳转到登录页面
        if (username == null || "".equals(username)) {
            //转发到登录页面
```

```
            request.getRequestDispatcher("login.jsp").forward(request,response);
            }
            else {
                //已经登录,放行
                chain.doFilter(request,response);
            }
        }
    }
```

LoginFilter 首先需要将 ServletRequest 类型的请求对象和 ServletResponse 类型的响应对象分别转化为 HttpServletRequest 类型和 HttpServletResponse 类型，然后获取 HttpSession 对象，通过判断 HttpSession 对象中是否已经存在登录用户的信息，决定请求是否能到达目标资源。由于 LoginFilter 是 REQUEST 类型的过滤器，不会拦截 FORWARD 类型的请求，因此服务器转发的请求能到达 login.jsp 页面。需要注意的是，如果不是使用请求转发，而是使用请求重定向，则会造成页面死循环，不能成功到达 login.jsp 页面。

12.2 监 听 器

Web 开发中，事件监听器主要用来监听 ServletContext、HttpSession 和 ServletRequest 等域对象的创建和销毁过程，以及这些域对象属性的修改事件。其主要用途有系统启动时加载初始化信息、统计在线人数和在线用户、统计网站访问量等。

12.2.1 监听器概述

在开发 Web 应用程序时，经常会用到事件监听器，这种事件监听器被称之为 Servlet 事件监听器，本质上 Servlet 事件监听器就是一个实现特定接口的 Java 程序，专门用于监听 Web 应用程序中 ServletContext、HttpSession 和 ServletRequest 等域对象的创建和销毁过程，以及监听这些域对象属性的修改。根据监听事件的不同可以将其分成 3 类。

(1) 用于监听域对象创建和销毁的事件监听器。

(2) 用于监听域对象中属性变更的事件监听器。

(3) 用于监听绑定 HttpSession 域中某个对象状态的事件监听器。

上述 3 类监听事件都定义了相应的接口，在编写事件监听器程序时只需实现对应的接口就可以实现监听功能。Web 服务器会根据监听器实现的接口，把它注册到被监听的对象上，当触发了某个对象的监听事件时，Web 容器将会调用 Servlet 监听器与之先关的方法对事件进行处理。开发中监听事件主要对应 8 个监听器接口，具体如表 12-3 所示。

表 12-3 8 大监听器接口

监听器接口	功 能 描 述
ServletContextListener	类别(1)，实现该接口可以在 ServletContext 对象初始化或者销毁时得到通知
HttpSessionListener	类别(1)，实现该接口可以在 HttpSession 对象创建或失效前得到通知
ServletRequestListener	类别(1)，实现该接口可以在 ServletRequest 对象创建或销毁前得到通知

续表

监听器接口	功能描述
ServletContextAttributeListener	类别(2),实现该接口可以在 ServletContext 对象的属性列表发生变化时得到通知
ServletRequestAttributeListener	类别(2),实现该接口可以在 ServletRequest 对象的属性列表发生变化时得到通知
HttpSessionAttributeListener	类别(2),实现该接口可以在 HttpSession 对象的属性列表发生变化时得到通知
HttpSessionBindingListener	类别(3),实现该接口可以使一个对象在 Session 或者从 Session 中删除时得到通知
HttpSessionActivationListener	类别(3),实现该接口的对象如果绑定到 Session 中,当 Session 被钝化或者激活时,Servlet 容器将通知该对象

12.2.2 监听器的使用

了解完 Java Web 中的事件监听器的相关概念及 API 后,接下来根据监听器的类别来分别讲述各自的用法。

1. 监听域对象创建和销毁的事件监听器

(1) ServletContext 监控:对应监控 Application 内置对象的创建和销毁,MyContextListener 代码如下:

```
@WebListener()
public class MyContextListener implements ServletContextListener{
    public void contextInitialized(ServletContextEvent sce) {
        System.out.println("Web 容器启动时,调用此方法");
    }
    public void contextDestroyed(ServletContextEvent sce) {
        System.out.println("Web 容器关闭时,调用此方法");
    }
}
```

MyContextListener 使得当 Web 容器启动时,执行 contextInitialized()方法;当容器关闭或重启时,执行 contextDestroyed()方法。该监听事件主要在启动 Web 应用时初始化配置信息,或者是在关闭 Web 应用时需要回收一些资源时使用。

(2) HttpSession 监控:对应监控 Session 内置对象的创建和销毁,MySessionListener 代码如下:

```
@WebListener()
public class MySessionListener implements HttpSessionListener {
    public void sessionCreated(HttpSessionEvent se) {
        /* Session is created. */
        System.out.println("Session 对象创建时调用该方法");
    }
    public void sessionDestroyed(HttpSessionEvent se) {
        /* Session is destroyed. */
        System.out.println("Session 对象销毁时调用该方法");
```

```
    }
}
```


MySessionListener 使得当一个用户访问网站时容器就会创建一个 HttpSession 对象，从而调用 sessionCreated()方法，当用户离开网站时容器就会销毁一个 HttpSession 对象，从而自动调用 sessionDestroyed()方法。该特性可用于统计站点当前在线人数。

【例 12-5】 统计当前在线人数。

分析：一个用户一旦连接到站点，服务器便会自动创建一个 HttpSession 对象，因此可创建一个 HttpSession 对象的监听器来实现当前在线人数统计的功能。该监听器中还需要有一个 ServletContext 域对象范围的变量来记录总人数。

(1) 创建 HttpSession 对象的监听器，具体如下：

```
@WebListener()
public class CountUserListener implements HttpSessionListener{
    private int count = 0; // 用于统计在线人数
    public void sessionCreated(HttpSessionEvent se) {
        count++;
        se.getSession().getServletContext().setAttribute("count", count);
    }
    public void sessionDestroyed(HttpSessionEvent se) {
        count--;
        se.getSession().getServletContext().setAttribute("count", count);
    }
}
```

CountUserListener 定义了一个成员变量 count，当每一个 Session 对象被创建时都将 count 的值加 1，并将 count 的值保存到 ServletContext 域对象中；当每销毁一个 Session 对象时该监听器都将 count 的值减 1，并将 count 修改后的值保存到 ServletContext 域对象中。

(2) 创建 count.jsp 页面，显示在线用户的数量，具体如下：

```
<body>
    当前人数为: ${applicationScope.count} <br>
    <a href = "${pageContext.request.contextPath}/logout">退出登录</a>
</body>
```

count.jsp 页面首先在 Application 域对象中取出 count 的值并显示，然后通过“退出登录”超链接注销 Session 对象。可以通过打开不同浏览器来模拟多用户多会话的场景，以不同浏览器连续访问该页面 3 次，得到如图 12-6 所示结果。

从图 12-6 可以看出，3 个不同用户连接到该站点使得 count 的值为 3。当某个用户关闭浏览器或单击退出登录(见例 10-3)按钮后，会使得当前在线人数减 1。

(3) ServletRequest 监控：对应监控 Request 内置对象的创建和销毁，具体如下：

```
@WebListener()
public class MyRequestListener implements ServletRequestListener {
    @Override
    public void requestDestroyed(ServletRequestEvent servletRequestEvent) {
        System.out.println("销毁 request 请求时，调用该方法");
```

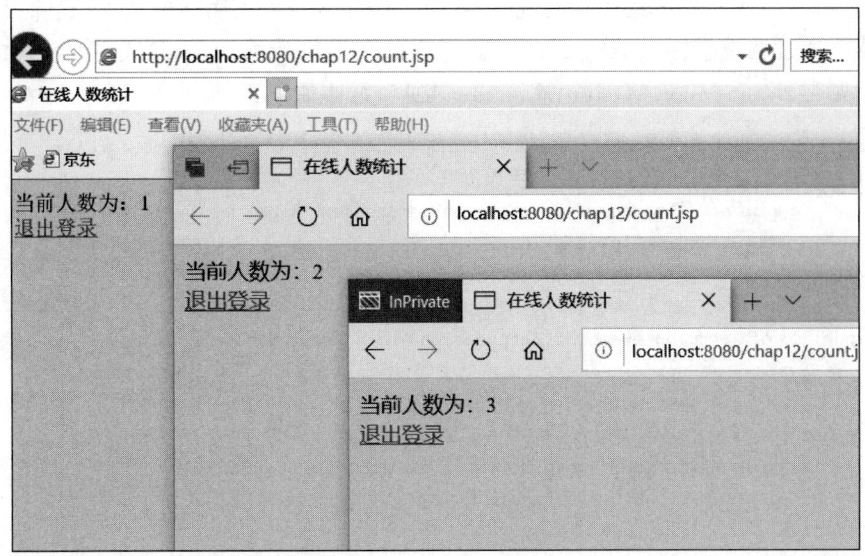

图 12-6　站点在线人数统计

```
    }
    @Override
    public void requestInitialized(ServletRequestEvent servletRequestEvent) {
        System.out.println("创建 request 请求时,调用该方法");
    }
}
```

MyRequestListener 使得客户端每发送一个 request 请求，便执行 requestInitialized()方法；每完成一个请求，便执行 requestDestroyed()方法。

2. 监听对象中属性的变更

监听对象属性的新增、删除和修改的监听器也可以划分成 3 种，分别针对 ServletContext、HttpSession、ServletRequest 对象。容器根据传入方法参数类型的不同，监听不同域对象属性的变更。

(1) 实现 ServletContextAttributeListener 接口，具体如下：

```
public class MyContextAttrListener implements ServletContextAttributeListener{
    //Application 对象中添加属性时,调用该方法
    public void attributeAdded(ServletContextAttributeEvent hsbe) {
        System.out.println("application 对象中添加属性 :name = " + hsbe.getName());
    }
    //Application 对象中删除属性时,调用该方法
    public void attributeRemoved(ServletContextAttributeEvent hsbe) {
        System.out.println("application 对象中删除属性 :name = " + hsbe.getName());
    }
    //Application 对象中更改属性时,调用该方法
    public void attributeReplaced(ServletContextAttributeEvent hsbe) {
        System.out.println("application 对象中修改属性 :name = " + hsbe.getName());
    }
}
```

MyContextAttrListener 代码实现了 Application 域对象中属性的增加、删除、修改事件的监听器。通过调用事件对象的 getName()方法，可获取所添加、删除或更改属性的名称。

(2) 实现 HttpSessionAttributeListener 接口，具体如下：

```
public class MyHttpSessionAttrListener implements HttpSessionAttributeListener{
    //Session 对象中添加属性时,调用该方法
    public void attributeAdded(HttpSessionBindingEvent hsbe) {
        System.out.println("session 对象中添加属性:name = " + hsbe.getName());
    }
    //Session 对象中删除属性时,调用该方法
    public void attributeRemoved(HttpSessionBindingEvent hsbe) {
        System.out.println("session 对象中删除属性:name = " + hsbe.getName());
    }
    //Session 对象中修改属性时,调用该方法
    public void attributeReplaced(HttpSessionBindingEvent hsbe) {
        System.out.println("session 对象中修改属性:name = " + hsbe.getName());
    }
}
```

HttpSessionAttributeListener 代码实现了 Session 域对象中属性的增加、删除、修改事件的监听器。通过调用事件对象的 getName()方法，可获取所添加、删除或更改属性的名称。

(3) 实现 ServletRequestAttributeListener 接口，具体如下：

```
public class MyServletRequestAttrListener implements ServletRequestAttributeListener{
//Request 对象中添加属性时,调用该方法
    public void attributeAdded(ServletRequestAttributeEvent hsbe) {
        System.out.println("request 对象中添加属性 :name = " + hsbe.getName());
    }
//Request 对象中删除属性时,调用该方法
    public void attributeRemoved(ServletRequestAttributeEvent hsbe) {
        System.out.println("request 对象中删除属性 :name = " + hsbe.getName());
    }
//Request 对象中修改属性时,调用该方法
    public void attributeReplaced(ServletRequestAttributeEvent hsbe) {
        System.out.println("request 对象中修改属性 :name = " + hsbe.getName());
    }
}
```

ServletRequestAttributeListener 代码实现了 Request 域对象中属性的增加、删除、修改事件的监听器。通过调用事件对象的 getName()方法，可获取所添加、删除或更改属性的名称。

3. 监听对象状态的事件监听器

Web 应用程序开发中经常使用 Session 域来存储对象，每个对象在该域中都有多种状态，如绑定(添加)到 Session 域中、从 Session 域中解除绑定(删除)、随 Session 对象持久化到一个存储设备中(钝化)、随 Session 域从一个存储设备中回复(激活)等状态。为了观察 Session 域中对象的状态，Servlet API 提供了两个特殊的监听器接口 HttpSessionBindingListener 和 HttpSessionActivationListener，这两个接口专门用于监听 JavaBean 对象在 Session 域中的

状态。

1）HttpSessionBindingListener 接口

可以通过实现 HttpSessionBindingListener 接口，监听 JavaBean 对象的绑定和解绑事件，该接口的绑定和解绑事件分别对应两个事件处理方法：valueBound()方法和 valueUnbound()方法。

【例 12-6】 监听某特定用户（比如“小明”）是否上线。

分析：用户成功登录到站点后，一般会在 Session 对象中保存用户的登录信息（用户名或用户对象等），通过这一事件可以监听到某特定用户是否上线。

（1）创建 User.java，具体如下：

```
public class User implements HttpSessionBindingListener{
    private String username;
    private String password;
    ...// 省略构造方法
    @Override
    public void valueBound(HttpSessionBindingEvent hsbe) {
        if (this.getUsername().equals("小明")){
            System.out.println("小明登录了,警告发出.");
        }
    }
    @Override
    public void valueUnbound(HttpSessionBindingEvent hsbe) {
        if (this.getUsername().equals("小明")){
            System.out.println("小明下线了,警告发出.");
        }
    }
   ...// 省略 get()和 set()方法
}
```

User 类所示代码在创建 User 实体时实现 HttpSessionBindingListener 接口，valueBound()和 valueUnbound()方法中的 this 对象分别表示当前绑定到 Session 域中的 User 对象和当前从 Session 域中解绑的 User 对象。

（2）创建 LoginServlet 处理用户请求，具体如下：

```
@WebServlet(name = "LoginServlet", urlPatterns = "/login")
public class LoginServlet extends HttpServlet {
    protected void doPost(HttpServletRequest request, HttpServletResponse response) throws
ServletException, IOException {
        String username = request.getParameter("username");
        String password = request.getParameter("password");
        if ("小明".equals(username) && "123".equals(password)) {
            User user = new User(username, password);
            request.getSession().setAttribute("user", user);
            response.sendRedirect("index.jsp");
        }else {
            response.sendRedirect("login.jsp");
        }
    }
}
```

LoginServlet 在用户登录成功后，首先将用户登录信息封装成 User 对象，然后将该 User 对象添加到 Session 域对象中，这个事件会触发 User 对象调用 valueBound()方法来处理该事件，该方法根据 this 对象(当前绑定的用户对象)获取用户名属性来判断某特定的用户是否上线。当用户注销后会触发 User 对象调用 valueUnbound()方法从而能监听到当前用户已经离线。在 login.jsp 输入用户名"小明"和密码"123"登录成功后，单击"注销"超链接，控制台打印登录和下线信息，如图 12-7 所示。

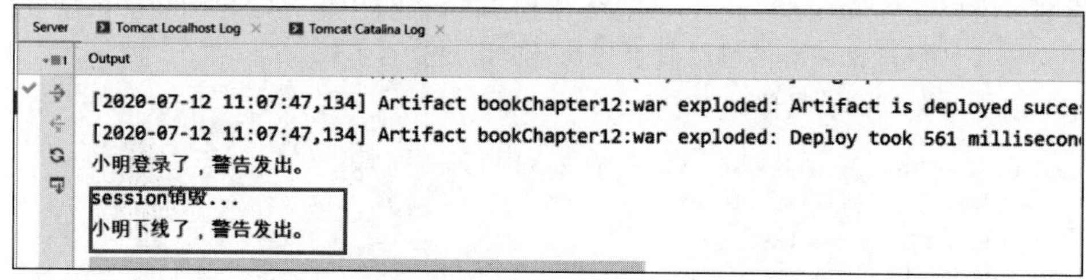

图 12-7　监听"小明"上下线

2) HttpSessionActivationListener 接口

HttpSession 域对象中保存大量访问网站相关的重要信息，但是过多的 Session 数据会占用过多的内存，引起服务器性能下降。为了解决这一问题，Web 容器会将不常使用的 Session 数据序列化到本地文件中，这一过程称为钝化。当需要再次访问到该 Session 的内容时，就会读取本地文件放入内存中，这个过程称为活化(激活)。为了监听 HttpSession 中对象钝化和活化的过程，Servlet API 提供了 httpSessionActivationListener 接口，该接口定义了 sessionWillPassivate()方法和 sessionDidActivate()方法分别对应对象的钝化和活化事件处理方法。需要注意的是，对象序列化还需要实现 Serializable 接口。

(1) 创建 Employee.java 实现 Serializable 和 HttpSessionActivationListener 接口，具体如下：

```
public class Employee implements HttpSessionActivationListener, Serializable {
    private int id;
    private String name;
    private double salary;
    //省略构造方法和 get()和 set()方法
    @Override
    public void sessionWillPassivate(HttpSessionEvent httpSessionEvent) {
        System.out.println("Employee 被钝化了");
    }
    @Override
    public void sessionDidActivate(HttpSessionEvent httpSessionEvent) {
        System.out.println("Employee 被激活了");
    }
}
```

Employee 类所示代码中的 sessionWillPassivate()和 sessionDidActivate()方法分别对应对象的钝化过程和活化过程。

(2) 在 Tomcat 安装目录中的 context.xml 文件中添加如下配置，具体如下：

```
<?xml version = "1.0" encoding = "UTF - 8"?>
<Context>
    <!-- maxIdleSwap:session 中的对象多长时间不使用就钝化,单位为秒 -->
    <!-- directory:钝化后的对象的文件写到磁盘的哪个目录下 -->
    <Manager className = "org.apache.catalina.session.PersistentManager" maxIdleSwap = "100">
        <Store className = "org.apache.catalina.session.FileStore" directory = "/javaweb" />
    </Manager>
</Context>
```

其中 maxIdleSwap 属性用于指定 Session 被钝化前的空闲时间间隔(单位秒)，这里设置为 100 秒，directory 属性指定保存对象持久化文件的目录。

(3) 创建 SessionActionServlet.java 构造 Employee 并添加到 Session 对象中，具体如下。

```
@WebServlet(name = "SessionActionServlet", urlPatterns = "/active")
public class SessionActionServlet extends HttpServlet {
    protected void doGet(HttpServletRequest request, HttpServletResponse response) throws
ServletException, IOException {
        String method = request.getParameter("method");
        if (method.equals("write")){
            Employee emp = new Employee(1, "Jason", 9999);
            request.getSession().setAttribute("emp", emp);
            System.out.println("Employee 被放到 session 域中了");
        }else if (method.equals("read")){
         Employee emp = (Employee)(request.getSession().getAttribute("emp"));
         System.out.println("从 session 域中读取 Employee 对象: " + emp.getName());
        }
    }
}
```

SessionActionServlet 所示代码根据 method 请求参数的不同，选择在 Session 对象中保存或者取出 Employee 对象。重新启动 Tomcat，并在浏览器中输入 URL 地址 http://localhost:8080/chap12/active?method=write，过 100 秒后控制台显示结果如图 12-8 所示。

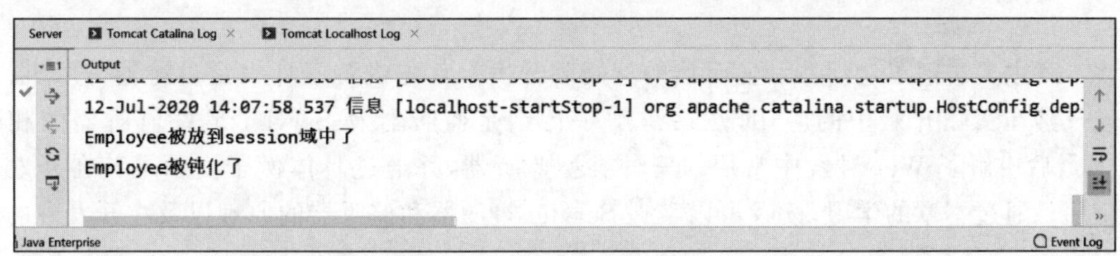

图 12-8　控制台显示钝化事件发生

在浏览器中输入 URL 地址 http://localhost:8080/chap12/active?method=read，控制台显示结果如图 12-9 所示。

值得一提的是，IDEA 中 Session 对象钝化的数据文件所在的目录和 Eclipse 有所不同，读者首先可以根据 Tomcat 的启动信息，找到项目部署的目录，如图 12-10 所示。

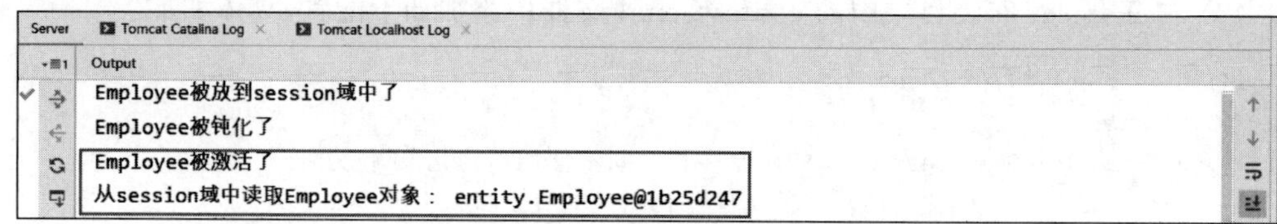

图 12-9　控制台显示活化事件发生

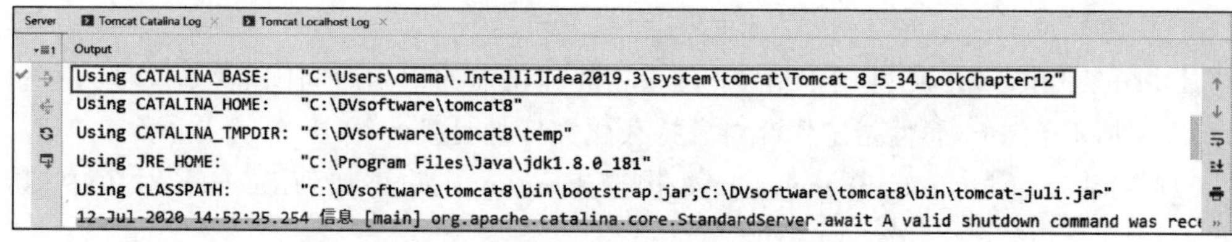

图 12-10　IDEA 中项目部署的目录

在图 12-10 所示目录下的 work\Catalina\localhost\chap12\javaweb 下保存着 Session 对象的钝化数据，如图 12-11 所示。

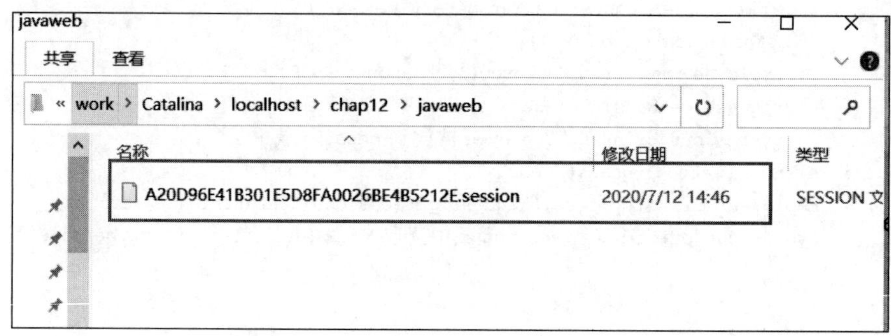

图 12-11　Session 对象中钝化的数据文件

小　　结

本章主要讲解了过滤器和监听器的应用和开发。首先讲解了什么是过滤器，过滤器的原理及其在实际开发中的应用，然后讲解了什么是监听器及 Servlet 事件监听器的相关 API，最后讲解了 Web 开发中常用的三种类型监听器，并通过具体例子演示了其在开发中的应用。通过本章的学习，读者可以掌握 Servlet 过滤器和监听器的原理以及在开发中的具体应用。

第 13 章　Ajax 技术基础

在传统的 Web 应用中，用户在提交请求后需要等待服务器响应后才能继续操作，如果前一个请求没有响应，则后一个请求就不能发送。对用户而言，这种不连续的操作会降低用户对站点的体验，另外，频繁地刷新整张页面也会加重服务器的负担。Ajax 技术正是为了弥补上述不足而诞生的，通过 Ajax 技术，用户可以在必要的时候只更新页面的一小部分，而不用刷新整个页面；另外，用户在发送请求后也无须等待服务端的响应后才能继续操作。本章将主要结合 jQuery 来讲解 Ajax 技术的使用。

13.1　Ajax 概述

使用 Ajax(Asynchronous JavaScript and XML)技术可以通过 JavaScript 发送请求到服务端，服务端响应结束后，根据返回结果可以只更新局部页面，以提供连续的客户端体验。Ajax 并不是一种全新的技术，而是由 JavaScript、XML、CSS 等几种现有技术整合而成。其原理如图 13-1 所示。

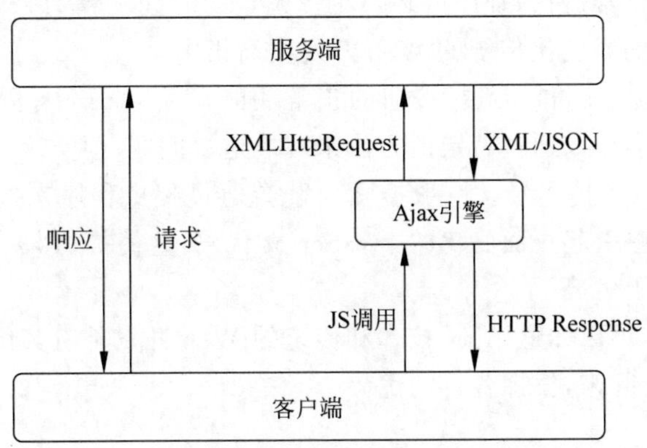

图 13-1　Ajax 原理

Ajax 的执行流程是先由客户端触发事件调用 JavaScript，通过 Ajax 引擎的 XMLHttpRequest 对象异步发送请求到服务器，服务器执行业务逻辑后返回 XML、JSON(JavaScript ObjectNotation)或 HTML 等格式的数据，最后客户端基于返回的数据使用 DOM 和 CSS 技术局部更新用户界面。通过对上述流程的分析可知，Ajax 技术主要包括以下几点关键内容。

(1) JavaScript 语言是 Ajax 技术的主要开发语言，但在实际应用中，目前已经很少有团队使用原生的 JavaScript 进行 Ajax 开发，本章主要讲解使用 jQuery 进行 Ajax 开发。

(2) Ajax 引擎既是 XMLHttpRequest 对象，该对象以异步的方式在客户端和服务端之间传递数据。

(3) XML、JSON、HTML 技术主要用来封装请求或响应的数据格式，其中 JSON 格式的数据因诸多优点广泛用于数据交换中，本章主要讲解基于 JSON 格式的数据传输。

(4) DOM 和 CSS，使用 Ajax 请求服务端返回一定格式的数据后，需要使用 DOM 将数据转化为元素显示到页面中，同时需要修改样式，以美化页面效果，提升用户体验。

前面章节已经讲述了传统的 Web 开发技术，它与 Ajax 技术的相同之处在于：都是由客户端先发送 HTTP 请求，然后由服务端对请求生成响应，而不同之处主要有以下 3 点。

(1) 发送请求方式不同。传统的 Web 应用通过浏览器发送请求，而 Ajax 技术则是通过 JavaScript 的 XMLHttpRequest 对象发送请求。

(2) 服务器响应不同。传统的 Web 应用中，服务器响应的是一个完整的页面，而在 Ajax 中，服务器响应的是一定格式的数据。

(3) 客户端处理响应的方式不同。传统的 Web 应用发送请求后，浏览器将等待服务器响应完成后重新加载整个页面，而采用 Ajax 后，浏览器不用专门等待请求的响应，只是通过 JavaScript 动态更新页面中需要更新的部分。

与传统的 Web 应用比，Ajax 具有不需要插件支持、优秀的用户体验、提高 Web 程序的性能和减轻服务器和带宽的负担等优势，但 Ajax 也并非是一项完美的技术。Ajax 主要存在以下几点不足。

(1) 浏览器对 XMLHttpRequest 对象的支持不足。Internet Explorer 在 5.0 后的版本才支持 XMLHttpRequest 对象，Mozilla 和 Netscape 等浏览器则更在其后。为了使 Ajax 应用能在各个浏览器中正常运行，程序员必须花费大量的时间和精力来解决浏览器兼容的问题，这使得 Ajax 开发的难度比传统的 Web 开发要高很多。

(2) 破坏浏览器"前进"和"后退"按钮的正常功能。在 Ajax 中，浏览器的"前进"和"后退"按钮都会失效，虽然可以通过特定的方法来解决这一问题，但实现起来非常麻烦。

(3) 对搜索引擎的支持不足。一般搜索引擎会通过爬虫程序来搜集海量的网页，但是爬虫程序不能理解那些引起页面变化的 JavaScript 代码，这使得 Ajax 站点在网络推广上相对于传统站点明显处于劣势。

通过前面的介绍，可以知道 Ajax 技术和传统的 Web 开发都有其优缺点，因此在实际开发中，通常将二者结合起来，发挥各自的优势。

13.2 使用 jQuery 开发 Ajax

由 13.1 节内容可知，XMLHttpRequest 对象可以在不刷新当前页面的情况下向服务器端发送异步请求。尽管名为 XMLHttpRequest，但它并不限于和 XML 文档一起使用，它还可以接受 JSON 或 HTML 等格式的文档数据。XMLHttpRequest 得到了目前所有浏览器较好的支持，但由于历史原因，它的创建在不同浏览器下有一定的差别，并且直接使用 XMLHttpRequest 对象实现 Ajax 相对比较复杂，如果服务端返回复杂结构的数据处理起来也会比较麻烦，因此现有的应用程序已经很少直接使用 XMLHttpRequest 对象开发 Ajax

应用。而 jQuery 将 Ajax 相关的操作都进行了封装,只需简单调用一个方法即可完成请求发送和复杂数据格式的解析,并且无须考虑浏览器的兼容问题。为了让读者快速上手开发 Ajax 应用,本节主要讲解使用 jQuery 开发 Ajax 应用,对使用原生 JavaScript 做 Ajax 开发有兴趣的读者可自行查阅相关资料。

jQuery 的 $.ajax()方法可以通过发送 HTTP 请求加载服务端数据,是 jQuery 最底层的 Ajax 实现,具有较高的灵活性,其语法格式如下:

```
$.ajax([settings])
```

其中,参数 settings 表示 $.ajax()方法的参数列表,参数格式为 Key-Value 对。常用的配置参数如表 13-1 所示。

表 13-1　$.ajax()方法配置参数

参数名称	参数类型	功能描述
url	String	表示发送请求的地址,默认为当前页面地址
type	String	表示请求的方式(POST 或 GET),默认为 GET
data	PainObject/Array/String	表示发送到服务器的数据
dataType	String	表示服务器返回的数据类型,如 XML、JSON、HTML 等
beforeSend	Function(XMLHttpRequest)	表示发送请求前调用的函数,可用于修改 XMLHttpRequest 对象,例如添加自定义 HTTP 头。返回 false 将取消本次请求
success	Function(data, textStatus)	表示请求成功后调用的回调函数;参数 data 表示由服务器返回,并根据 dataType 参数进行处理后的数据,可能是 XML/JSON/HTML 类型;参数 textStatus 表示描述状态的数据
error	function(XMLHttpRequest, textStatus, errorThrown)	表示请求失败时被调用的函数。该函数有 3 个参数,即 XMLHttpRequest 对象、错误信息、捕获的错误对象(可选)
complete	function(XMLHttpRequest, textStatus)	表示请求完成后调用的回调函数(请求成功或失败时均调用)参数:XMLHttpRequest 对象和一个描述成功请求类型的字符串

表 13-1 只列出了 $.ajax()方法的常用配置参数,有特殊需求或想了解更多细节的读者可以参考 jQuery 的官方文档。

了解了 $.ajax()方法的常用参数后,下面介绍如何使用 $.ajax()方法实现 Ajax 异步刷新的功能。

【例 13-1】 使用 Ajax 验证用户名是否存在。

分析:当用户在文本框输入用户名,鼠标指针离开后产生失去焦点事件。事件处理函数获取文本框中的用户名,并使用 Ajax 发送异步请求给服务端,服务端 Servlet 接收请求并根据请求的用户名参数查找数据库中是否存在该用户名的数据,如果存在则直接通过 Response 对象写回文本数据 true,否则写回 false,客户端根据响应的结果,结合 DOM 和 CSS 将结果显示到页面上。

(1) 创建注册页面 reg.jsp,具体如下:

```
<script type = "text/javascript">
    $(function(){
```

```
            // 捕捉获取焦点事件
            $('#uname').blur(function(){
                // 获取输入的用户名
                let name =  $(':input[name="username"]').val();
                //发送异步请求
                $.ajax({
                    url : "${pageContext.request.contextPath}/userExist",
                    type : "GET",
                    data : "name=" + name,
                    success : function (data) {
                        if(data=="false"){//后台返回表示重名
                            $("#unameTips").html("用户名已存在,不可用!").css("color", "red");
                        }
                        else if(data == "true"){
                            $("#unameTips").html("用户名可用!").css("color", "green");
                        }
                    }
                })
            })
        })
    </script>
    <body>
        <form>
            用户名:<input type="text" name="username" id="uname">
            <span id="unameTips"></span>
        </form>
    </body>
```

reg.jsp 所示代码使用 jQuery 为 id 为 uname 的文本框添加鼠标失去焦点事件响应函数。该函数首先获取用户输入的内容(用户名),然后利用 $.ajax() 方法向映射路径为“/chap13/userExist”的 Servlet 发送请求,请求参数为 name,即为用户输入的内容。

(2) 服务端处理请求,具体如下:

```
@WebServlet(name = "UserExistServlet", urlPatterns = "/userExist")
public class UserExistServlet extends HttpServlet {
    private UserService userService = new UserServiceImpl();
    protected void doGet(HttpServletRequest request, HttpServletResponse response) throws
ServletException, IOException {
        request.setCharacterEncoding("UTF-8");
        String username = request.getParameter("name");
        User user = userService.findUserByName(username);
        if (user == null) {
            //如果为 null,表示用户名不存在
            response.getWriter().write("true");
        }else {
            //否则,表示用户名存在
            response.getWriter().write("false");
        }
    }
}
```

UserExistServlet 首先获取填写的用户名,与 service 层交互查询当前用户名是否存在,若存在则返回 false,否则返回 true。由于此处需要返回的是简单文本数据,因此可以直接使用 PrintWriter 对象的 write()方法写回。

(3) 客户端处理返回数据,如 reg.jsp 所示,$.ajax()方法中的 success 属性配置了服务端成功响应的回调函数,该函数的参数 data 表示服务端返回的数据,此处为 true 或 false。因此,可以根据返回结果的不同,使用 jQuery 的 html()方法和 css()方法设置样式,以将不同的效果显示到页面。

启动 Tomcat,在浏览器输入 URL 地址 http://localhost:8080/chap13/reg.jsp 访问该页面,输入数据库已存在的用户名,鼠标单击文本框外部,显示结果如图 13-2 所示。

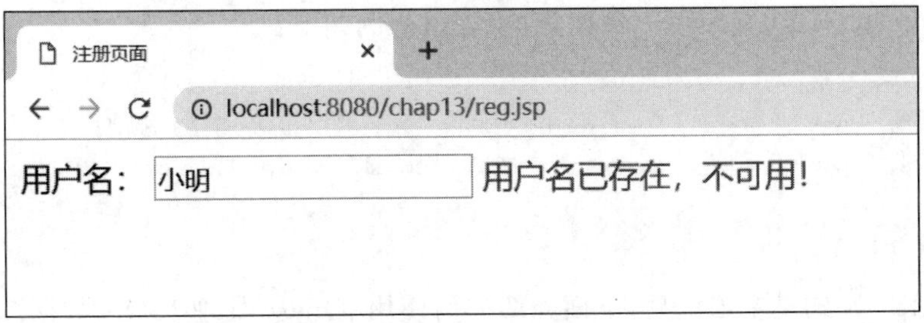

注册页面
localhost:8080/chap13/reg.jsp
用户名: 小明 用户名已存在，不可用!

图 13-2 "用户名不可用"显示效果

输入数据库不存在的用户名,鼠标单击文本框外部,显示结果如图 13-3 所示。

注册页面
localhost:8080/chap13/reg.jsp
用户名: 大明 用户名可用!

图 13-3 "用户名可用"显示效果

13.3 使用 JSON 构建响应数据

在 13.2 节的案例中,服务器响应的内容是一些简单的文本,然而在实际开发中,服务端很多时候响应的是一些结构化的数据,客户端获取到这些数据后也需要解析数据进而显示数据给用户。现阶段主流的支持这种客户端和服务端交互的数据格式便是 JSON。

JSON 采用了完全独立于语言的文本格式,是一种轻量级的数据交换格式。JSON 类似于实体类对象,通常用来在客户端和服务端之间传递数据。JSON 的语法较为简单,只需掌握如何使用 JSON 来定义对象和数组即可。

1. 定义 JSON 对象

定义 JSON 对象的具体格式如下:

```
var jsonObj = {"name1": "value1", "name2":"value2", …}
```

JSON 数据以键值对的格式书写，键和值用“:”隔开，不同的键值对之间用“,”隔开，整个表达式放到“{}”中。其中，name 必须是字符串，由双引号(“”)括起来，value 可以是 String、Number、boolean、对象、数组等。例如，定义 User 对象如下：

```
var user = {"id" : "1", "name" : "jason", "password" : "123", "email" : "jason@163.com"}
```

2. 定义 JSON 数组

定义 JSON 数组的具体格式如下：

```
var jsonArray = [jsonObj1, jsonObj2, jsonObj3, …]
```

JSON 数组的整个表达式放在“[ ]”中，元素之间用“,”隔开，元素类型可以是 String、Number、boolean、对象、数组等。例如，对象数组举例如下：

```
var userArray = [
{"id":"1", "name":"jason", "password":"123", "email":"jason@163.com"},
{"id":"2", "name":"andy", "password":"123", "email":"andy@163.com"} ,
…
]
```

了解了 JSON 的基本语法后，下面介绍如何使用 jQuery 处理 JSON 数据。

【例 13-2】 使用 Ajax 技术分页显示所有用户信息。

例 9-8 使用了传统的 Web 开发实现了分页显示用户信息的功能，本例使用 Ajax 实现此功能。请读者仔细比较两种的异同。

(1) 创建欢迎页面 welcome.jsp，具体如下：

```
<body>
    <div>
        <img src = "img/head.png" width = "800px" height = "96px">
    </div>
    <div style = "float: left">
        <ul>
            <li><a href = "#" id = "user">显示用户</a></li>
            <li><a href = "#">显示邮件</a></li>
            <li><a href = "#">显示笔记</a></li>
        </ul>
    </div>
    <div style = "float: left; margin-left: 50px" id = "disUsers">
        <img src = "img/wlc.jpg" height = "350" width = "500">
    </div>
    <div id = "page_info_area"style = " clear: both; margin-left: 200px">
        <!-- 显示分页信息 -->
    </div>
    <div style = "clear: both">
        <img src = "img/foot.png" height = "50px" width = "550px">
    </div>
</body>
```

为了体现局部刷新的效果，这里将主页面分成了头部(图片)、主体和底部，其中主体部分左边为< ul >列表，右边为数据填充区（数据表格和分页信息），初始状态下主体部分显示一张图片，其效果如图 13-4 所示。

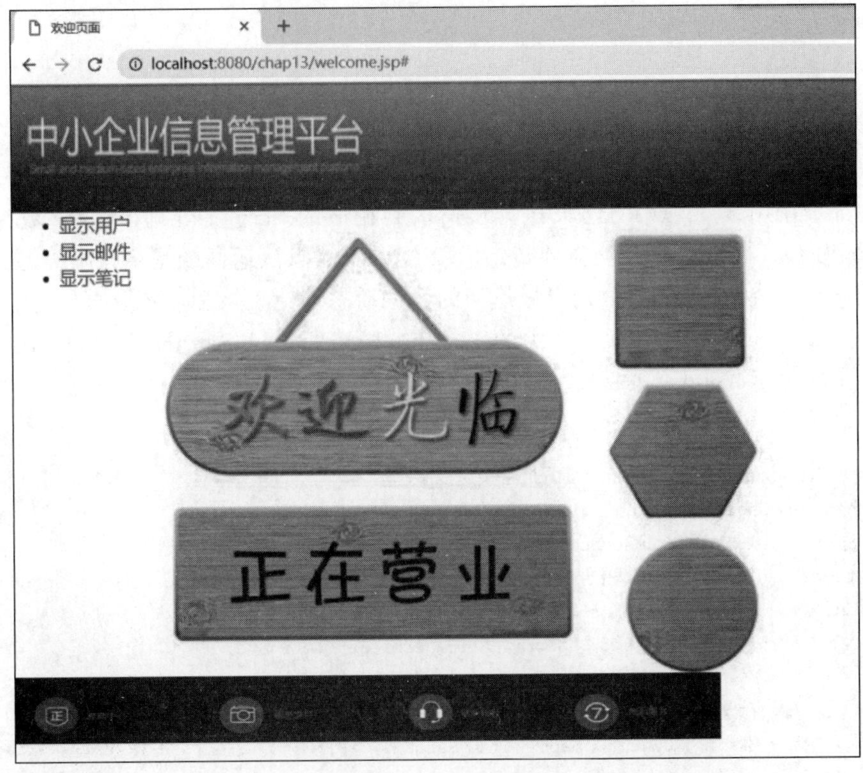

图 13-4 欢迎页面

(2) 发送异步请求。单击导航栏的"显示用户"超链接，右边容器部分显示用户数据，页面其余部分不刷新，浏览器地址栏不变。在 welcome.jsp 中添加如下 jQuery 代码（也可新建一个 JS 文件），具体如下：

```
<script>
    var pageNow = 1;                              //全局变量
    $(function(){
        $('#user').click(function () {
            displayOnPage(1);
        })
    })
    function displayOnPage(pn) {
        pageNow = pn                              //改变当前页的值
        $.ajax({
            url:"${pageContext.request.contextPath}/findUserPageable",
            data:"pageNow=" + pn,
            type:"GET",
            dataType:"JSON",                      //指定数据返回类型为 JSON
            success:function(result){
                //1.解析并显示员工数据
```

```
                buildUsersTable(result);
                //2.解析并显示分页信息
                buildPageInfo(result);
            }
        });
    }
</script>
```

welcome.jsp 所示代码中当单击“显示用户”超链接时，会调用 displayOnPage()函数，该函数内部会调用 $.ajax()方法发送异步请求到相应的 Servlet 处理，请求参数为当前页面数(默认为 1)。响应数据类型需要指定为 JSON，不然默认返回的是字符串类型。响应成功的回调函数分成两个部分，分别根据返回的数据动态创建表格和显示分页信息。

(3) 后端 Servlet 处理与例 9-8 中的 UserFindAllPageableServlet 类似，区别在于本例中服务端是通过 Response 对象直接写回数据，而不是通过 Request 对象请求转发，具体如下：

```
@WebServlet(urlPatterns = "/findUserPageable")
public class UserFindAllPageableServlet extends HttpServlet {
    private UserService userService = new UserServiceImpl();
    protected void doGet(HttpServletRequest request, HttpServletResponse response) throws
ServletException, IOException {
        //省略部分同例 9 - 8: UserFindAllPageableServlet.java
        ...
        //保存模型信息
        Map<String, Object> maps = new HashMap<>();
        maps.put("page", page);
        maps.put("users", users);
        //解决响应乱码问题,也可直接使用过滤器
        response.setCharacterEncoding("utf-8");
        response.setContentType("text/html;charset=UTF-8");
        //使用 FastJson 直接转成 JSON 格式的字符串
        String result = JSON.toJSONString(maps);
        try {
            response.getWriter().write(result); //写回数据
        } catch (IOException e) {
            // TODO Auto-generated catch block
            e.printStackTrace();
        }
    }
}
```

UserFindAllPageableServlet 在返回模型数据阶段首先基于 Map 结构保存了 2 个页面需要显示信息，分别为用户集合对象(users)和分页信息对象(page)。由于 Map 集合是 Java 自定义的类型，因此还需要将数据转换成 JSON 类型。因为手动拼接 JSON 数据太过于烦琐，我们使用阿里巴巴的 FastJson 工具包将任意的 Java 类型转换成 JSON 类型。FastJson 功能强大且简单易用，只需将其 jar 包复制到工程的 lib 文件夹中即可。本例中，经转换后的部分 JSON 格式数据如下所示：

```
{"page":{"pageCount":10,"pageNow":1,"totalPage":11,"totalRows":106},
"users":[{"email":"xm@wzu.edu.cn","id":1,"password":"123","username":"小明"},
{"email":"xh@wzu.edu.cn","id":2,"password":"234","username":"小红"},
{"email":"xg@wzu.edu.cn","id":3,"password":"345","username":"小刚"},
...
]}
```

上述 JSON 数据是调用 FastJson 包中 JSON.toJSONString()方法将 maps 集合转化后的结果。将该结果写回前端页面后，前端页面便可根据 JSON 数据的语法获取相应的数据，比如 result.page 即可获取分页信息对象。

(4) 获取用户数据并显示，具体如下：

```
function build_emps_table(result) {
        //先清空容器内容
    $("#disUsers").empty();
    //动态构建表格显示
    var user_table = $("<table border=1></table>")
    var user_table_head = $("<tr><td>ID</td><td>用户名</td><td>密码</td><td>邮箱
</td><td>操作</td></tr>")
    user_table_head.appendTo(user_table)
    var users = result.users //获取 users 数据,result 为 JSON 格式
    $.each(users, function (index, item) {
        var uIdTd = $("<td></td>").append(item.id);
        var uNameTd = $("<td></td>").append(item.username);
        var uPwdTd = $("<td></td>").append(item.password);
        var emailTd = $("<td></td>").append(item.email);
        var editBtn = $("<button></button>").append($("<span></span>").append("编辑"));
         //为编辑按钮添加事件响应函数
        editBtn.attr("onclick","updateUser(" + item.id + ")");
        var delBtn = $("<button></button>").append($("<span></span>").append("删除"));
        //为删除按钮添加事件响应函数
        delBtn.attr("onclick","deleteUser(" + item.id + ")");
        var btnTd = $("<td></td>").append(editBtn).append(" ").append(delBtn);
      //append 方法执行完成以后还是返回原来的元素
      $("<tr></tr>").append(uIdTd).append(uNameTd).append(uPwdTd).append(emailTd).append
(btnTd).appendTo(user_table)
    })
        user_table.appendTo($("#disUsers"))
}
```

build_emps_table()函数主要任务就是获取服务端响应的数据并显示数据，尽管这里只需要显示一张表格，但可以看出，使用 jQuery 进行 DOM 操作依然需要不断地拼接 HTML 元素，相对比较烦琐。这也是使用 Ajax 技术所需解决的问题。

(5) 获取页面信息并显示，具体如下：

```
function build_page_info(result) {
        $("#page_info_area").empty();
        $("#page_info_area").append("当前" + result.page.pageNow + "页,总" +
            result.page.totalPage + "页,总" +
```

```
        result.page.totalRows + "条记录");
    var pagePrev = $("<button>上一页</button>"); //创建按钮
    var pageNext = $("<button>下一页</button>");
    pagePrev.click(function () { //绑定事件
        displayOnPage(result.page.pageNow - 1)
    })
    pageNext.click(function () {
        displayOnPage(result.page.pageNow + 1)
    })
    $("#page_info_area").append(pagePrev).append(pageNext)
}
```

build_page_info()函数根据 result 数据可以获取页面的具体信息并显示到相应的位置,"上/下一页"按钮调用了 displayOnPage()函数来实现翻页功能。有了以上功能的实现,在图 13-4 的界面中单击"显示用户"超链接,显示结果如图 13-5 所示。

图 13-5　使用 Ajax 显示所有用户

图 13-5 所示界面中单击"上一页"或者"下一页"按钮,同样只会局部刷新数据显示区域,页面其余部分不刷新,从而能提升效率,增强用户体验。

13.4 jQuery 中其他发送异步请求的方法

在 jQuery 中 $.ajax()方法属于最底层的方法，第 2 层有 $.load()、$.get()和 $.post()方法，第 3 层是 $.getScript()和 $.getJSON()方法，接下来分别介绍其中常用的方法。

1. $.load()

$.load()方法主要用来异步加载服务端的静态页面，其语法结构如下：

```
$.load(url, [data], [callback])
```

其中，参数 url 表示请求的静态资源的 URL 地址；data(可选)表示发送至服务器的 key-value 数据；callback(可选)表示请求完成时(无论成功或失败)的回调函数。下面看一个例子。

【例 13-3】 异步加载静态资源。

load.html。

```
<script type="text/javascript" src="js/jquery-3.4.1.js"></script>
<script>
    $(function () {
        $('#load').click(function () {
            $('#content').load("test.html")
        })
    })
</script>
<body>
    <button id="load">加载发帖内容</button>
    <div id="content">
    </div>
</body>
```

在页面 load.html 中单击“加载发帖内容”将会异步加载 test.html 内容到 id 为 content 的<div>标签中，效果如图 13-6 所示。

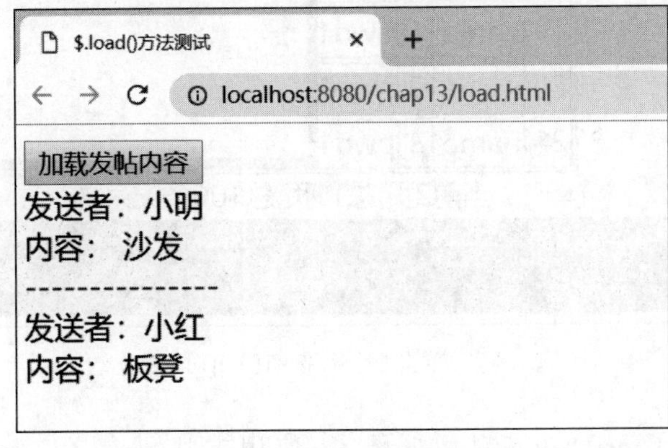

图 13-6 异步加载静态资源

2. $.get()和$.post()

$.get()方法和$.post()方法分别使用GET方式和POST方式发送异步请求，它们是在$.ajax()方法的基础上进行封装的，两者的语法格式相同，具体如下：

```
$.get(url [, data] [, callback] [, type])
$.post(url [, data] [, callback] [, type])
```

其中，参数url表示请求资源的URL地址；data(可选)表示发送至服务器的key-value数据；callback(可选)表示请求成功时的回调函数；type表示服务端返回内容的格式，包括XML、TEXT、JSON等。通常情况下，对于一般的Ajax功能需求使用这两个方法即可满足，如果需要更多的灵活性，则可以使用$.ajax()方法指定更多的参数。接下来看一个常见的案例。

【例13-4】 异步更新用户信息。

单击图13-4"编辑"按钮，弹出对话框，要求对话框中已填充当前单击的用户数据，比如单击第2页中ID为15的用户，显示结果如图13-7所示。

图13-7 单击"编辑"按钮弹出对话框

上述功能引入了artDialog对话框技术(使用方法可参考http://aui.github.io/artDialog/)，由build_emps_table()函数可知，单击"编辑"按钮会调用updateUser()函数，具体如下：

```
function updateUser(id) {
        // 发送 get 异步请求,获取当前 ID 的用户数据,并填充到更新表单
        $.get("${pageContext.request.contextPath}/findUserById", {"id":id}, function
(result) {
            $('#updateuser input[name = "username"]').val(result.username)
            $('#updateuser input[name = "password"]').val(result.password)
            $('#updateuser input[name = "email"]').val(result.email)
        }, 'JSON')
        // 动态生成对话框
        art.dialog({
            title: '更新用户', //对话框标题
            content: $('#updateU').html(), //对话框内容
            width: 200,
            height: 200,
            cancelVal: '关闭',
            cancel: true,
            button:[{name:"提交",callback:function(){
                    // 对话框的提交按钮,发送异步请求
                $.post("${pageContext.request.contextPath}/updateUser?id = " + id, $('#
updateuser').serialize(), function(data){
                        if (data == "success") {
                            displayOnPage(pageNow); //更新成功显示当前页数据
                        }
                    })
                }}]
        })
    }
```

updateUser()函数首先根据当前用户的 ID 发送给路径为"/findUserById"的 Servlet 处理,该 Servlet 与数据库交互返回目标用户,并转化为 JSON 数据写回客户端,然后根据返回结果动态写入名为 updateuser 的表单,该表单区域需在初始化时期隐藏,具体如下:

```
<div id = "updateU" style = "display:none;">
    <form id = "updateuser" action = "" method = "post">
        <input type = "hidden" name = "method" value = "updateUser">
        用户名: <input type = "text" name = "username"> <br>
        密码: <input type = "password" name = "password"> <br>
        邮箱: <input type = "text" name = "email">
    </form>
</div>
```

更新表单有了数据后,便可以调用 artDialog 对话框技术,该对话框对象通过 content 属性,加载更新表单的 html 内容;通过 button 属性绑定具体按钮,从而响应单击事件发送异步请求,此处通过$.post()方法将表单数据通过 POST 请求发送到映射路径为"/updateUser"的 Servlet 处理。该 Servlet 会访问数据库并更新数据,如果更新成功,则返回结果为 success,客户端跳转到当前页查看更新后的数据。另外,值得一提的是,上述代码中的 serialize()方法的作用是将表单数据序列化,这样做的好处是不用将表单的数据一一在代码中列出,方便操作。

在图 13-5 显示的对话框中,修改用户名为 name7777,单击"提交"按钮,显示结果如

图 13-8 所示。

图 13-8　更新后结果

小　　结

本章首先介绍了 Ajax 技术的原理及其优势与不足，然后主要讲解了 jQuery 中的 Ajax 方法，详细地给出了如何使用 Ajax 技术进行信息的增、删、改、查操作。实际开发中，需要将 Ajax 技术与传统的 Web 开发技术相互结合，灵活运用。

第14章 项目实战

14.1 系统分析

如今社会早已经迈入了信息化时代，随着网络技术在教学领域的广泛应用，基于 Web 的教学平台的研究和设计成为了教育技术领域的热点话题，比如学生学籍管理系统、教务管理系统、在线选课系统等。面向学生和教师对于作业和成绩考核的要求，在线作业管理系统应运而生。它能有效提高教师与学生之间交流的效率，方便对学生成绩及教师教学效果进行大数据分析，实现了自动化和无纸化的作业管理任务。本章将使用前几章介绍的 Web 开发相关知识，实战开发在线作业管理系统。

14.1.1 需求分析

作为网上教学支持系统的一个子系统，在线作业管理系统为师生提供了便捷的作业交互与管理环境。为了迎合不同用户的需求，系统需要设计 3 类操作对象，即教师、学生和管理员。

1. 教师主要功能需求

(1) 查看所有授课班级、发布作业的信息；

(2) 发布作业到授课班级，该班级的学生需要在教师指定的时间内完成；

(3) 删除、修改已发布的作业信息，并且只能删除没有学生提交答案的作业；

(4) 查看学生提交的作业答案，并下载相关附件，根据学生完成作业的情况对其进行打分、评语等；

(5) 批改后教师能够在后台查看和修改班级学生的成绩情况，并导出为 Excel 表格。

2. 学生主要功能需求

(1) 查看自己所在班级、所选课程信息；

(2) 查看老师发布的作业信息，并且可以提交文字信息以及上传必要文件；

(3) 作业需要在指定时间内完成，否则不允许提交；

(4) 等待老师批改完成后，学生可以查看自己的成绩以及老师给予的评语；

(5) 老师未批改和作业到期之前，学生可以撤销自己提交的作业并重新提交。

3. 管理员主要功能需求

(1) 管理学院、专业、班级等信息，还需要设置选修班级和课程，并为教师分配班级及安排教授的课程；

(2) 为了完善系统的消息通知功能，管理员可以发布和管理通知公告，供所有用户查看；

(3) 为了有效管理用户数据，管理员需要对用户数据拥有最高权限。

4. 主要公共功能需求

(1) 为了满足用户对个人信息修改和完善的需求，系统应当提供用户管理个人信息的功能，例如更换头像、重置密码等；

(2) 当用户忘记密码导致无法进入系统时，提供通过邮箱找回密码或修改密码的功能。

14.1.2 运行环境

如图14.1所示，开发环境配置包括以下部分。

(1) 操作系统：Windows 10；

(2) 开发工具：IntelliJ IDEA 2019.3.3、Navicat for MySQL 10.0.11；

(3) 开发环境：Apache Tomcat 9.0.14、JDK 1.8.0_191；

(4) 数据库系统：MySQL 5.5.62。

图14-1 开发环境配置需要的工具

IntelliJ IDEA是Java编程语言开发的集成环境。IntelliJ在业界被公认为最好的Java开发工具，尤其在智能代码助手、代码自动提示、重构、JavaEE支持、各类版本工具(git、svn等)、JUnit、CVS整合、代码分析、创新的GUI设计等方面，功能可以说是超级强大。

采用命令行操作数据库表格，比较烦琐且不直观，Navicat提供了一套快速、可靠的数据库管理工具，专为简化数据库的管理及降低系统管理成本而设。它的设计符合数据库管理员、开发人员及中小企业的需要。Navicat是以直觉化的图形用户界面而建的，使用者可以以安全并且简单的方式创建、组织、访问并共用信息。

Tomcat服务器是一个免费的开放源代码的Web应用服务器，属于轻量级应用服务器，在中小型系统和并发访问用户不是很多的场合下被普遍使用，是开发和调试JSP程序的首选。JDK是整个Java开发的核心，它包含了Java的运行环境(JVM+Java系统类库)和Java工具。本次开发推荐使用Tomcat 9和JDK 8(即JDK 1.8)，因为JDK 8为稳定的长期支持(Long Term Support，LTS)版本，其适配的Tomcat版本为Tomcat 9或更新的版本。

14.2 系统设计

14.2.1 系统功能模块图

根据14.1.1节所分析的需求,可将作业管理系统分为图14-2中所示的4个模块,即学生模块、教师模块、管理员模块和公共模块,每个模块下又分为多个功能子模块,本节将对子模块的详细功能设计进行分析。

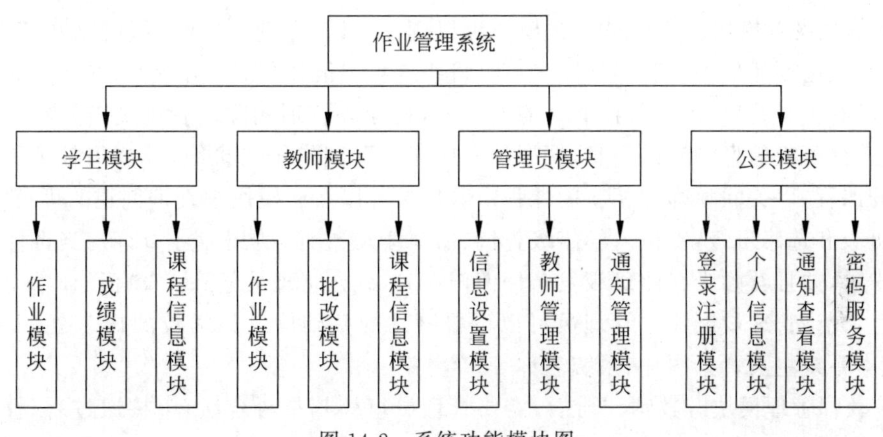

图14-2 系统功能模块图

1. 学生模块

(1) 作业模块提供学生查询到自己需要完成的作业任务以及之前的作业记录。作业需要在指定时间内完成,否则只允许查看,不允许提交。学生可以在此模块打开作业答题页,提供答案输入、附件上传功能,将学生的基本信息以及完成的作业内容上传到数据库中,等待教师批改。如果学生提交作业后,发现需要修改,可以及时撤回,但是,必须要在老师完成批改之前和作业时效日期之前进行撤回操作,否则不允许删除已提交的作业。

(2) 成绩模块显示学生提交作业后的状态,仅显示已提交的作业信息,老师还未完成批改则显示等待批改,老师完成批改则显示老师批改的成绩与评语。

(3) 课程信息模块。学生在此模块可以查询管理员设置的选修班级信息,并根据需要选择进入选修班级。系统将根据选修班级信息将学生关联到指点的选修课程。学生可以退选已选择的班级,但是必须要得到授课教师同意,由授课老师进入系统协助退选。

2. 教师模块

(1) 作业模块。教师可通过此模块新建作业到题库中,教师需要选择一个授课信息,输入作业类型(平时/大作业)、作业标题、作业内容、作业附件模板、评分类型(5分制、100分制)等,可立即发布或定时发布,确认发布后,指定选修班级的学生可查看作业。例外信息:学生类型可分为免做学生和必做学生,这是可选操作,默认为全部学生均为必做学生。免做学生表示该列表中的学生在统计时,不出现在未完成作业学生中;必做学生表示该列表之外(已完成作业)的本班学生在统计时,不出现在未完成作业学生中。教师可以修改已发布的作业,但是必须没有学生提交这个作业的答案,以及作业未到达时效日期之前。教师可以撤回已发布的作业，但是必须没有学生提交了这个作业的答案。

（2）批改模块。教师可在此模块查看学生提交的作业文字答案，可以下载学生提交的附件。教师根据提示的作业评分类型打分，也可以给予评语。教师可查看选修班级的作业批改状况，如果发现异常，可在成绩发布之前给予修改；成绩发布后，学生可查看自己的成绩，教师也可以导出班级成绩的 Excel 文件。

（3）课程信息模块。教师可在此模块查看自己教授的课程信息，以及课程关联的选修班级的学生信息，还可在此模块协助本选修班级的学生退选课程。

3. 管理员模块

（1）信息设置模块。管理员在此模块可以创建学院、专业、行政班级的基本信息，也可以查询、修改已创建的内容。当学院、专业、班级各自未被教师或学生使用时，即班级没有学生，专业没有关联的班级，学院没有对应的专业，均允许管理删除。管理员需要在该模块创建、修改选修班级信息和授课信息，授课信息应当关联到指定的班级，并要将教师用户分配到指定的课程，以关联教师和相应的课程。管理员可以在此模块中查询创建的班级信息，包括行政班级和选修班级，支持入学年级查询、所属学院查询、所属专业查询。当选修班级没有任何学生，并且教师未在此班级发布任何作业时，允许管理员删除；没有任何学生选择的授课信息，允许管理员删除。管理员可以设置网站的基础信息如学校的校名、LOGO 和官网主页、本系统主页背景图片、系统名称等。

（2）教师管理模块。教师注册后，需要管理员审核其是否合法，审核通过后，教师才可以使用其账号执行相关的功能。管理员通过该模块查询教师信息，并允许重置教师密码。输入教师邮箱，并将随机重置的新密码发送至教师邮箱，重置时需要验证管理员邮箱。

（3）通知管理模块。管理员可在此模块创建、停用、查询通知公告，待公告审核通过并发布后，其他用户登录系统即可查看通知内容。如果公告出现错误，可以在未发布时进行修改；如果已经发布，则只能先停用，再重新创建新的通知公告。

4. 公共模块

（1）登录注册模块。用户输入账号和密码后，登录进入系统，后台自动判断其用户类型，并只显示其能够使用的功能模块。另外每次的登录和注销操作应当写入数据库中，记录系统的访问量。学生用户注册后默认不需要审核，注册时输入自己的学号、姓名、邮箱、手机号码和密码，并选择自己所在的学院、专业、班级情况即可，教师注册后需要等待管理员审核通过，才可以使用工号、密码登录进入系统。注册时均需要检查学号是否已经注册过。

（2）个人信息模块。用户登录进入系统后，可以修改自己的部分注册信息，如姓名、头像、邮箱等。学号或工号不支持修改，邮箱修改时需要发送验证码到新邮箱进行验证，校验通过后即可确认修改。用户登录系统后进行密码修改时，需要输入原密码、两次新密码，并向账号绑定的邮箱发送验证码验证，校验通过后即可确认修改。

（3）通知查看模块。用户均可以查看通知公告列表，单击标题即可进入查看详细信息。该模块提示用户哪些通知未查看和已查看，单击查看的浏览记录会记录到数据库中，主要记录浏览的用户和浏览的时间。

（4）密码服务模块。当用户忘记密码无法进入系统时，可以通过该模块输入用户名、邮箱，并向邮箱发送验证码进行验证，校验通过后系统将随机重置的密码发至邮箱。

14.2.2 数据流图

根据图 14-2 的系统功能模块，主要从作业数据流动、管理员管理的信息流动对系统运作的数据流进行分析。

1. 作业数据流

(1) 如图 14-3 所示，教师用户在系统中可创建题目，存储在原始题库中。系统验证其所属班级和课程，允许教师将作业发布到指定的选修班级。

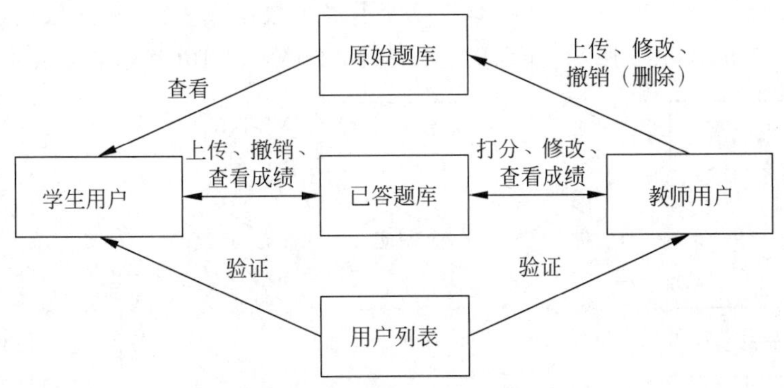

图 14-3 学生与教师间作业的数据流图

(2) 根据系统验证学生用户所属的选修班级，学生可查看自己需要完成的作业内容。学生通过上传文字或附件回答，会存储到已答题库中。若学生发现答题存在错误，可在作业有效期内(即老师未批改和作业预计完成时间未达到)，撤回作业并修改，然后重新上传。

(3) 教师可查看学生提交的作业答案，以及下载学生上传的附件材料，根据这两项内容对学生作业进行打分和评语，存储在已答题库。教师还可以查看批改后的成绩信息，如果发现成绩存在问题可以给予修改。学生在老师批改完成并确认成绩有效后，可以查看自己的成绩。

2. 管理数据流

(1) 管理员管理的信息设置模块，主要包括对学院、专业、班级、课程信息、通知公告等的创建、删除、修改、查询功能，如图 14-4 所示。

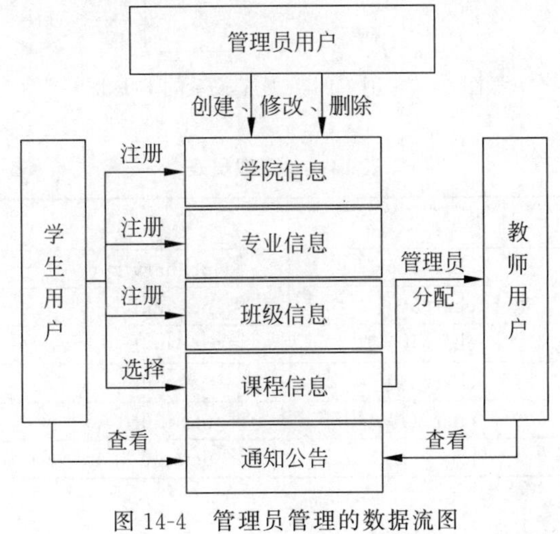

图 14-4 管理员管理的数据流图

(2) 创建后的学院、专业、班级信息，供学生注册时选择，为学生的基本信息；课程信息供学生进入平台后选课操作使用，并根据其选择的课程关联教师发布的作业。

(3) 教师教授的课程应由管理员分配录入系统，并且可查看根据课程关联的选修班级学生的基本信息。

14.3 数据库设计

根据 14.2 节对功能模块的分析，本节设计了多个数据库表格，表达数据库关系的关键 E-R 图如图 14-5 和图 14-6 所示，详细属性见表 14-1～表 14-16(状态取值表 1：是；0：否)。

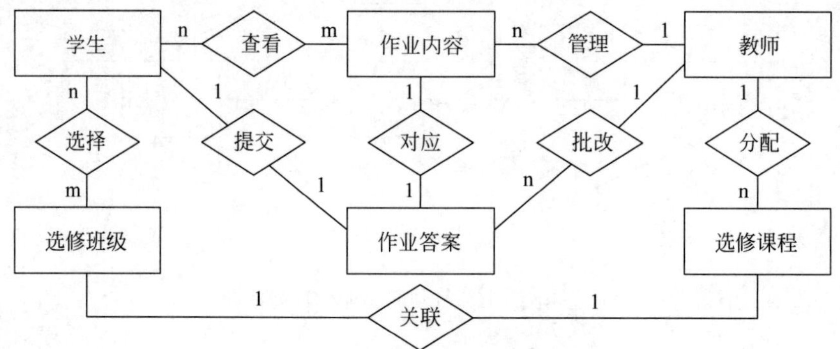

图 14-5 用户与作业数据库关系的 E-R 图

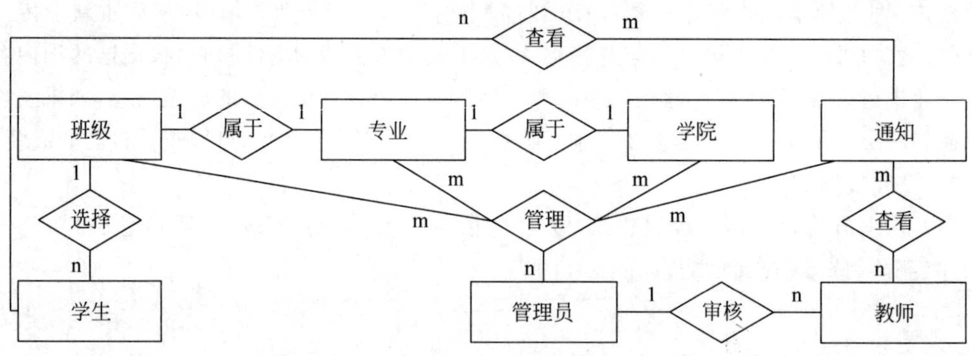

图 14-6 用户间数据库关系的 E-R 图

表 14-1 管理员表

字 段 名	类型(大小)	其 他	备 注
代码	char(12)	primary key	
姓名	char(50)	not null	
email	char(50)	not null	
密码	char(64)	not null	MD5-32 加密，字母小写
手机电话	char(11)	not null	
状态	int	default 1	

表 14-2 教师表

字 段 名	类型(大小)	其 他	备 注
代码	char(12)	primary key	
姓名	char(50)	not null	
email	char(50)	not null	
密码	char(64)	not null	MD5-32 加密,字母小写
手机电话	char(11)	not null	
头像	char(200)		
状态	int	default 1	

表 14-3 学生表

字 段 名	类型(大小)	其 他	备 注
学号	char(13)	primary key	
姓名	char(50)	not null	
email	char(50)	not null	
密码	char(64)	not null	MD5-32 加密,字母小写
班级代码	char(12)	not null	
手机电话	char(11)	not null	
头像	char(200)		
状态	int	default 1	

表 14-4 基础信息表

字 段 名	类型(大小)	其 他	备 注
项目	char(12)	primary key	
描述	char(200)	not null	
值	char(200)	not null	
头像	char(200)		
状态	int	default 1	

表 14-5 学院表

字 段 名	类型(大小)	其 他	备 注
代码	char(12)	primary key	
描述	char(50)	not null	
联系人	char(10)		
联系电话	char(20)		
状态	int	default 1	

表 14-6 专业表

字 段 名	类型(大小)	其 他	备 注
代码	char(12)	primary key	
描述	char(50)	not null	
学院代码	char(12)	not null	
联系人	char(10)		
联系电话	char(20)		
状态	int	default 1	

表 14-7 班级表

字 段 名	类型(大小)	其 他	备 注
代码	char(12)	primary key	
描述	char(50)	not null	
专业代码	char(12)	not null	
入学年份	int		
联系人	char(10)		
联系电话	char(20)		
状态	int	default 1	

表 14-8 选修班级表

字 段 名	类型(大小)	其 他	备 注
代码	char(12)	primary key	
描述	char(50)	not null	
联系人	char(10)		
联系电话	char(20)		
状态	int	default 1	

表 14-9 选修学生表

字 段 名	类型(大小)	其 他	备 注
代码	char(12)	primary key	
选修班级代码	char(12)	not null	
学号	char(13)	not null	
状态	int	default 1	

表 14-10 授课信息表

字 段 名	类型(大小)	其 他	备 注
代码	char(12)	primary key	
教师代码	char(12)	not null	
班级代码	char(12)	not null	
课程描述	char(50)	not null	
状态	int	default 1	

表 14-11 通知表

字 段 名	类型(大小)	其 他	备 注
代码	char(12)	primary key	
标题	char(50)	not null	
内容	text		
创建时间	datetime		
创建人代码	char(12)		
审核时间	datetime		
审核人代码	char(12)		

续表

字 段 名	类型(大小)	其 他	备 注
发布时间	datetime		
发布人代码	char(12)		
撤销时间	datetime		
撤销人代码	char(12)		
状态	int	default 1	

表 14-12 通知阅读表

字 段 名	类型(大小)	其 他	备 注
代码	char(12)	primary key	
通知代码	char(12)	not null	
阅读人代码	char(12)	not null	
阅读时间	datetime	not null	
状态	int	default 1	

表 14-13 作业表

字 段 名	类型(大小)	其 他	备 注
代码	char(12)	primary key	
描述	text	not null	
授课信息代码	char(12)	not null	
创建时间	datetime	not null	
发布时间	datetime		
撤销时间	datetime		
状态	int	default 1	

表 14-14 作业明细表

字 段 名	类型(大小)	其 他	备 注
代码	char(12)	primary key	
作业代码	char(12)	not null	
学号	char(13)	not null	
描述	text	not null	
提交时间	datetime	not null	
成绩	char(6)		
批改时间	datetime		
状态	int	default 1	

表 14-15 作业明细附件表

字段名	类型(大小)	其他	备注
作业明细代码	char(12)	primary key	
描述	text	not null	
附件位置	char(200)	not null	
提交时间	datetime	not null	
状态	int	default 1	

表 14-16　日志表

字　段　名	类型(大小)	其　　他	备　　注
序号	int	primary key	id,自增
项目	char(50)	not null	
关键词	char(50)	not null	
值/内容	char(200)	not null	
提交时间	datetime	not null	
状态	int	default 1	

14.4　关键功能的实现

本节将从一部分关键代码的实现,展示前后端交互的机制,主要通过 Java Web 技术实现对数据库的增、删、改、查功能以及与用户的交互功能,其他功能希望读者举一反三,尝试动手实现。

14.4.1　过滤器

当用户进入系统时,如果未登录或登录过期,应当跳转至登录界面,这就需要滤出使用了用户登录信息的功能地址,重写过滤器方法即可实现这个功能。

以下 MyFilter 方法将监听被访问的目标地址是分存在于 author_list 中,如果不存在则表示该功能地址不需要使用登录信息,否则需要检查是否登录或登录是否失效,如果未登录或登录失效,则网页会重定向到首页(/index. do),具体如下:

```
@WebFilter(filterName = "MyFilter")
public class MyFilter implements Filter {
    public void doFilter(ServletRequest req, ServletResponse resp, FilterChain chain) throws
ServletException, IOException {
        int pass = 0;
        String uri = ((HttpServletRequest) req).getRequestURI();
      String context_path = ((HttpServletRequest) req).getContextPath() + "/";
        // 需要登录
        List<String> author_list = new ArrayList<String>();
        author_list.add("/jsp/main_menu.jsp");
        if (author_list.indexOf(uri) >= 0) {
            System.out.println("鉴权: 需要登录!");
            if (((HttpServletRequest) req).getSession().getAttribute("code") == null) {
                pass++;
                ((HttpServletResponse) resp).sendRedirect(context_path + "index.do");
            }
        }
        if (pass == 0)
            chain.doFilter(req, resp);
}
//为了使重写的过滤器方法生效,需要在/WEB-INF/web.xml 中加入以下配置代码
<filter>
```

```
        <filter-name>myFilter</filter-name>
        <filter-class>cn.edu.wzu.i3s.demo.filter.MyFilter</filter-class>
</filter>
<filter-mapping>
        <filter-name>myFilter</filter-name>
        <url-pattern>/*</url-pattern>
</filter-mapping>
```

14.4.2 数据库访问

(1) 本项目通过 C3P0 的 JDBC 连接池连接 MySQL 数据库，其关键配置代码如下：

```
c3p0.driverClass = com.mysql.jdbc.Driver
c3p0.jdbcUrl = jdbc:mysql://localhost:3306/homework?useUnicode = true&characterEncoding =
utf-8
c3p0.user = 访问数据库的用户名
c3p0.password = 数据库访问密码
```

(2) 数据源工具类(DataSourceUtils)主要用于创建、关闭数据库会话相关的功能函数，具体如下：

```
public class DataSourceUtils {
    private static ComboPooledDataSource ds = new ComboPooledDataSource();
    private static ThreadLocal<Connection> tl = new ThreadLocal<>();
    public static DataSource getDataSource(){
        return ds;
    }
    public static Connection getConnection() throws SQLException{
        Connection conn = tl.get();
        if(conn == null){
             conn = ds.getConnection();

             tl.set(conn);
        }
        return conn;
    }
    public static void closeResource(Statement st, ResultSet rs) {
            closeResultSet(rs);
            closeStatement(st);
    }
    public static void closeConn(Connection conn) {
        if (conn != null) {
            try {
                conn.close();
                tl.remove();
            } catch (SQLException e) {
                e.printStackTrace();
            }
            conn = null;
        }
    }
```

```
    public static void closeStatement(Statement st) {
        if (st != null) {
            try {
                st.close();
            } catch (SQLException e) {
                e.printStackTrace();
            }
            st = null;
        }
    }
    public static void closeResultSet(ResultSet rs) {
        if (rs != null) {
            try {
                rs.close();
            } catch (SQLException e) {
                e.printStackTrace();
            }
            rs = null;
        }
    }
}
```

14.4.3 学生注册

1. 存储过程

将学生注册信息写入数据库中，首先需要使用 MySQL 的数据库存储过程，创建查询语句如下：

```
BEGIN
    DECLARE cnt INT;
    SELECT COUNT(code) INTO cnt FROM student WHERE code = a_code;
    IF cnt > 0 THEN
        SET ret = -1;
    ELSE
        INSERT INTO student(code, desp, email, password, cell, class_code)
            VALUE(a_code, a_desp, a_email, a_password, a_cell, a_class_code);
        SET ret = 0;
    END IF;
END
参数：IN a_code CHAR(12), IN a_desp CHAR(50), IN a_email CHAR(50), IN a_password CHAR(64), IN
a_cell CHAR(11), IN a_class_code CHAR(12), IN a_photo CHAR(200), OUT ret INT
```

如果注册学号已存在于数据库中，则返回 ret＝－1，否则返回 ret＝0 表示注册成功。将 SQL 语句写在存储过程中而不是写在 Java 代码中，是因为存储过程的修改更加灵活，修改后不需要重新编译、发布网站。

2. dao 层代码

prepareCall 方法可以执行存储过程，MySQL 中使用 CALL 语句执行存储过程，"?"表示占位符，依次填充注册信息，具体如下：

```
public int reg(String code, String desp, String email, String password, String cell, String
class_code, String photo) throws SQLException {
        Connection conn = (Connection) DataSourceUtils.getDataSource().getConnection();
        CallableStatement cstmt = (CallableStatement) conn.prepareCall("{CALL user_reg(?,
?, ?, ?, ?, ?, ?, ?)}");
        cstmt.setString(1, code);
        cstmt.setString(2, desp);
        cstmt.setString(3, email);
        cstmt.setString(4, password);
        cstmt.setString(5, cell);
        cstmt.setString(6, class_code);
        cstmt.setString(7, photo);
        cstmt.registerOutParameter(8, Types.INTEGER);
        cstmt.execute();
        int ret = cstmt.getInt(8);
        conn.close();
        return ret;
    }
```

3. Servlet 层代码

在 Servlet 层获取到的用户注册信息通过 dao 层写入数据库,并根据 dao 层返回的数据判断是否注册成功,在前端给予用户提示信息(err_msg),具体如下:

```
@WebServlet("/user/reg.do")
public class User_reg extends HttpServlet {
    protected void doPost(HttpServletRequest request, HttpServletResponse response) throws
ServletException, IOException {
        String code, desp, email, password, cell, class_code, photo, err_msg = "注册成功!";
        /* 浏览器提交的数据在提交给服务器之前设置编码方式为 UTF-8 */
        request.setCharacterEncoding("UTF-8");
        code = request.getParameter("stu_no").toString();
        desp = request.getParameter("stu_name").toString();
        email = request.getParameter("email").toString();
        password = request.getParameter("password").toString();
        cell = request.getParameter("cellno").toString();
        class_code = request.getParameter("sel_class").toString();
        photo = "";
        password = Utils.encrypByMd5(password);
        User user = new User();
        int ret = -2;
        try {
            ret = user.reg(code, desp, email, password, cell, class_code, photo);
        } catch (SQLException e) {
            err_msg = e.getMessage();
            e.printStackTrace();
        }
        if (ret == -1)
            err_msg = "创建失败: 学号已存在!";
        request.getSession().setAttribute("err_msg", err_msg);
        response.sendRedirect("../reg.jsp");
}
}
```

14.4.4 登录与注销

1. 存储过程

根据查询的结果,来自不同的用户表判断用户角色身份(权限),role 为 0 表示管理员,1 表示教师,2 表示学生。通过并集(UNION)方法输出最后的查询结果,具体如下:

```
BEGIN
    DECLARE a_role INT;
    SET a_role = -1;
    SELECT SQL_CALC_FOUND_ROWS code, password, desp, role, photo into a_code, a_password, a_
desp, a_role, a_photo FROM (
    SELECT code, password, desp, 0 AS role, photo FROM admin WHERE state = 1
    UNION
    SELECT code, password, desp, 1 AS role, photo FROM teacher WHERE state = 1
    UNION
    SELECT code, password, desp, 2 AS role, photo FROM student WHERE state = 1
    ) AS users
        WHERE code = a_code AND password = a_password;
    IF FOUND_ROWS() <> 1 THEN
        SET a_role = -1;
    END IF;

    SET ret = a_role;
END
参数: IN a_code CHAR(12), IN a_password CHAR(64), OUT ret INT, OUT a_desp CHAR(50), OUT a_photo
CHAR(200)
```

2. dao 层代码

```
public Map<String, Object>  login(String code, String password) throws SQLException {

        Map<String, Object>  ret = new HashMap<String, Object>();
        Connection conn = (Connection) DataSourceUtils.getDataSource().getConnection();
        CallableStatement cstmt = (CallableStatement) conn.prepareCall("{CALL login(?, ?,
?, ?, ?)}");
        cstmt.setString(1, code);
        cstmt.setString(2, password);
        cstmt.registerOutParameter(3, Types.INTEGER);
        cstmt.registerOutParameter(4, Types.CHAR);
        cstmt.registerOutParameter(5, Types.CHAR);
        cstmt.execute();
        ret.put("role", cstmt.getInt(3));
        ret.put("desp", cstmt.getString(4));
        ret.put("photo", cstmt.getString(5));
        conn.close();
        return ret;
    }
```

3. Servlet 层代码

用户登录成功后,要将用户的工号或学号、身份级别、头像等信息存储在 Session 域中,并重定向到系统主菜单页(main_menu.jsp),如果登录失败则在登录页给予用户提示,具体如下：

```
@WebServlet("/user/login.do")
public class User_login extends HttpServlet {
    protected void doPost(HttpServletRequest request, HttpServletResponse response) throws
ServletException, IOException {
        String code, password, photo = "usr.jpg";
        code = request.getParameter("code");
        password = request.getParameter("password");
        password = Utils.encrypByMd5(password).toLowerCase();
        User user = new User();
        Map<String, Object> ret = new HashMap<String, Object>();
        try {
            ret = user.login(code, password);
        } catch (SQLException e) {
            e.printStackTrace();
        }
        int role = -1;
        if (ret.get("role") != null)
            role = Integer.valueOf(ret.get("role").toString());
        if (ret.get("photo") != null)
            photo = ret.get("photo").toString();
        request.getSession().setAttribute("code", code);
        request.getSession().setAttribute("role", role);
        request.getSession().setAttribute("desp", ret.get("desp"));
        request.getSession().setAttribute("photo", photo);
        String path = request.getContextPath();
        if (role >= 0)
            response.sendRedirect(path + "/main_menu.jsp");
        else {
            request.getSession().setAttribute("login_msg", "用户名或密码错误");
            response.sendRedirect(path + "/index.jsp");
        }
    }
}
```

4. 注销登录

注销登录只需要在 doGet 方法中初始化本地 Session 数据即可，初始化后就会删除 Session 中存储的用户登录信息，具体如下：

```
@WebServlet("/user/logout.do")
public class User_logout extends HttpServlet {
    protected void doPost(HttpServletRequest request, HttpServletResponse response) throws
ServletException, IOException { }
    protected void doGet(HttpServletRequest request, HttpServletResponse response) throws
ServletException, IOException {
        request.getSession().invalidate();
        response.getWriter().println("exit ok!");
    }
}
```

14.4.5 监听器

监听器主要用于监听某个对象的状态变化，可以通过监听器尝试监听 Session 的变化情况。如下 MyListener 类实现 ServletContextListener、HttpSessionListener、HttpSessionAttributeListener 接口，重写 attributeAdded 来监听 Session 创建数据的变化，重写 attributeRemoved 来监听 Session 被删除的变化。并将登录、注销的操作日志信息写入数据库当中。具体如下：

```
@WebListener()
public class MyListener implements ServletContextListener,
        HttpSessionListener, HttpSessionAttributeListener {
    public MyListener() {  }
    public void attributeAdded(HttpSessionBindingEvent sbe) {
      System.out.println("added:" + sbe.getName() + "/" + sbe.getValue() );
      String item = sbe.getName();
      if (item.equalsIgnoreCase("code")) {
          Base_info base_info = new Base_info();
          try {
              base_info.put_log(item, "login", sbe.getValue().toString());
          } catch (SQLException e) {
              e.printStackTrace();
          }
      }

    }
    public void attributeRemoved(HttpSessionBindingEvent sbe) {
        System.out.println("removed:" + sbe.getName() + "/" + sbe.getValue());
        String item = sbe.getName();
        if (item.equalsIgnoreCase("code")) {
            Base_info base_info = new Base_info();
            try {
                base_info.put_log(item, "logout", sbe.getValue().toString());
            } catch (SQLException e) {
                e.printStackTrace();
            }
        }
    }
}
```

14.4.6 MD5 加密方法

在 java.security.MessageDigest 中已有 MD5 加密算法工具包，使用方法如下：

```
public static String encrypByMd5(String context) {
        String md5 = "";
        try {
            MessageDigest md = MessageDigest.getInstance("MD5");
            md.update(context.getBytes());            //update 处理
            byte [] encryContext = md.digest();       //调用该方法完成计算
```

```
            int i;
            StringBuffer buf = new StringBuffer("");
            for (int offset = 0; offset < encryContext.length; offset++) {//做相应的转化
(十六进制)
                i = encryContext[offset];
                if (i < 0) i += 256;
                if (i < 16) buf.append("0");
                buf.append(Integer.toHexString(i));
            }
            md5 = buf.toString();
        } catch (NoSuchAlgorithmException e) {
            e.printStackTrace();
        }
        return md5;
    }
```

14.4.7 上传头像

用户更新头像时，会将头像上传到/web/images/users 目录中，文件名随机生成，并修改该用户数据库中的头像文件名。

1. 存储过程

```
BEGIN

    IF a_role = 0 THEN
        UPDATE admin SET photo = a_photo WHERE code = a_code;
    ELSEIF a_role = 1 THEN
        UPDATE teacher SET photo = a_photo WHERE code = a_code;
    ELSEIF a_role = 2 THEN
        UPDATE student SET photo = a_photo WHERE code = a_code;
    END IF;
    IF ROW_COUNT() = 1 THEN
        SET ret = 0;
    ELSE
        SET ret = -1;
    END IF;
END
```

参数：IN a_code CHAR(12), IN a_photo CHAR(200), IN a_role INT, OUT ret INT

2. dao 层代码

```
public int update_photo(String code, String photo, int role) throws SQLException {

        Connection conn = (Connection) DataSourceUtils.getDataSource().getConnection();
        CallableStatement cstmt = (CallableStatement) conn.prepareCall("{CALL update_photo
(?, ?, ?, ?)}");
        cstmt.setString(1, code);
        cstmt.setString(2, photo);
        cstmt.setInt(3, role);
        cstmt.registerOutParameter(4, Types.INTEGER);
        cstmt.execute();
        int ret = cstmt.getInt(4);
```

```
        conn.close();
        return ret;
    }
```


3. Servlet 层代码

使用 MultipartConfig 注解标注，使 Servlet 能够接收文件上传的请求，使用 request.getPart("myfile")可以获取 id 为 myfile 的表单组件上传的文件内容，使用 request.getServletContext()可以获取 Web 目录路径，用于存储上传的文件，其中文件名随机生成，具体如下：

```
@WebServlet("/user/update_photo.do")
@MultipartConfig
public class User_update_photo extends HttpServlet {
    protected void doPost(HttpServletRequest request, HttpServletResponse response) throws
ServletException, IOException {
        Part part = request.getPart("myfile");
        String code = request.getParameter("code");
        String role = request.getParameter("role");
        String disposition = part.getHeader("Content-Disposition");
        String suffix = disposition.substring(disposition.lastIndexOf("."), disposition.
length() - 1);
        //随机生成一个 32 的字符串
        String filename = java.util.UUID.randomUUID() + suffix;
        //获取上传的文件名
        InputStream is = part.getInputStream();
        //动态获取服务器的路径
        String serverpath = request.getServletContext().getRealPath("images/users");
        FileOutputStream fos = new FileOutputStream(serverpath + "/" + filename);
        byte[] bty = new byte[1024];
        int length = 0;
        while((length = is.read(bty)) != -1){
            fos.write(bty,0, length);
        }
        fos.close();
        is.close();
        String err_msg = "图像更新成功!";
        User user = new User();
        try {
            user.update_photo(code, filename, Integer.valueOf(role));
        } catch (SQLException e) {
            err_msg = e.getMessage();
            e.printStackTrace();
        }
        request.getSession().setAttribute("err_msg", err_msg);
        request.getSession().setAttribute("photo", filename);
        response.sendRedirect("../update_photo.jsp");
    }
}
```

编译完成后，如图 14-7 所示，项目的文件默认会发布到"out/artifacts/"目录下，项目 Web 目录中的内容会发布到项目输出的根目录下，因此上传的图片会保存在 out/artifacts/jsp_war_exploded/images/users 文件夹中，文件名随机生成。

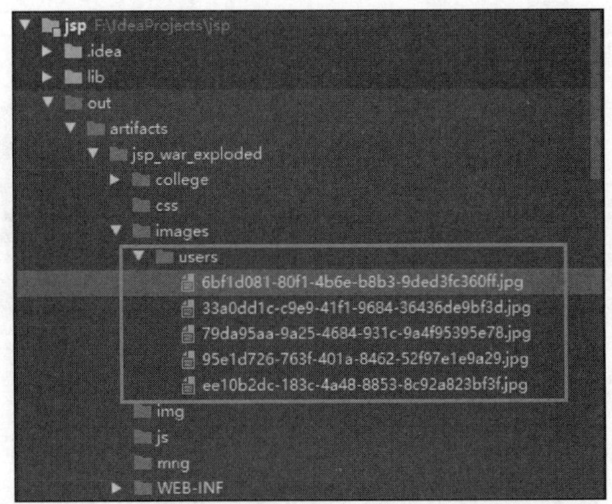

图 14-7　项目文件编译输出

14.5　网站测试与部署

14.5.1　网站测试

1. 登录页面

测试管理员工号为 0,密码为 123,登录界面如图 14-8 所示。如果登录失败,出现如图 14-9 所示的提示。

图 14-8　登录界面

2. 注册页面

学生注册页面如图 14-10 所示。

图 14-9　登录失败提示

图 14-10　学生注册界面

3. 主菜单页

管理员登录成功后的主菜单如图 14-11 所示,管理员可执行的功能模块如图 14-12 所示。

14.5.2　服务器部署

1. 安装环境

服务器上需要依次安装 JDK 1.8、Apache Tomcat 9,并配置好环境变量,详细内容参照第 1 章。服务器上还需要部署项目数据库,因此还需要安装 MySQL、Navicat for MySQL 工具。

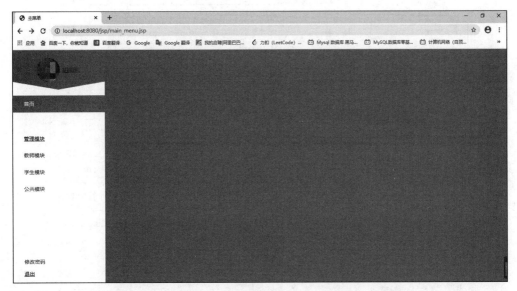

图 14-11　管理员登录成功后的主菜单

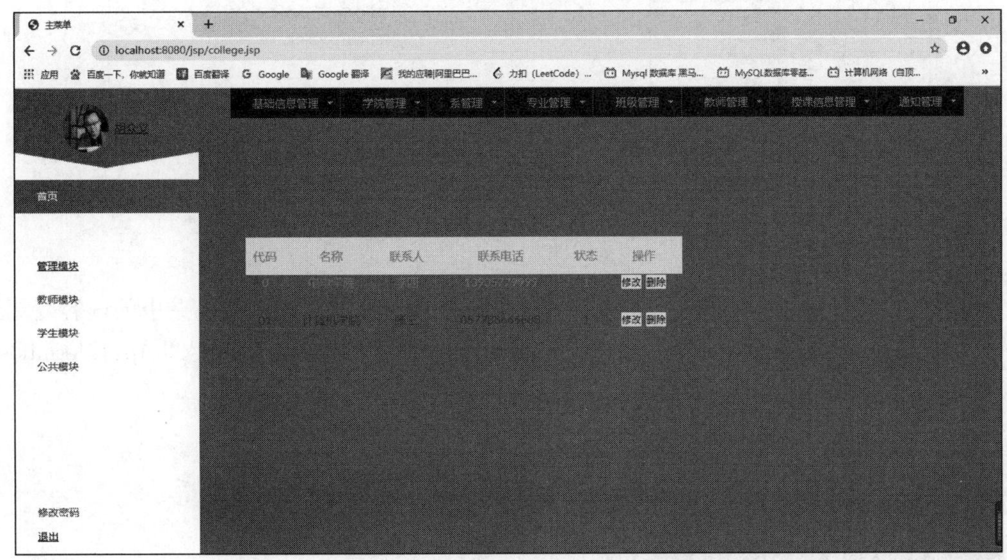

图 14-12　管理员可执行的功能模块

2. 导入数据库

(1) 导出开发数据库文件,作为服务器数据库初始化文件,如图 14-13 所示。

(2) 利用 Navicat 在服务器上创建一个与开发数据库同名的数据库,字符集选择 utf8,如图 14-14 所示。

(3) 运行 SQL 文件,如图 14-15 所示。

(4) 先选择初始化数据库文件,再单击“开始”按钮,如图 14-16 所示。

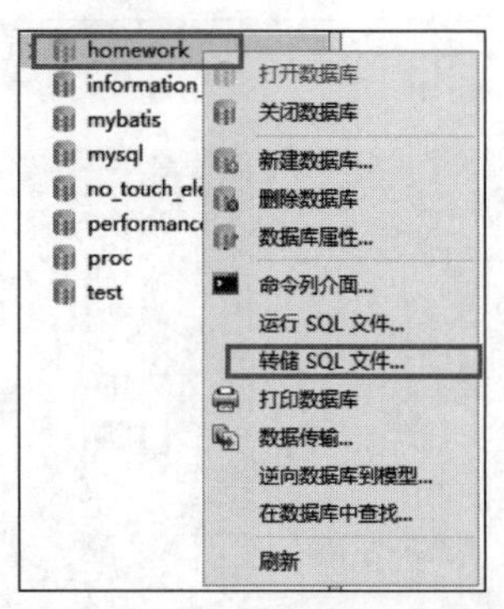

图 14-13　导出开发数据库文件

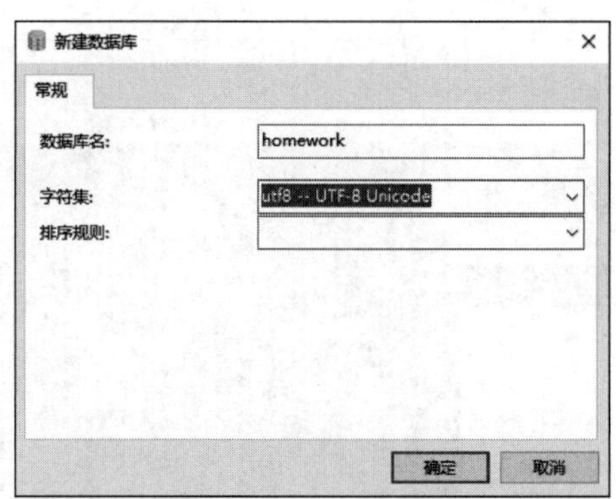

图 14-14　创建一个与开发数据库同名的数据库

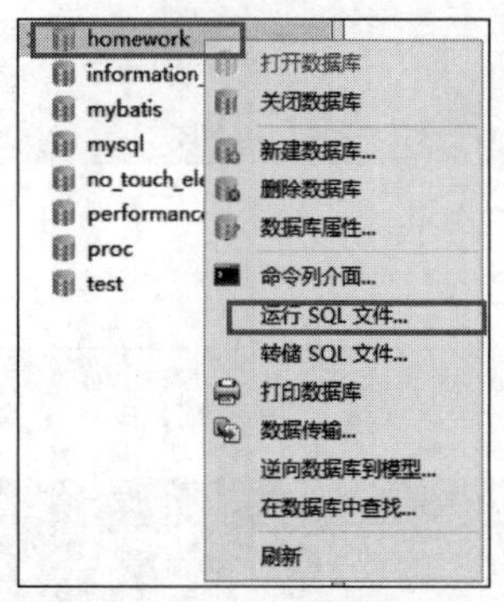

图 14-15　运行 SQL 文件

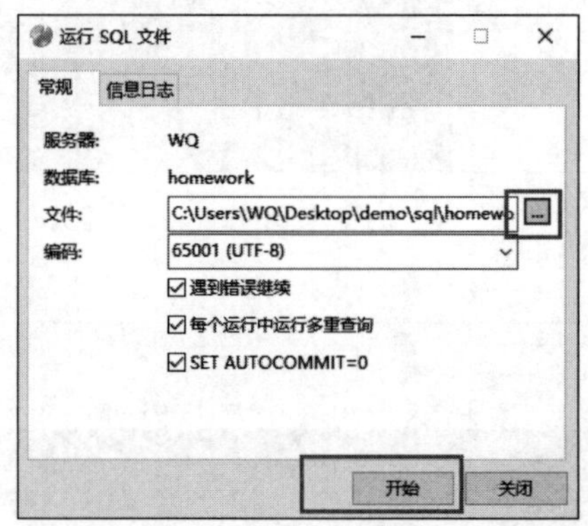

图 14-16　先选择初始化数据库文件，再单击“开始”按钮

3. 导入项目文件

如图 14-17 和图 14-18 所示，将项目编译输出目录中的 artifacts 文件夹中的内容复制到 Tomcat 根目录下的 webapps 文件夹中，重启 Tomcat 后，在浏览器中输入 http://localhost:8080/jsp_war_exploded，即可访问项目网站了。

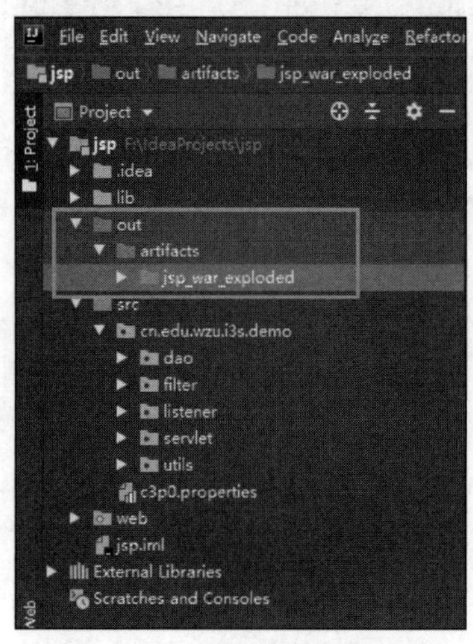

图 14-17　项目编译输出目录

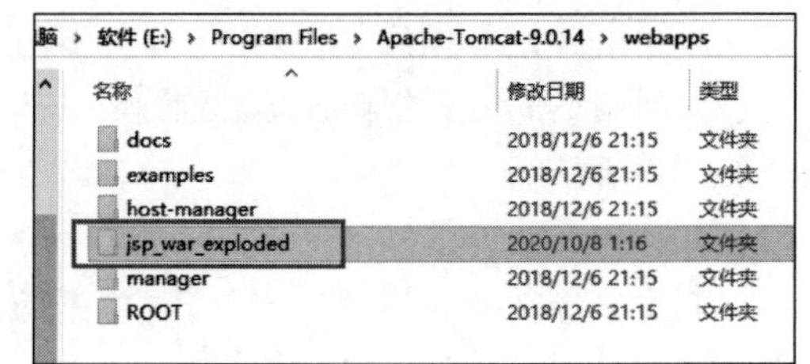

图 14-18　Tomcat 网站应用文件夹

14.6 项目开发总结报告

本章主要分析了在线作业管理系统的功能需求，并使用 HTML、JSP、Servlet 等脚本、框架实现了部分关键功能，向读者展示实现逻辑功能的 Servlet 层、与数据库交互的 dao 层、以及数据库存储过程的函数方法，整体程序结构框架如图 14-19 所示。

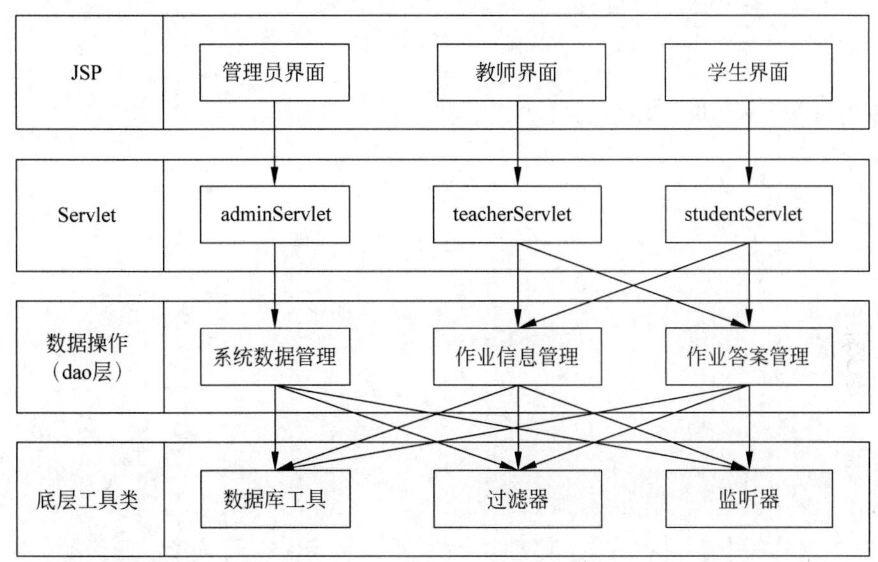

图 14-19　整体程序结构框架

Servlet(Server Applet)是 Java Servlet 的简称，称为小服务程序或服务连接器、用 Java 编写的服务器端程序，具有独立于平台和协议的特性，主要功能在于交互式地浏览和生成数据，生成动态 Web 内容，具有良好的可塑性。通过对 14.1 节系统的需求分析，以及 14.2 节功能模块的介绍，目前系统尚有很多功能有待读者利用 Servlet 技术进行功能实现。

参 考 文 献

[1] 徐文海. Java Web 程序开发进阶[M]. 北京：清华大学出版社，2015.

[2] 郭克华. Java Web 程序设计[M]. 北京：清华大学出版社，2019.

[3] 肖睿. 网页设计与开发[M]. 北京：人民邮电出版社，2018.

[4] 戴雯惠. JavaScript＋jQuery 开发实战[M]. 北京：人民邮电出版社，2018.

[5] 肖睿. Java Web 应用设计及实战[M]. 北京：人民邮电出版社，2017.

图书资源支持

感谢您一直以来对清华版图书的支持和爱护。为了配合本书的使用，本书提供配套的资源，有需求的读者请扫描下方的"书圈"微信公众号二维码，在图书专区下载，也可以拨打电话或发送电子邮件咨询。

如果您在使用本书的过程中遇到了什么问题，或者有相关图书出版计划，也请您发邮件告诉我们，以便我们更好地为您服务。

我们的联系方式：

地　　址：北京市海淀区双清路学研大厦 A 座 714

邮　　编：100084

电　　话：010-83470236　010-83470237

客服邮箱：2301891038@qq.com

QQ：2301891038（请写明您的单位和姓名）

资源下载：关注公众号"书圈"下载配套资源。

资源下载、样书申请

书圈

获取最新书目

观看课程直播